民用飞机维修工程系列教材

气体动力学

曲春刚　曹惠玲　编

科学出版社

北京

内 容 简 介

本书介绍气体动力学的基础知识，全书共分7章。第1~4章为基础部分，介绍气体动力学基本概念、基本方程、气流参数和气动函数、膨胀波与激波；第5~7章为应用部分，主要介绍在外界因素影响下气体的流动规律，这些影响包括变截面管、换热管、摩擦管。另外本书还初步介绍了黏性流体的基础知识。

本书旨在使读者对于气体流经航空发动机所产生的气动现象建立明晰的物理概念，对于气体流动规律有较深刻的理解，本书可作为航空航天类院校有关专业的基础教材，特别是飞行器动力工程专业，也可供从事航空动力工程的工程技术人员参考。

图书在版编目(CIP)数据

气体动力学 / 曲春刚，曹惠玲编. —北京：科学出版社，2023.6

民用飞机维修工程系列教材

ISBN 978-7-03-075392-2

Ⅰ. ①气… Ⅱ. ①曲… ②曹… Ⅲ. ①气体动力学－高等学校－教材 Ⅳ. ①O354

中国国家版本馆 CIP 数据核字(2023)第065597号

责任编辑：徐杨峰 / 责任校对：谭宏宇
责任印制：黄晓鸣 / 封面设计：殷 靓

科学出版社 出版
北京东黄城根北街16号
邮政编码：100717
http://www.sciencep.com

南京展望文化发展有限公司排版
广东虎彩云印刷有限公司印刷
科学出版社发行 各地新华书店经销

*

2023年6月第 一 版 开本：787×1092 1/16
2024年9月第二次印刷 印张：14 1/4
字数：329 000

定价：70.00元

(如有印装质量问题，我社负责调换)

民用飞机维修工程系列教材
专家委员会

丛书序

20世纪50年代，随着波音和麦道系列喷气客机开始进入民航运输市场，全球民航业蓬勃兴起，民机制造业逐步形成波音一家独大的局面，此时中国民航主要引进苏式伊尔和安系列飞机，并由空军管理。1987年，空客A320首飞，全球民航快速发展，波音和空客成为航空制造业两大巨头，中国民航购置波音和空客等先进机型，系统地引进欧美规章和标准，实施企业化管理，2005年航空运输周转量升至世界第二。2010年以来，全球民航载客量持续快速增长，但全球市场受世界经济格局影响，旅客增长率下降，但亚太地区增长强劲，同时，ARJ21进入商业运营，C919首飞成功并启动适航取证工作，国产民机制造业开始崭露头角。今后，世界民航安全水平、管理水平、技术水平将全面提升，尤其在信息化和智能化方面，通用航空快速发展，民航成为旅客长途旅行首选交通工具，全球民机制造业将形成三足鼎立的格局，ARJ21、C919和CR929将逐步成为我国民航市场的主力运输工具，后发优势将突显，航空运输总周转量将超越美国成为世界第一，全面实现民航强国战略目标。

新型国产民机的研制完全遵循国际行业标准，中国航空维修业能够利用自身多年保障欧美飞机运行的丰富经验，为国产民机相关领域提供宝贵经验，为国产民机的设计、制造和运行提供全面支持。然而，我国民航运输工具长期处于波音和空客两强格局下发展，使中国航空维修业严重依赖欧美，尤其是关键核心技术遭到了长期封锁。因此，在贸易战的背景下，中国航空维修业必须快速适应三足鼎立格局，构建独立自主的民机运维支持和设计改进体系，这是推动我国民航产业完全自主发展的迫切需求。

在自主的民机运维支持和设计改进体系中，最为紧迫的工作是高级工程技术人才的培养。一方面，以国产民机设计与制造业为基础，形成具有运维思维的民机设计高级工程人才培养体系，面向民机的设计改进，提升国产民机的安全性和市场竞争力；另一方面，以国产民机维修业为基础，形成具有设计视角的高级维护工程师培养体系，扎根民机运维支持与持续改进，保障国产民机安全、可靠、高效的运行。

民航强国现已上升为国家战略，民航业成为促进我国经济创新驱动与转型升级、构建现代化经济体系的重要引擎。为加快建设创新型民航行业，进一步发挥高等院校对人才培养的支撑作用，民航局提出直属院校要发挥民航专业人才培养的主渠道作用，立足特色优势，拓展新兴领域，坚持内涵发展，夯实学科专业基础。针对新的培养要求和目标，直属院校把“双一流”建设和特色发展引导相结合，实施民航特色学科核心课程体系建设工程，加强以航空器维修工程为主的民航特有专业群建设。

为了不断提高民航专业教学质量，推动民航特色学科核心课程体系和特有专业群建设工程，培养具有扎实理论基础的专业技术人才，引导技术创新，形成一套完善的民用航空运维知识培养体系，为民航事业不断发展奠定坚实基础，并结合中国民航大学飞机维修工程人才培养观念的更新，中国民航大学航空工程学院于 2019 年上半年提出了集中出版“民用飞机维修工程系列教材”的计划，该系列教材包括：飞机系统基础教材、飞机结构基础教材、发动机基础教材、发动机专业教材、飞机与发动机共用教材，基本覆盖我校飞行器动力工程和飞行器制造工程两个专业所涉及的主要课程。

同时，为了完善国产民机的运营维修人才的培养体系，助力国产民机市场拓展，系列教材的飞机系统与结构方面的编写工作与中国商用飞机有限责任公司携手合作，共同出资编写，实现国产民用飞机入教材、进课堂，为培养国产飞机维修高级技术人才打下坚实基础。

在此，对在民用飞机运维行业默默奉献的从业者和开拓者表示敬意，对为此系列教材的出版奉献时间和汗水的专家、学者表示谢意。

孙毅刚

2021 年秋于中国民航大学

前　言

为了适应我国民航专业教育的发展，满足民航运输业和制造业高质量人才的培养，我们在使用多年的林兆福教授所编《气体动力学》内部教材基础上，以结构合理、突出特色、内容实用为原则，精心编写了本教材。

气体动力学研究的是可压缩流体，特别是气体在高速流动中的流动规律以及气体与物体之间的相互作用。本书介绍了气体流动的一般规律，如质量守恒定律、动量守恒定律、能量守恒定律、机械能守恒定律，结合燃气涡轮喷气发动机的结构（进气道、压气机、燃烧室、涡轮、尾喷管），介绍了气流在管道截面积变化、换热、摩擦等影响因素作用下的流动规律。

全书共分 7 章，第 1 章介绍气体动力学基本概念、气体的物理属性，突出了气体的可压缩性及其特点，介绍了气体动力学的研究方法和国际标准大气；第 2 章介绍一维定常流的基本方程，包括连续性方程、动量方程、能量方程、伯努利方程以及这些方程在气体流动中的基本应用；第 3 章介绍气流参数和气动函数；第 4 章介绍膨胀波与激波；第 5 章介绍气流在变截面管中的流动规律；第 6 章介绍气流在换热管中的流动规律；第 7 章介绍气流在摩擦管流中的流动规律，最后对黏性流动和附面层的有关知识进行了简要介绍。

本书可作为高等工科院校的气体动力学课程（30~50 学时）的教科书，适用于飞行器动力工程、航空工程、热能动力等专业，也可供民航维修、设计、制造等部门的工程技术人员参考。

本书由中国民航大学航空工程学院曲春刚副教授和曹惠玲教授主编，书中第 1、2、3、5、7 章由曲春刚副教授编写，第 4、6 章由曹惠玲教授编写，曹惠玲教授对全书进行了校阅。

本书的第一作者特别要感谢林兆福教授和曹惠玲教授，正是他们多年的潜心研究和积累，不断推进《气体动力学》教材改革，同时向青年教师传授教学经验和心得体会，才促成了本教材的重新编写。一本好的教材是多年研究和积累的结晶，蕴含了集体的智慧和心血。本课程教学团队教师刘智刚、冯正兴、于军力、孙爽对本教材提出了许多宝贵的意见，在此表示最衷心的感谢。

由于编者水平有限，本书难免有不足之处，敬请读者批评指正。

编者

2023 年 3 月

目　录

第1章 气体动力学基本知识

1.1 连续介质模型

1.1.1 气体动力学研究对象

气体动力学(gasdynamics)是现代流体力学的一个分支,流体力学主要研究流体(液体和气体)的平衡和运动规律,可分为流体静力学和流体动力学、不可压缩流体力学和可压缩流体力学、牛顿流体力学和非牛顿流体力学等,而气体动力学也称可压缩流体力学,主要研究气体在其可压缩性呈显著作用时的流动规律以及气体与周围物体之间的相互作用。

气体的流动可以在物体的内部进行,也可以在物体的外部进行。内部流动的例子有:空气流过喷气发动机的进气道、燃气流过尾喷管以及空气在风洞内的流动等;外部流动的例子有:空气流过飞机和导弹的壳体以及螺旋桨的桨叶等。

研究气体动力学的目的就是找出这些共同的基本规律以及如何正确地应用这些规律解决工程技术问题,并预计各种影响因素对流动的影响。

1.1.2 连续介质假设

众所周知,流体即气体和液体是由大量的微小粒子——分子和原子组成的。而且,每个粒子都在不断地进行不规则的热运动,相互间经常碰撞,交换着动量和能量。因此,从微观来看,气体本身及表征气体状态的各种物理量在空间或时间上都充满着不均匀性、离散性和随机性。另一方面人们用仪器测量到的或用肉眼观察到的气体的宏观结构和运动却又明显地呈现出均匀性、连续性和确定性。微观运动的不均匀性、离散性、随机性和宏观运动的均匀性、连续性、确定性是如此不同却又和谐地统一在气体这一物质之中,从而形成了流体运动的两个重要侧面。

气体动力学的任务在于研究气体的宏观运动规律。采用一种简化的模型来代替气体真实的微观结构,这就是欧拉提出的"连续介质假设"。

连续介质假设指出:气体在充满一个体积时,不留任何自由的空间,其中没有真空的地方,没有分子间的空隙,也没有分子的热运动,把气体看作是连续的介质。

有了连续介质假设,在研究气体的宏观运动时,就可以把一个本来是大量的离散分子或原子的运动问题近似为连续充满整个空间的气体质点的运动,而且每个空间点和每个时刻都有确定的物理量,它们都是空间坐标和时间的连续函数,从而可以利用强有力的数学分析工具。正因如此,连续介质假设是气体动力学中第一个根本性的假设。

当然,连续介质假设并不是普遍适用的。例如在高空,气体过于稀薄,致使分子的平均自由行程可以与所研究问题中涉及的物体的特征尺寸相接近,这时就不能再用连续介质的假设来处理问题了。

正因为如此,需要有一个确定连续介质假设适用范围的判别准则,这就是克努森数。克努森数的定义是:气体分子的平均自由行程 λ 与所研究问题中物体的特征尺寸之比,即

$$Kn = \frac{\lambda}{L} \tag{1.1}$$

式中,Kn 为克努森数;λ 为气体分子的平均自由行程,单位为 m;L 为物体的特征尺寸,单位为 m。

连续介质假设适用于 $Kn \leqslant 0.01$ 的情况。例如:在 50 km 高空处,λ 只有 8×10^{-5} m,而在 150 km 处,λ 就接近 2 m,飞行器进入这个高度以上,空气就不能再看作是连续介质。

1.2 气体的物理性质

1.2.1 密度

密度是气体的一个重要属性。在连续介质的前提下,气体的密度是空间坐标 (x, y, z) 和时间 t 的函数,即

$$\rho = \rho(x, y, z, t)$$

在充满连续介质的空间中任取一点 P,围绕此点取一个小体积 ΔV,如图 1.1 所示,在小体积 ΔV 内气体的质量为 Δm,则比值 $\Delta m/\Delta V$ 就是小体积内气体密度的平均值,即

$$\bar{\rho} = \frac{\Delta m}{\Delta V}$$

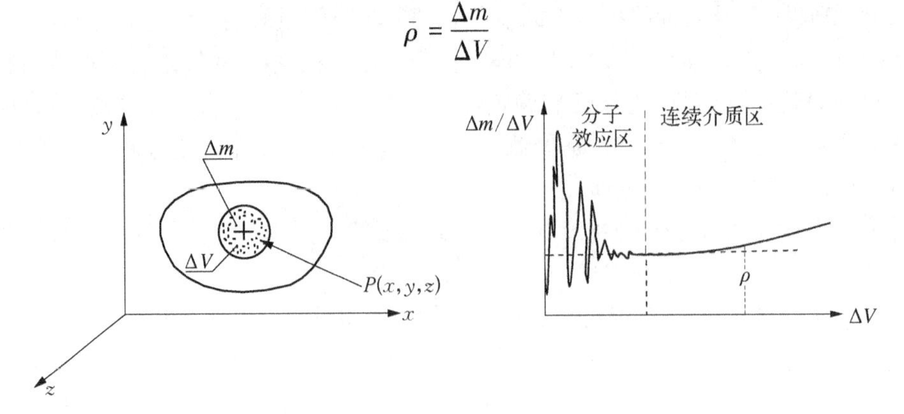

图 1.1　连续介质中一点处的密度

使围绕点 P 的小体积 ΔV 逐渐缩小，随着体积 ΔV 的缩小，气体的物理属性越来越均匀，其平均密度趋近某一稳定的渐近值 ρ。但是，当 ΔV 进一步缩小到非常小，而使体积 ΔV 内只包含少数几个分子时，由于分子进出该体积的不平衡，致使平均密度随时间发生忽大忽小的变化，因而 $\Delta m/\Delta V$ 就不可能有确定的数值。所以可以设想有这样一个极限小的体积 ΔV_0，它比研究物体的特征尺寸小得多，因而可以把它看成是一个气体性质均匀的空间点，但它又比分子的平均自由行程大得多，使其内包含有足够多的分子数目，从而使气体分子的个性无所表现，而只能表现大量分子的平均性质，使密度的统计平均值有确切的意义。在气体动力学中，将这个极限小体积 ΔV_0 内的平均密度定义为一点处的密度，即

$$\rho = \lim_{\Delta V \to \Delta V_0} \frac{\Delta m}{\Delta V} \tag{1.2}$$

由此可以看出：连续介质中的一“点”并不是数学上的一个点，实际上是指大小可以与极限小体积 ΔV_0 相比拟的流体质点，即一块流体微团。连续介质就是由无限多个连续分布的流体微团所组成。

关于连续介质中一点的温度，就是指在某瞬间正与该点重合的流体微团中所包含的大量分子无规则热运动的平均移动动能的量度，可以表示为

$$T = T(x, y, z, t)$$

连续介质中一点处的速度就是指在某瞬间正与该点重合的流体微团的质心的速度。可以表示为

$$V = V(x, y, z, t)$$

同理，可以建立连续介质中一点处的其他参数的概念。

1.2.2　压缩性

压缩性是气体的重要属性。气体的密度随着压力或温度的变化而变化的性质称为气体的压缩性。流动的气体，由于速度的变化，会引起压力和温度产生相应变化，从而使密度发生变化。气体密度的变化又会影响气体的流动。因此，气体的压缩性对气体的流动有直接的影响。但是，是否需要考虑压缩性的影响，要看气体密度的相对变化量，即气体密度的变化量 $\Delta\rho$ 与气体密度 ρ 的比值 $\Delta\rho/\rho$ 的大小而定。如果 $\Delta\rho/\rho \ll 1$，则可以不考虑压缩性的影响，这样的流动称为不可压流；如果 $\Delta\rho/\rho$ 并不很小时，就必须考虑压缩性的影响，这样的流动称为可压流。可以证明，对于气流速度和当地声速之比（该比值称为马赫数，用符号 Ma 表示）小于 0.3 的气体绝热流动可以当作不可压流动来处理。而对于 $Ma \geqslant 0.3$ 的流动必须按可压流来处理。气体在喷气发动机中的流动一般都属于这一类流动。

1.2.3　气体的黏性

黏性是实际气体的一个物理属性。它表示出气体对于切向力的一种反抗能力，这种反抗能力只在运动气体流层间发生相对运动时才表现出来。气流中相邻的两层气体做相对运动时，在这两层气体之间就会出现阻止它们做相对运动的阻力，这种阻力称黏性力或

内摩擦力,气体的这种性质称作黏性。

1. *附面层*

如图 1.2 所示,将一块无限薄的平板放置在风洞的实验段中,使板面平行于风洞中的气流方向。在吹风时,用尺寸非常小的测量风速的仪器,测量平板附近沿平板的法线方向的气流速度分布,其结果如图 1.2 所示,在板面上,气流速度为零,越靠外流速越大,直到离开板面一段距离 δ 的地方,气流速度才与未扰动的气流速度 V_∞ 没什么显著的差别。

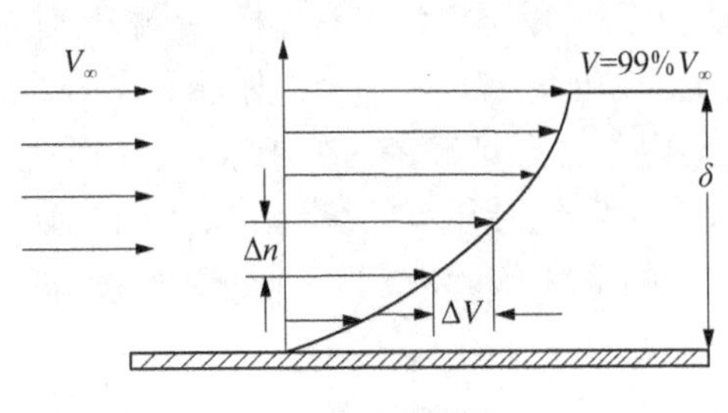

图 1.2 附面层

平板附近气流速度有这样的分布正是气体黏性的表现。黏性使直接接触板面的一层气体完全贴在静止的板面上,和板面没有相对运动。稍外的一层气体受到气体层与气体层之间的摩擦作用,被紧挨板面的那层气体所牵制,速度下降到了接近于零,不过由于它并不紧挨着板面,这层气体多少有些速度。牵制作用就这样一层一层地向外传开去,离板面越远,受到的牵扯作用越小,结果形成了图 1.2 所示的速度分布。

应该指出,气体黏性的影响范围是不大的。根据实验,在离板面 δ 距离处,气体的速度和未扰动气流的速度就没有明显的差别了。δ 与平板的长度比较起来,只是一个微小的量。如果平板的长度以米来计量的话,δ 只不过是几毫米到几十毫米而已。

通常将紧靠物体表面附近,速度梯度很大的一薄层气体称为附面层。严格地说,只有在离物体表面无限远处,气流速度才会等于未扰动气流的速度,但实际上将 $V=99\%V_\infty$ 的地方作为附面层的边界。

2. *层流与湍流*

在不同的初始和边界条件下,黏性流体微团的运动会出现两种不同的运动状态,一种是所有的流体质点作定向有规则的运动,质点之间互不混杂,互不干扰,称为层流;另一种是做无规则不定向的混杂运动,除沿流动方向的主要流动外,还有附加的横向运动,导致运动过程中质点间的混杂,称为湍流。层流与湍流的状态示意图如图 1.3 所示。

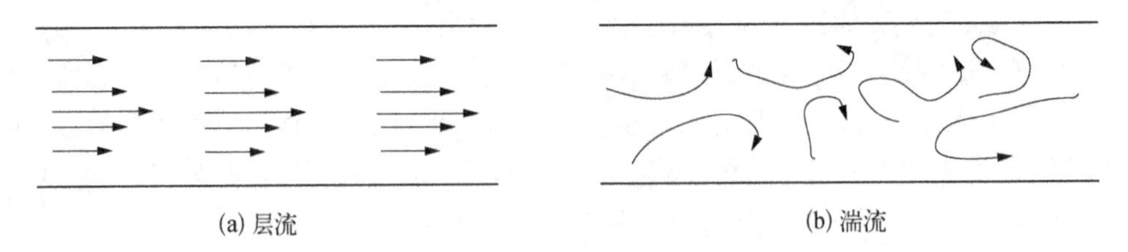

(a) 层流　　(b) 湍流

图 1.3 层流与湍流示意图

1883 年英国物理学家雷诺用实验证明了两种流态的存在,雷诺根据大量的实验和理论分析的结果,发现流体流动状态的转变与组合量 $\dfrac{\rho VD}{\mu}$ 有关,令

$$Re = \frac{\rho VD}{\mu} = \frac{VD}{\nu} \tag{1.3}$$

式中，Re 为雷诺数，无量纲；ρ 为流体的密度，单位为 kg/m^3；V 为平均速度，单位为 m/s；μ 为流体的动力黏度，单位为 $N \cdot s/m^2$；D 为特征尺寸，单位为 m；ν 为流体的运动黏度，单位为 m^2/s。

流动状态主要取决于雷诺数 Re 的大小，雷诺数越大流动越容易处于湍流状态，对于光滑管内的流动，临界雷诺数 $Re_{cr} = 2\,300$；沿平板的流动，$Re_{cr} = (3 \sim 5) \times 10^5$。

当 $Re \leqslant Re_{cr}$ 时，流动为层流流动状态；当 $Re > Re_{cr}$ 时，流动为湍流流动状态。

雷诺数除了用来判别流体的流动状态外，还是判断两个遵守相同运动规律的黏性流动是否动力相似的相似准则之一，在 3.1 节将学习相关内容。

3. 牛顿内摩擦定律

1）牛顿内摩擦定律

17 世纪牛顿在其著作《自然哲学的数学原理》中研究了流体的黏性，经过大量的实验提出了确定流体内摩擦力的“牛顿内摩擦定律”。

考虑距离为 n 相互平行的两个长度和宽度都足够大的平板，其间充满某种流体，如图 1.4 所示。在上层板上施加一个切向力 F_τ，使该平板以速度 V 向右运动，而下层板保持静止，紧挨上层板的流体，由于流体的黏性，将具有速度 V，而紧挨下层板的流体相对于该板的运动速度为零。如果两平板间的距离 n 比较小，而速度 V 不很大，则认为两平板中间流体的速度分布是线性的。

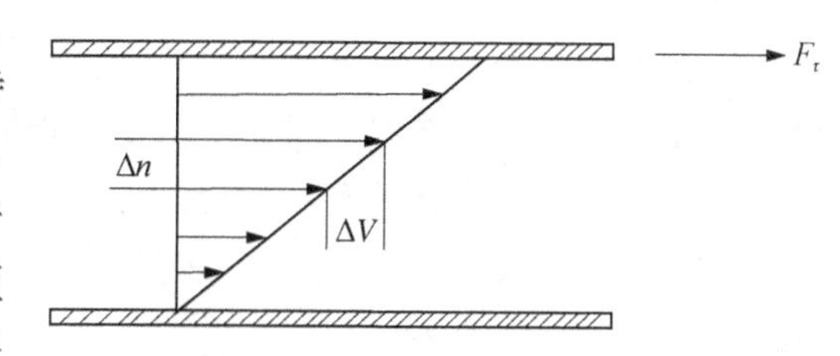

图 1.4　牛顿内摩擦实验

由于上层平板以速度 V 做匀速直线运动，所以，施加的外力 F_τ 就是总的内摩擦力。

大量实验证明，F_τ 与上层板的速度 V 成正比，与两平板间的距离 n 成反比，与接触面积 A 成正比，可以写成：

$$F_\tau = \mu A \frac{V}{n}$$

对于两平板间的任意两流体层之间的内摩擦力为

$$F_\tau = \mu A \frac{\Delta V}{\Delta n}$$

式中，ΔV 为两流体层之间的速度差，单位为 m/s；Δn 为两流体层之间的距离，单位为 m。

如果流体层间的速度变化不是线性而是非线性的，如图 1.2 所示，则公式可写为

$$F_\tau = \mu A \frac{dV}{dn} \tag{1.4}$$

式中，dV/dn 是流体在法线方向的速度梯度。式(1.4)就是牛顿内摩擦定律的数学表达式，它的物理意义是：流体内摩擦力的大小与流体的性质有关，与流体的速度梯度和接触

面积成正比。

单位面积上的内摩擦力称为切应力,用符号 τ 表示,因此牛顿内摩擦定律还可写成:

$$\tau = \mu \frac{\mathrm{d}V}{\mathrm{d}n} \tag{1.5}$$

牛顿内摩擦定律中的 μ 称为动力黏度,它是一个物性参数,其大小取决于气体的物理性质和温度、压力。一般气体,在较大的压力范围内,即远离临界压力的范围内动力黏度的变化很小,所以压力对动力黏度的影响可以忽略不计。实验数据表明,气体的动力黏度 μ 随温度 T 的升高而增大,其关系式可表示成:

$$\frac{\mu}{\mu_0} = \left(\frac{T}{T_0}\right)^n \tag{1.6}$$

对于空气,$\mu_0 = 1.711 \times 10^{-5}\ \mathrm{N \cdot s/m^2}$,指数 n 的变化范围是:$0.5 \leqslant n \leqslant 1.0$。0.5 相当于高温情况,1.0 相当于低温情况。

气体的动力黏度 μ 一般都很小,因此,只有在附面层内,由于气流的速度梯度很大,内摩擦力才比较显著,才需考虑黏性对气体流动的影响;附面层外的气流,因为速度梯度很小,内摩擦力也就很小,和作用在气体上的其他作用力比较可以略去不计,故可以不考虑气体的黏性。正是这个缘故,引入了无黏性流体即理想流体的概念。无黏性流体的概念提供了一个既简单又接近实际情况的理想化的模型。

除了动力黏度 μ 外,在气体动力学中还常用到 μ 与 ρ 的比值,称为运动黏度,用符号 ν 表示,即

$$\nu = \frac{\mu}{\rho} \tag{1.7}$$

显然,运动黏度 ν 不但与气体种类和温度有关,而且与气体压力有关。

2) 牛顿流体和非牛顿流体

并不是所有的流体都遵守牛顿内摩擦定律,通常把完全遵守牛顿内摩擦定律的流体称为牛顿流体,如气体、水、轻质油等都是牛顿流体;而把不遵守牛顿内摩擦定律的流体称为非牛顿流体,如血浆、油漆、悬浮液和接近凝固温度的石油产品等都是非牛顿流体。本教材只讨论牛顿流体。

应该指出:

(1) 牛顿内摩擦定律只适用于流动状态为层流的情况,而不适用于湍流的流动状态;

(2) 牛顿内摩擦定律只适用于牛顿流体,而不适用于非牛顿流体。

1.3 作用在气体上的力

气体的运动会涉及力的作用,按照力作用的方式,作用在气体上的力可分为两大类:质量力和表面力。

1.3.1 质量力

质量力是在一定的力场内作用于体积内的每个流体微团上的非接触力，其大小与气体的体积或质量成正比，而与体积外的气体的存在无关，最常见的是重力、惯性力。对于气体来说，由于其重度 ρg 很小，通常在分析的时候忽略掉它的质量力。

1.3.2 表面力

表面力是一种接触力，是作用在所研究的气体表面上的力。根据连续介质的概念，这个力连续分布在气体的表面，表面力有两种：一种是与气体表面相垂直的法向力；另一种是与气体表面相平行的切向力。

作用于单位面积上的法向力，通常称为压力 p；作用于单位面积上的切向力，称为切应力 τ。

1.4 描述气体流体运动的两种方法

气体动力学研究的气体不具备固定的形状，每个质点都受周围各个质点的影响，运动中互相牵制，但又约束得不像固体那样紧密，各个质点间有相对位移，运动较为复杂。可以用两种方法来描述流体的运动：一种是拉格朗日法，另一种是欧拉法。

1.4.1 拉格朗日法

拉格朗日法研究运动流体中各个流体微团在不同时间其位置、速度、加速度、压力、温度和密度等参数的变化。这种方法着眼于个别流体微团，用不同流体微团的流动参数随时间的变化来描述流体的运动。所以，用这种方法可以表示和了解流体个别微团的各种参数从头到尾的变化情况。

因为拉格朗日法是描述每一个流体微团的运动，所以首先必须把流场中连续存在的流体微团加以区别。取某一起始时间 $t = t_0$ 时，每个流体微团的空间坐标位置 (a, b, c) 作为区别该流体微团的标识，称为拉格朗日变量。流体微团在流场中是连续存在的，所以拉格朗日变量也是连续的。流体微团的空间位置既与流体微团有关，又随时间的不同而变化，即

$$x = x(a, b, c, t)$$

$$y = y(a, b, c, t)$$

$$z = z(a, b, c, t)$$

当 (a, b, c) 固定时，此式代表确定的某个流体微团的运动轨迹；当 t 固定时，此式代表 t 时刻各流体微团的位置。所以上式可以描写所有流体微团的运动。

不同流体微团的压力、密度和温度也写成 (a, b, c) 和 t 的函数：

$$p = p(a, b, c, t)$$

$$\rho = \rho(a, b, c, t)$$

$$T = T(a, b, c, t)$$

流体微团的速度和加速度为

$$V_x = \frac{\partial x}{\partial t}, V_y = \frac{\partial y}{\partial t}, V_z = \frac{\partial z}{\partial t} \tag{1.8}$$

$$a_x = \frac{\partial^2 x}{\partial t^2}, a_y = \frac{\partial^2 y}{\partial t^2}, a_z = \frac{\partial^2 z}{\partial t^2} \tag{1.9}$$

拉格朗日法以流体微团为研究对象,由确定的流体微团组成的集合称为体系。在运动中,体系的质量保持不变,体系以外的物质称为外界或环境。将体系与外界分开的表面称作体系的边界或分界面,这个表面既可以是真实的也可以是假想的,既可以是固定的也可以是移动的。

体系具有以下的特点:

(1) 体系的边界随体系一起运动,它可以是刚性的,也可能产生变形;

(2) 在体系的边界上,不存在质量的交换,即流体不能流出边界,也不能流入边界;

(3) 在体系的边界上,可以存在体系与外界的相互作用以及能量的交换。

例 1.1 已知用拉格朗日变量表示的速度场为: $V_x = (a+1)e^t - 1$, $V_y = (b+1)e^t - 1$。式中, (a, b) 是 $t = 0$ 时刻流体微团的直角坐标值。试求:

(1) $t = 2$ 时流体微团的分布规律;

(2) $a = 1$, $b = 2$, 流体微团的运动规律。

解: 将已知的速度代入速度公式

$$V_x = \frac{\partial x}{\partial t} = (a+1)e^t - 1$$

$$V_y = \frac{\partial y}{\partial t} = (b+1)e^t - 1$$

积分得

$$x = \int[(a+1)e^t - 1]dt = (a+1)e^t - t + c_1$$

$$y = \int[(b+1)e^t - 1]dt = (b+1)e^t - t + c_2$$

代入条件: 在 $t = 0$ 时, $x = a$, $y = b$, 求积分常数 c_1、c_2

$$a = (a+1)e^0 - 0 + c_1$$

$$b = (b+1)e^0 - 0 + c_2$$

$$c_1 = -1, c_2 = -1$$

所以得到流体微团的分布规律为

$$x = (a + 1)e^t - t - 1$$

$$y = (b + 1)e^t - t - 1$$

于是有：

（1）$t = 2$ 时流场中流体微团的分布规律为

$$x = (a + 1)e^2 - 3$$

$$y = (b + 1)e^2 - 3$$

（2）$a = 1$，$b = 2$ 的流体微团的运动规律为

$$x = 2e^t - t - 1$$

$$y = 3e^t - t - 1$$

1.4.2　欧拉法

欧拉法研究运动流体所充满的空间中每个固定点上流体微团的速度、加速度、压力、温度和密度等参数随时间的变化。和拉格朗日法不同，欧拉法着眼点不是流体微团，而是空间点，它是研究描写流体运动的所有物理量在空间的分布，即研究各物理量的场，如：速度场、加速度场、压力场、温度场等。因此，在欧拉法中，一切描写流体运动的参数都是空间坐标 (x, y, z) 和时间 t 的函数。如速度：

$$V_x = V_x(x, y, z, t)$$

$$V_y = V_y(x, y, z, t)$$

$$V_z = V_z(x, y, z, t)$$

压力、密度和温度：

$$p = p(x, y, z, t)$$

$$\rho = \rho(x, y, z, t)$$

$$T = T(x, y, z, t)$$

式中，变量 x、y、z、t 称为欧拉变量。当 x、y、z 一定时，式中的函数代表空间中固定点上的速度、压力、密度、温度随时间的变化规律；当 t 一定，改变 x、y、z 时，它们代表某一时刻速度、压力、密度、温度在空间的分布规律。

流体微团的加速度为

$$\begin{cases} a_x = \dfrac{\partial V_x}{\partial t} + V_x \dfrac{\partial V_x}{\partial x} + V_y \dfrac{\partial V_x}{\partial y} + V_z \dfrac{\partial V_x}{\partial z} \\ a_y = \dfrac{\partial V_y}{\partial t} + V_x \dfrac{\partial V_y}{\partial x} + V_y \dfrac{\partial V_y}{\partial y} + V_z \dfrac{\partial V_y}{\partial z} \\ a_z = \dfrac{\partial V_z}{\partial t} + V_x \dfrac{\partial V_z}{\partial x} + V_y \dfrac{\partial V_z}{\partial y} + V_z \dfrac{\partial V_z}{\partial z} \end{cases} \tag{1.10}$$

由此可知：在欧拉法中，流体微团的加速度由两部分组成，一部分是当地加速度，另一部分是迁移加速度。当地加速度是在同一位置上流体速度对时间的变化率，它是由流动的不定常性引起的，而迁移加速度是由空间位置的改变所引起的速度变化率，它是由流场的不均匀性引起的。

应用欧拉法研究流体运动时，常常选取一个固定的空间区域来分析，这个固定的空间区域称为控制体。控制体的边界称作为控制面，控制面是一个封闭的表面，它可以真实存在，也可以假想其存在。控制体的形状和大小恒定不变，但占据控制体的流体质点是随时间而变化的。

控制体的边界——控制面具有如下的特点：

(1) 控制面相对于坐标系是固定的；

(2) 在控制面上可以有质量和能量的交换；

(3) 在控制面上存在着控制体以外的物体与控制体内的物体相互作用。

特别指出的是，体系的分析方法是与研究流体运动的拉格朗日法相适应的，而控制体的方法则是与研究流体运动的欧拉法相适应的。

拉格朗日法和欧拉法只不过是描写流体运动的两种不同的方法。对于同一个问题，既可以用拉格朗日法来描述，也可以用欧拉法来描述，它们之间可以相互转换。虽然拉格朗日法和欧拉法都能描述流体的运动，但在气体动力学的研究中广泛采用欧拉法，因为利用欧拉变量所得的是场，而利用拉格朗日变量所得的不是场，所以在欧拉变量中能够利用场论的知识，使理论研究具有强有力的工具，而在拉格朗日变量中没有这个优点。另一方面采用拉格朗日法，加速度是二阶导数，运动方程是二阶偏微分方程组。而在欧拉法中，加速度是一阶导数，所得到的运动方程是一阶偏微分方程组。显然，一阶偏微分方程组在数学上要比二阶偏微分方程组容易求解。

1.5 气体运动的基本概念

1.5.1 流体运动的分类

1. 定常流与不定常流

(1) 不定常流：描写流体运动的各参数随时间而变化的流动称为不定常流，或称不稳定流，又称不定型流。

发动机在起动、停车以及改变工作状态时，气体在发动机内的流动都是不定常流。

(2) 定常流：在任意空间点上，描写流体运动的全部参数都不随时间而变化的流动称为定常流，或称稳定流，又称定型流。这时，流动参数仅仅是空间坐标的函数，即

$$V_x = V_x(x, y, z)$$

$$V_y = V_y(x, y, z)$$

$$V_z = V_z(x, y, z)$$

$$p = p(x, y, z)$$

$$\rho = \rho(x, y, z)$$

$$T = T(x, y, z)$$

发动机在某一固定状态工作时,气体在发动机内的流动可以认为是定常流。

2. 三维流、二维流、一维流

(1) 三维流:如果流体在流动中流动参数是三个空间坐标的函数,这样的流动称为三维流,又称三元流。

(2) 二维流:如果流体在流动中流动参数是两个空间坐标的函数,这样的流动称为二维流,又称二元流、平面流。

(3) 一维流:如果流体在流动中流动参数是一个空间坐标的函数,这样的流动称为一维流,又称一元流。

把时间和空间结合起来,则有一维定常流,一维不定常流;二维定常流,二维不定常流;三维定常流,三维不定常流。

除此之外,流体的运动还可以分为:可压流,不可压流;黏性流,无黏性流等。

本书重点讨论一维定常可压无黏性流。

还应指出:在某些空间流动中,虽然需要三个坐标来描述流动,但是流动参数对于某一个轴来说是对称的,这样的流动称之为轴对称流动。对于轴对称流动,只用到两个坐标 r 和 z,如果流动又是定常的,那么流动参数只是两个自变量 (r, z) 的函数,从数学的观点来说,这是一个二维流动。

真正的二维流和一维流是少见的,经验证明,在许多情况下,把复杂的三维流动简化成二维流或一维流来处理,仍可以得到较为满意的结果,因为一维流的计算方法特别简单,所以它在发动机设计和生产中有着广泛的应用。随着计算机技术和计算方法的发展,三维流理论已在发动机设计中得到了应用。

1.5.2 流场的描述

流体运动的数学描述可以用分析的方法,也可以用几何的方法,通常把流体所占据的空间称作流场。为了形象地描述流场,引用了迹线、流线和流管等概念。

1. 迹线

迹线就是流体微团运动的轨迹线。在一般情况下,只有用拉格朗日法表示流体微团运动时才能作出迹线。迹线的特点:对于每一个流体微团都有一个运动轨迹,所以迹线是一簇曲线,而且迹线只随流体微团的不同而不同,与时间无关。因为拉格朗日变量 (a, b, c) 是与时间无关的。

在拉格朗日法流体微团的参数方程中,消去 t,并给定 (a, b, c) 值,就可以得到用 x、y、z 表示的某流体微团 (a, b, c) 的迹线。

如果流体运动是以欧拉变量形式给出的,这时要得到迹线方程式,就必须将欧拉变量转换到拉格朗日变量中去,即解下列微分方程:

$$\begin{cases} \mathrm{d}x = V_x(x,\ y,\ z,\ t)\mathrm{d}t \\ \mathrm{d}y = V_y(x,\ y,\ z,\ t)\mathrm{d}t \\ \mathrm{d}z = V_z(x,\ y,\ z,\ t)\mathrm{d}t \end{cases} \tag{1.11}$$

式中，t 是自变量；x、y、z 是 t 的函数。积分后在所得的表达式中消去时间 t 即可得到由两个方程 $f_1(x,\ y,\ z) = 0$ 和 $f_2(x,\ y,\ z) = 0$ 组成的迹线方程。

例 1.2 已知速度分布为 $V_x = Ax$ 和 $V_y = -Ay$，求流体微团的迹线。

解：

$$\mathrm{d}x = V_x\mathrm{d}t = Ax\mathrm{d}t$$

$$\mathrm{d}y = V_y\mathrm{d}t = -Ay\mathrm{d}t$$

积分后有

$$\ln x = At + \ln c_1$$

$$\ln y = -At + \ln c_2$$

式中，c_1、c_2 为积分常数。从两式中消去 t 可得迹线方程：

$$xy = c_1c_2$$

2. 流线

流线是在某一瞬间，把流场中各点的流体微团的运动方向连接而成的一条光滑的曲线，如图 1.5 所示。

流线具有下述特点：

(1) 由流线的定义可知，流线上各点的切线方向也就是处于该点的流体微团的速度方向。

(2) 一般情况下流线彼此不能相交。

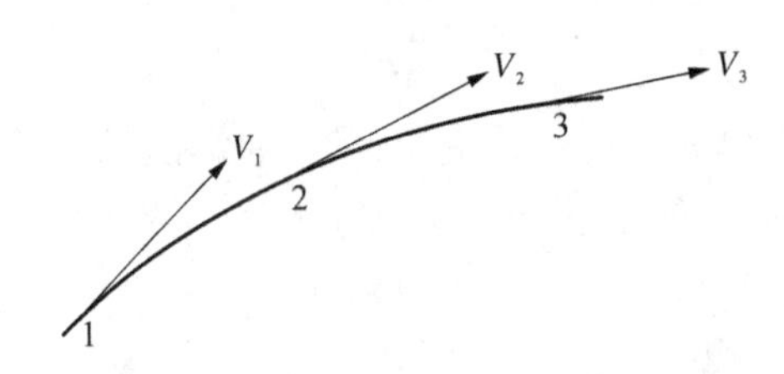

图 1.5 流线

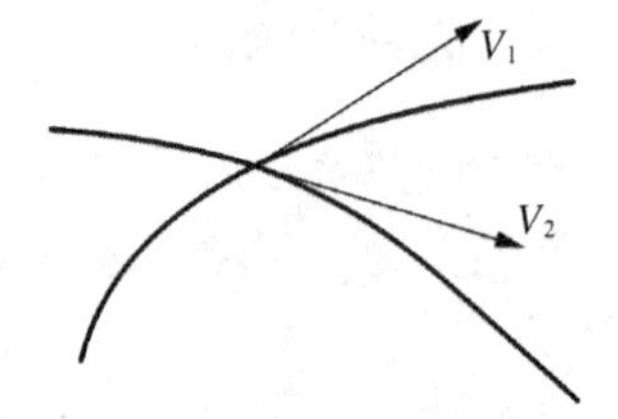

图 1.6 流线不能相交

此特点可以用反证法来证明：如果有两条流线彼此相交，如图 1.6 所示，那么位于交点上的流体微团势必要有两个速度方向，实际上在某一瞬间一个点上的流体微团只能有一个速度，这就否定了流线相交的可能性。

但是有三种例外的情况：在速度为零的点上，如图 1.7 中的 A 点，通常称为驻点；流线相切，如图 1.7 中的 B 点，上下两股速度不等的流体在 B 点相切；在速度为无限大的点上，如图 1.8 中的 O 点，通常称为点汇。

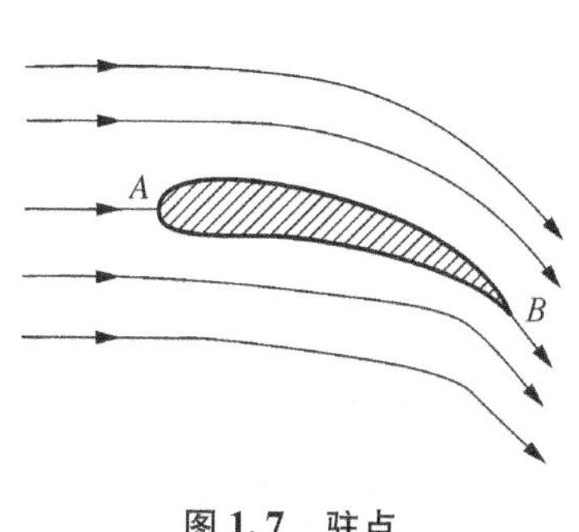

图 1.7　驻点

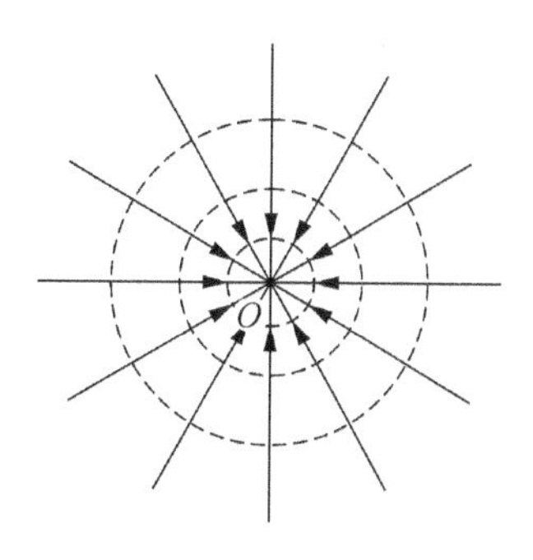

图 1.8　点汇

（3）流体微团不会跨越流线流动。

既然流体微团的速度方向与流线相切，那么就不存在法线方向的速度，所以流线如同固体壁面一样，流体微团不会跨越流线流动。

（4）在不定常流中，流线和迹线一般来说是不重合的；而在定常流中，二者必然重合。根据流线上任一点的切线方向就是处于该点的流体微团的速度方向这一特点，可以推导出流线的微分方程。

设 ds 是流线上的一个微元线段，由于速度应沿流线的切线方向，所以有

$$\boldsymbol{V} \times \mathrm{d}\boldsymbol{s} = 0$$

把此式写成行列式的形式，则有

$$\boldsymbol{V} \times \mathrm{d}\boldsymbol{s} = \begin{vmatrix} i & j & k \\ V_x & V_y & V_z \\ \mathrm{d}x & \mathrm{d}y & \mathrm{d}z \end{vmatrix} = 0$$

即

$$(V_y \mathrm{d}z - V_z \mathrm{d}y)i + (V_z \mathrm{d}x - V_x \mathrm{d}z)j + (V_x \mathrm{d}y - V_y \mathrm{d}x)k = 0$$

$$\frac{\mathrm{d}x}{V_x} = \frac{\mathrm{d}y}{V_y} = \frac{\mathrm{d}z}{V_z} \tag{1.12}$$

在流线方程中，时间 t 是参变量，对于不定常流，流线随时间而变；在定常流中，流线的形式是不随时间而变的。

流场中许多流线的集合称流线谱。如图 1.7 所示。知道某一时刻的流线谱后，速度的方向可由流线的切线方向给出，速度的大小由流线的疏密程度给出，流线密的地方速度大，流线疏的地方速度小。

例 1.3　已知流体运动的各速度分量为：$V_x = -Ay$，$V_y = Ax$，求流线族。

解：

$$\frac{\mathrm{d}x}{V_x} = \frac{\mathrm{d}y}{V_y}$$

$$\frac{\mathrm{d}x}{-Ay} = \frac{\mathrm{d}y}{Ax}$$

去掉常数 A，得

$$x\mathrm{d}x + y\mathrm{d}y = 0$$

积分后有

$$x^2 + y^2 = c$$

流线族是以坐标原点为圆心的同心圆。为了确定流体运动的方向，求速度 V 与 x 轴和 y 轴的夹角余弦：

$$\cos(V, x) = \frac{V_x}{V} = -\frac{y}{\sqrt{x^2 + y^2}}$$

$$\cos(V, y) = \frac{V_y}{V} = \frac{x}{\sqrt{x^2 + y^2}}$$

因为对具有坐标值的点来说 $\cos(V, x) < 0$，故速度 V 与 x 轴成钝角，因而流体运动的方向是逆时针方向，如图 1.9 所示。

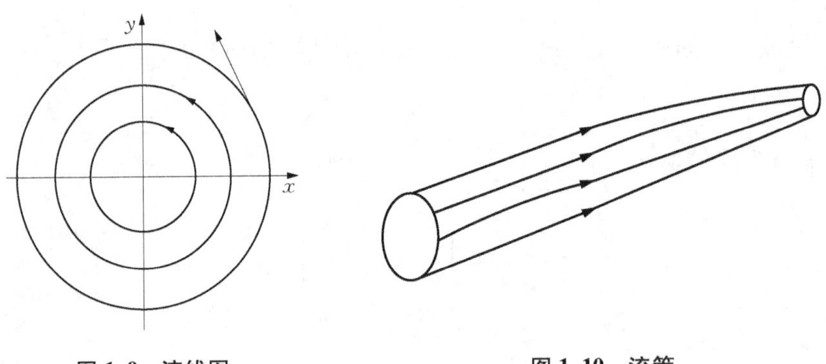

图 1.9 流线图　　**图 1.10 流管**

3. 流管

在流场中取一非流线又不自交的封闭曲线，通过曲线上每一点作流线，这些流线组成的管状表面，即流管，如图 1.10 所示。

若流管的横截面积为无限小，则这种流管称为基元流管。在基元流管的任意横截面上的流动参数都可以认为是均匀一致的。

因为流管的侧表面是由流线组成的，流体微团不会跨越流线流动，所以，流体微团也不能跨越流管的侧表面。这样就可以用流管代替具有实际固体壁面的管道。所以，流管虽然是一个假想的管道，但它却像真实的管道一样，使管内外的流体完全隔开了。

1.6 国际标准大气

1.6.1 地球大气层

地球表面被一层厚厚的大气层包围着，发动机工作时所需的空气就取自大气，并与大气发生相互作用，为此应了解大气层的情况和空气的一些物理性质。

大气离地球表面越远就越稀薄，人们根据大气的某些物理性质，把大气层分为五层：对流层、平流层、中间层、热层和散逸层。

1. 对流层

对流层的平均高度在地球中纬度地区约11 km。对流层内的空气温度、密度和气压随着高度的增加而下降，并且由于地球对大气的引力作用，在对流层内几乎包含了全部大气质量的四分之三，因此该层的大气密度最大，大气压力也最高。大气中含有大量的水蒸气及其他微粒，所以云、雨、雪、雹及暴风等气象变化也仅仅产生在对流层中。另外，由于地形和地面温度的影响，对流层内不仅有空气的水平流动，还有垂直流动，形成水平方向和垂直方向的突风。对流层内空气的组成成分保持不变。

2. 平流层

从对流层顶起到离地面约55 km之间称为平流层。在平流层下层中，在11~20 km之间，空气温度不变，平均值为-56.5℃，空气只有水平方向的流动，没有雷雨等现象，此层又称为同温层。在同温层之上，含有大量的臭氧，臭氧能吸收大量太阳紫外线，所以空气温度随高度增加而增加。平流层内集中了全部大气质量的约四分之一，所以大气的绝大部分都集中在对流层和平流层这两层大气内，而且目前大部分的飞机也只在这两层内活动。

3. 中间层

中间层离地面55~85 km，大气质量只占全部大气总量的三千分之一左右。在这一层中，温度随高度增加而下降。

4. 热层

中间层以上到离地面800 km左右就是热层，这一层内含有大量的离子（主要是带负电的离子），它能发射无线电波。在这一层内空气温度从-90℃升高到1 000℃，所以称为热层。高度在150 km以上时，由于空气非常稀薄，已听不到声音。

5. 散逸层

散逸层位于距地面800~1 600 km之间，这里的空气质量只占全部大气质量的10^{-11}，是大气的最外一层，因此也被称为“外层大气”。

1.6.2　国际标准大气的计算

大气的压强、密度和温度等参数在地球表面不同的高度上，不同纬度上，不同季节，以及一天内不同时间上是各不相同的。

为了便于对飞行器进行性能计算，整理飞行试验数据和性能参数，比较国际航空界根据多年观测北半球中纬度区域内，各高度上的大气压强、温度、密度等的年平均值的结果，将大气参数加以模型化，制定了国际标准大气。

国际标准大气具有以下的规定：

（1）空气被视为完全气体，即服从理想气体状态方程 $p = \rho RT$，气体常数 $R = 287.06\ \mathrm{J/(kg \cdot K)}$；

（2）大气的相对湿度为零；

(3) 以海平面作为高度计算的起点,即 $H=0$,并且在该处:大气温度 $T_0=288.15\ \text{K}$,或 $t=15℃$,大气压强 $p_0=101\ 325\ \text{Pa}$,大气密度 $\rho_0=1.225\ 05\ \text{kg/m}^3$;

(4) 在高度 11 000 m 以下,大气温度随高度呈线性变化,每升高 1 000 m,下降 6.5 K,在高度为 H 处,气温是

$$T_H=288.15-0.006\ 5H \tag{1.13}$$

(5) 以海平面作为高度计算的起点,在 $H=11\ 000\sim20\ 000\ \text{m}$ 处,气温不变,$T_0=216.65\ \text{K}$。

根据上述规定,可以得到大气压力、大气密度随高度的变化规律。

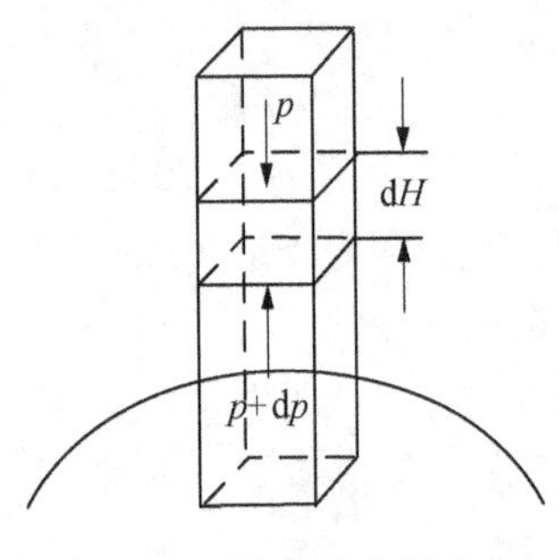

图 1.11 大气压力随高度变化用图

某个高度上的大气压力可以看作是面积为 1 m² 的一根上端无界的空气柱的重量压下来所造成的,如图 1.11 所示。

在截面积为 1 m² 的空气柱取厚度为 dH 的一段,从气体的受力情况得到

$$\mathrm{d}p=-\rho g\mathrm{d}H$$

利用完全气体状态方程式 $p=\rho RT$,则得到

$$\frac{\mathrm{d}p}{p}=-\frac{g}{RT}\mathrm{d}H$$

在对流层内 $T_H=288.15-0.006\ 5H$,则有

$$\frac{\mathrm{d}p}{p}=-\frac{g}{R(288.15-0.006\ 5H)}\mathrm{d}H$$

积分,得

$$\int_{p_0}^{p_H}\frac{\mathrm{d}p}{p}=-\frac{g}{R}\int_0^H\frac{\mathrm{d}H}{288.15-0.006\ 5H}$$

有

$$\frac{p_H}{p_0}=\left(\frac{288.15-0.006\ 5H}{288.15}\right)^{5.255\ 88}=\left(\frac{T_H}{T_0}\right)^{5.255\ 88} \tag{1.14}$$

相应的密度变化是

$$\frac{\rho_H}{\rho_0}=\left(\frac{288.15-0.006\ 5H}{288.15}\right)^{4.255\ 88}=\left(\frac{T_H}{T_0}\right)^{4.255\ 88} \tag{1.15}$$

式(1.14)和式(1.15)就是对流层内大气压力、大气密度随高度的变化规律。

在同温层内,$T_0=216.65\ \text{K}$,可以得到:

$$\frac{p_H}{p_{11}}=\frac{\rho_H}{\rho_{11}}=\mathrm{e}^{\frac{11\ 000-H}{6\ 341.62}} \tag{1.16}$$

式中,下标"11"代表高度为 11 km 处的大气参数;$p_{11}=0.227\times10^5\ \text{Pa}$;$\rho_{11}=$

0. 346 80 kg/m^3。

按式(1.13)~式(1.16)等进行计算的标准大气数据见附录一。

思　考　题

1. 连续介质假设是什么？适用什么条件？如何定义连续介质中一点处的密度？
2. 何为气体的压缩性？用什么参数来描写？如何判别气体的压缩性？
3. 什么是附面层？
4. 牛顿内摩擦定律的适用条件是什么？影响动力黏性系数的因素有哪些？
5. 什么是层流？什么是湍流？雷诺数的定义式是什么？
6. 拉格朗日法和欧拉法有何不同？
7. 什么是体系、控制体？它们之间有什么联系和区别？
8. 迹线和流线是如何定义的？各有什么特点？
9. 国际标准大气是如何规定的？

习　　题

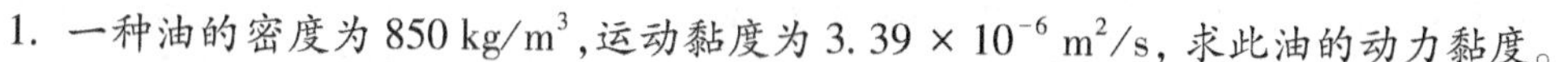

1. 一种油的密度为 850 kg/m^3，运动黏度为 3.39×10^{-6} m^2/s，求此油的动力黏度。

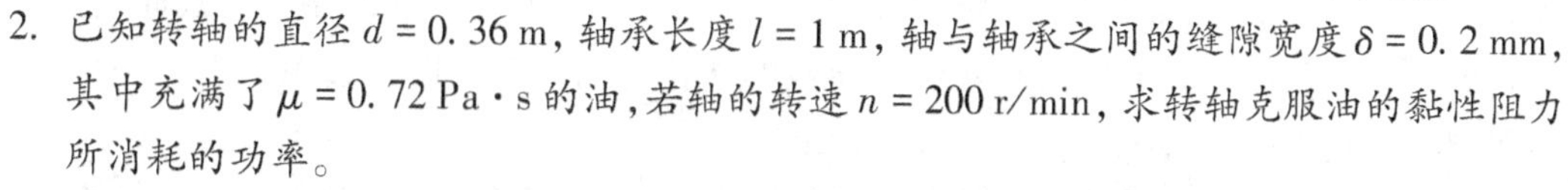

2. 已知转轴的直径 $d=0.36$ m，轴承长度 $l=1$ m，轴与轴承之间的缝隙宽度 $\delta=0.2$ mm，其中充满了 $\mu=0.72$ Pa·s 的油，若轴的转速 $n=200$ r/min，求转轴克服油的黏性阻力所消耗的功率。
3. 已知用欧拉法表示的速度场为：$V_x=\mathrm{e}^{(x+1)t}$，$V_y=\mathrm{e}^{(y+1)t}$，试确定当 $t=0$ 时，空间位置(1, 1)处的加速度。
4. 已知流体的速度分布为：$V_x=1-y$，$V_y=t$，求：

   (1) $t=0$ 时位于(0, 0)点的流体微团的迹线方程；

   (2) $t=1$ 时经过(0, 0)点的流线方程。

第 2 章
一维定常流的基本方程

一维定常流是指在流动中描写气体运动的参数,如速度、压力、密度、温度等仅是一个坐标的函数,与时间无关。这个坐标可以是直线坐标,也可以是曲线坐标。一维定常流的数学表达式为

$$V = V(s)$$

$$p = p(s)$$

$$T = T(s)$$

一维定常流是一种最简单的理想化的流动模型,严格地说,在实际的流动中并不存在真正的一维定常流动,如气流的黏性作用总会使管内流动各气流参数在同一截面上分布不均匀,但在工程上,只要在同一截面上参数的变化比沿流动方向上参数的变化小得多,就可以近似地看作一维流动。一维流动的条件为:

(1) 沿流动方向管道的横截面积的变化率比较小,即管道的扩张角或收缩角较小,这样,在每个截面上,气体的径向分速度将远小于轴向分速度,因而可以认为气体基本上是沿着轴向流动的;

(2) 管道轴线的曲率半径比管道的直径大得多,这样在同一截面上的压力可以认为具有同一数值;

(3) 沿管道各截面的速度分布和温度分布的形状近乎不变。

由于气体与物体壁面之间的传热和摩擦作用,在每个截面上气体的速度、压力、密度、温度等参数都是不均匀的,但是,在一维近似法中,可以用各截面上物理参数的平均值来代替各截面的参数。一维近似法的最大优点是:它非常简单,为许多工程问题提供了快速的计算方法,因而在工程实际问题中,得到极广泛的应用。但是,一维流只是一个较好的近似,如果需要更精确的结果,可以用二维或三维的理论去做补充处理,或采用修正系数的方法加以修正。

航空燃气涡轮发动机处于稳定工作状态时,其内部的气流近似于定常流动,使用一维定常流分析方法对研究发动机的工作原理具有实际意义。

气体在发动机内部流动过程中,运动规律各不相同,例如,在扩压进气道中,空气的速度减小,压力和温度上升,而总焓保持不变。由于空气速度和压力的改变,引起空气和物体之间产生力的作用,这种作用力可以是阻力,也可以是升力或是推力;由于空气温度的

改变,引起空气和物体之间有热量的交换;有时由于气体和物体之间有力的作用,还可以形成机械功的交换,如用轴传动的空气压气机和燃气涡轮。在所有上述这些过程中,虽然气体运动的规律各不相同,但是它们随时随地都遵循一些共同性的基本定律,这些基本定律是:质量守恒定律、牛顿运动定律、热力学第一定律和热力学第二定律。把这些定律应用于气体流动中,就可以建立各参数间的数量关系,这些关系式称为一维定常流的基本方程。这些方程包括:连续方程、动量方程、能量方程、伯努利方程,本章将推导这些方程。这些方程既可以用积分形式来表示,也可以用微分形式来表示,但它们在本质上是一样的。

2.1　连续方程

将质量守恒定律应用于气体动力学所得到的数学关系式称为连续方程,下面对一维定常流的连续方程进行分析。

2.1.1　积分形式的连续方程

在定常流场内任取一流管,在流管内任取两个垂直于流动方向的截面 1 - 1 和 2 - 2,并与这两个截面间的流管侧表面组成一个控制体,如图 2.1 所示。

选取流管的中心线 s 为坐标系。由于是一维定常流,所以进出口截面上的流动参数是均匀一致的。假设进口截面 1 - 1 处的截面积为 A_1,速度为 V_1,密度为 ρ_1;出口截面 2 - 2 处的截面积为 A_2,速度为 V_2,密度为 ρ_2。

对于一维定常流,质量守恒定律可表述为单位时间内流入控制体的气体的质量等于单位时间内流出控制体的气体的质量。即

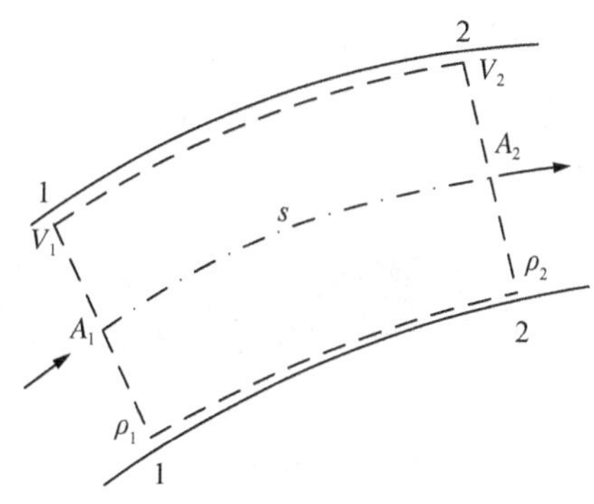

图 2.1　推导连续方程用图

$$q_{m1} = q_{m2}$$

式中,q_m 为质量流量:单位时间内流入或流出控制体的气体的质量,称为质量流量,单位是 kg/s。单位时间内流过 1 - 1 截面和流过 2 - 2 截面的气体的质量分别为

$$q_{m1} = \rho_1 V_1 A_1$$

$$q_{m2} = \rho_2 V_2 A_2$$

整理上式得

$$\rho_1 V_1 A_1 = \rho_2 V_2 A_2 \tag{2.1}$$

于是有

$$\rho A V = \text{常数} \tag{2.2}$$

式(2.1)和式(2.2)是一维定常流积分形式的连续方程。它的物理意义是：在一维定常流中，通过同一流管任意截面上的气体的质量流量保持不变。

当然，在推导连续方程时，如果选取的控制体不是由流线所组成，而是由其他型线组成，那么除了在进出口截面上有气体通过之外，在控制体的侧表面上也有气体通过，因此得出的连续方程表达式将不同于式(2.1)，可能要复杂些，从此可以看出选取流管来研究问题的好处。

连续方程是一个运动学的方程式，其中并没有涉及力的问题，因此无论对无黏性流，还是对有黏性流，它都是适用的，同时对实际气体和完全气体也都适用。

对于 $Ma < 0.3$ 的气流，可看作为不可压流，由于 $\rho =$ 常数，故有

$$q_v = AV = \text{常数} \quad \text{或} \quad A_1V_1 = A_2V_2 \tag{2.3}$$

式中，q_v 为体积流量，即单位时间流入或流出控制体气体的体积，单位为 m^3/s。

由式(2.3)可以看出：对于一维定常不可压流，速度随管道横截面积的缩小而增大。例如，河流中水的流速在河道窄的地方要比河道宽的地方快，其原理就在于此。

密流：单位时间内流过单位面积的气体的质量，即单位面积的流量称为密流，用符号 j 表示，即

$$j = \rho V \tag{2.4}$$

因此，对于可压流，连续方程又可写成：

$$Aj = \text{常数} \tag{2.5}$$

式(2.5)说明：对于一维定常可压流，管道横截面积与密流成反比。即管道截面积增大时，单位面积的流量减小，管道截面积减小时，单位面积的流量增大。

在实际管流中，由于黏性使气体的速度在管壁处是零，而且在每一截面上速度的分布是不均匀的。因此，对于不可压流，将式(2.3)应用到实际流动时，截面上的平均速度为

$$\bar{V} = \frac{\int_A V\mathrm{d}A}{A} \tag{2.6}$$

在可压流中，用式(2.7)和式(2.8)定义平均速度和平均密度：

$$\bar{V} = \frac{\int_A \rho V\mathrm{d}A}{\int_A \rho\mathrm{d}A} \tag{2.7}$$

$$\bar{\rho} = \frac{\int_A \rho V\mathrm{d}A}{\int_A V\mathrm{d}A} \tag{2.8}$$

2.1.2 微分形式的连续方程

一维定常流连续方程的微分表达式可以这样来推导，因为

$$d(\rho AV) = \rho A dV + \rho V dA + AV d\rho = 0$$

等式两边同时除以 ρAV，则有

$$\frac{dV}{V} + \frac{dA}{A} + \frac{d\rho}{\rho} = 0 \tag{2.9}$$

式(2.9)就是一维定常流微分形式的连续方程。该式说明：在一维定常流中，管道横截面积的相对变化量、密度的相对变化量与速度的相对变化量之和等于零。

连续方程经常用来分析气体在管道中流动时的流量、速度、密度和横截面积之间的相互关系，并可计算其大小。

例 2.1 某涡轮喷气发动机的燃气流量 $q_m = 50$ kg/s，燃气在喷管出口处的温度 $T_e = 700$ K，燃气压力等于外界大气压，即 $p_e = p_b = 1.053 \times 10^5$ Pa，喷管出口直径 $D_e = 500$ mm，求喷管出口速度 V_e 的大小。已知燃气的气体常数 $R = 287.4$ J/(kg · K)。

解：根据完全气体状态方程，喷管出口处燃气的密度为

$$\rho_e = \frac{p_e}{RT_e} = \frac{1.053 \times 10^5}{287.4 \times 700} = 0.523 \text{ kg/m}^3$$

由连续方程式有

$$V_e = \frac{q_m}{\rho_e A_e} = \frac{4 \times q_m}{\rho_e \pi D_e^2} = \frac{4 \times 50}{0.523 \times \pi \times 0.5^2} = 487.1 \text{ m/s}$$

2.2 动量方程

在研究气体运动时，常常需要确定气体与其他物体之间力的作用，动量方程就是将牛顿第二定律应用于气体动力学所得到的关于力的数学关系式。对于一个确定的体系，牛顿第二定律可表述为："在某一瞬间，体系的动量对时间的变化率等于该瞬间作用在该体系上的所有外力的合力，而且动量对时间变化率的方向与合力的方向相同"，即

$$\Sigma F = \frac{DM}{Dt} \tag{2.10}$$

式中，ΣF 为作用在控制体上的所有外力的合力，包括质量力和表面力；M 是该体系的动量，$M = mV$。

下面对一维定常流的动量方程进行分析。

2.2.1 积分形式的动量方程

在瞬时 t，定常流场内任取一流管，由虚线 1122 界面所围成的空间内的气体为体系。经过 dt 时间后，此体系运动到新位置 1′1′2′2′处，如图 2.2 所示。

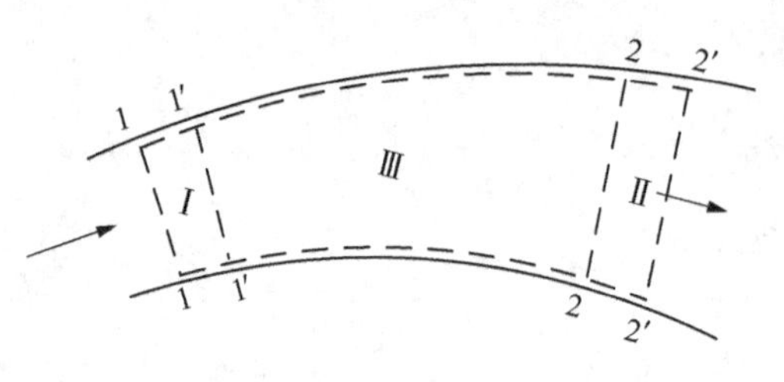

图 2.2 推导动量方程用图

选取流管的中心线 s 为坐标系。进出口截面上的流动参数是均匀一致的，假设进口截面 1－1 处的截面积为 A_1，速度为 V_1，密度为 ρ_1；出口截面 2－2 处的截面积为 A_2，速度为 V_2，密度为 ρ_2。

在瞬时 t，体系所具有的动量用 $M(1122)$ 表示，在瞬时 $t+\mathrm{d}t$，体系所具有的动量用 $M(1'1'2'2')$ 表示。于是体系经过 dt 时间后，动量的变化为

$$\mathrm{D}M = M(1'1'2'2') - M(1122)$$

由于是定常流，所以在空间（1′1′22）内的气体的动量是不随时间变化的，因此有

$$M(1'1'2'2') - M(1122) = M(222'2') - M(111'1')$$

也就是说，体系经过 dt 时间后，动量的变化仅等于（222′2′）段气体的动量和（111′1′）段气体的动量之差。

（222′2′）段气体的动量为

$$M(222'2') = m_2V_2 = (\rho_2A_2V_2\mathrm{d}t)V_2 = q_{m2}V_2\mathrm{d}t$$

（111′1′）段气体的动量为

$$M(111'1') = m_1V_1 = (\rho_1A_1V_1\mathrm{d}t)V_1 = q_{m1}V_1\mathrm{d}t$$

在瞬时 t，外界对体系内气体的作用力的合力为 ΣF，则根据牛顿第二定律有

$$\Sigma F = \frac{\mathrm{D}M}{\mathrm{D}t} = \frac{M(222'2') - M(111'1')}{\mathrm{d}t} = \frac{q_{m2}V_2\mathrm{d}t - q_{m1}V_1\mathrm{d}t}{\mathrm{d}t}$$

$$\Sigma F = q_{m2}V_2 - q_{m1}V_1 \tag{2.11}$$

式(2.11)就是一维定常流的积分形式的动量方程。它的物理意义可以从图 2.2 所示的控制体看出：单位时间流出控制面 2－2 的气体带出的动量为 $q_{m2}V_2$，单位时间流入控制面 1－1 的气体带入的动量为 $q_{m1}V_1$，所以，方程(2.11)中右边的两项即为单位时间流出控制体和流入控制体的气体的动量之差。这样，动量方程(2.11)的物理意义就是：在定常流中，作用在控制体内气体上的全部外力的合力等于单位时间流出和流入该控制体的气体在该方向的动量之差。

还应指出：动量方程不仅适用于一维定常流，还适用于三维定常流。若考虑在三个相互垂直方向的外力与动量变化率的关系，则有

$$\begin{cases}\Sigma F_x = q_{m2}V_{2x} - q_{m1}V_{1x} \\ \Sigma F_y = q_{m2}V_{2y} - q_{m1}V_{1y} \\ \Sigma F_z = q_{m2}V_{2z} - q_{m1}V_{1z}\end{cases} \tag{2.12}$$

2.2.2　积分形式动量方程的应用

1. 气体与直喷管间的作用力

例 2.2　气体流过图 2.3 所示的直喷管,设流动是定常的,且忽略质量力。若已知喷管进出口截面的面积分别为 A_1 和 A_2,其上的速度、压力和密度都是均匀的,分别为 V_1、p_1、ρ_1 和 V_2、p_2、ρ_2。求气体对直喷管的作用力。

解:选取直喷管内的气体为控制体。

由动量方程知:

$$\Sigma F = q_{m2}V_2 - q_{m1}V_1$$

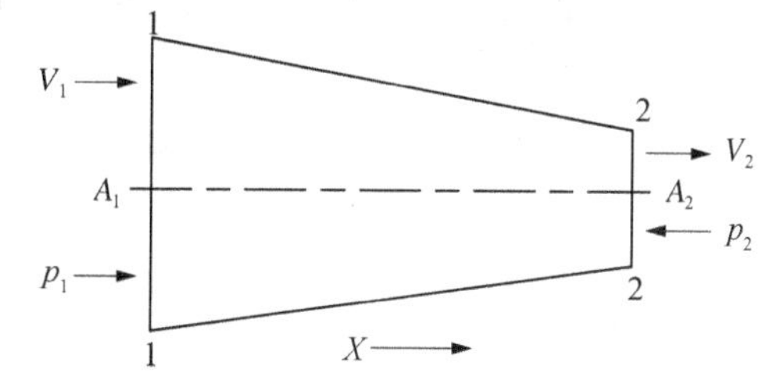

图 2.3　气体与直喷管间的作用力

作用于控制体内气体上的作用力只有表面力,包括:

(1) 1-1 截面气体所受压力 p_1A_1;

(2) 2-2 截面气体所受压力 $-p_2A_2$;

(3) 直喷管内壁对气体的作用力 F'(假设与 X 正方向相反)。

所以有

$$p_1A_1 - p_2A_2 - F' = q_{m2}V_2 - q_{m1}V_1$$

$$-F' = (q_{m2}V_2 + p_2A_2) - (q_{m1}V_1 + p_1A_1)$$

定义冲量 J 为

$$J = q_mV + pA \tag{2.13}$$

气体对直喷管内壁的作用力为 F,又称为管壁所受的内推力,它与 F' 大小相等、方向相反。因此有

$$F = J_2 - J_1$$

这说明作用于直喷管的内推力大小等于气流出口与进口截面上的冲量之差。

2. 喷气发动机的推力

发动机的推力是气体流过发动机时,作用在发动机内外固体表面上所有气体作用力的合力在发动机轴线方向的分力,用符号 F 表示。

为了研究方便,以发动机为参照物,观察者看到发动机是不动的,飞机远前方的空气以速度 V_1 流向发动机,该速度等于飞行速度,方向与飞行方向相反。

为了更方便地应用动量方程,按下面的方法来选取控制体。

选取圆柱形控制体 1′1′2′2′,控制面 1′-1′为圆形截面,垂直于发动机轴线 X,它不是选在发动机的进口处,而是取在气体参数未受发动机扰动的远前方,1′-1′控制面上气体

的压力为当地大气压 p_a，气体速度为 V_1，气体密度为大气密度 ρ_1，圆形控制面 1－1 的面积为 A_1，环形控制面 1′－1 的面积为 A'_1，圆形控制面 1′－1′的面积为 $(A_1+A'_1)$。

侧面 1′－2′为圆柱形侧面，选取在发动机壳体外围，是个流管表面，无气体流入流出，气体参数没有受到发动机扰动，其上的压力刚好等于大气压 p_a，方向指向发动机轴线 X。

控制面 2′－2′为圆形截面，由 2－2 圆形控制面和 2′－2 环形控制面组成，垂直于发动机轴线 X，选取在发动机的喷管出口截面。2－2 控制面上气体压力为发动机喷管出口压力 p_2，气体速度为喷气速度 V_2，面积为发动机喷管出口面积 A_2。2′－2 控制面是环形截面，气体的压力为当地大气压 p_a，由于这部分气体并未受到发动机的加速，因此气体速度也为 V_1，面积为 A'_2。2′－2′圆形控制面的面积为 $(A_2+A'_2)$，且等于圆形控制面 1′－1′的面积 $(A_1+A'_1)$。

控制体不包括发动机壳体，如图 2.4(a)所示。

进入发动机内部的气体和从发动机外部流过的气体分别用控制体Ⅰ(1221)和控制体Ⅱ(122′1′－1′2′21)表示，如图 2.4(b)和图 2.4(c)所示。

假设气体运动是定常的，且忽略质量力。

先就控制体Ⅰ的流动来分析，因为有燃油流量加入，故有

$$q_{m1}+q_{mf}=q_{m2}$$

式中，q_{m1} 为流入发动机的空气流量；q_{mf} 为流入发动机的燃油流量；q_{m2} 为流出发动机的燃气流量。

由动量方程有

$$\Sigma F=q_{m2}V_2-q_{m1}V_1$$

控制体Ⅰ所受的外力有：

(1) 进口截面 1－1 上的压力 p_1A_1；

(2) 出口截面 2－2 上的压力 $-p_2A_2$；

(3) 截面 1－1 与截面 3－3 之间四周侧表面上所受的压力和黏性力在 X 方向的合力 f_1(假设该力与 X 正方向相同)；

(4) 发动机内部各表面对气体在 X 方向的合力为 F_1(假设该力与 X 方向相同)。

根据动量方程有

$$\Sigma F=p_1A_1-p_2A_2+f_1+F_1=q_{m2}V_2-q_{m1}V_1$$

即

$$F_1=q_{m2}V_2-q_{m1}V_1-p_aA_1+p_2A_2-f_1 \quad ①$$

再对控制体Ⅱ进行分析，由连续方程有

$$q'_{m1}=q'_{m2}=q'_m$$

式中，q'_{m1} 为流入控制体Ⅱ的空气流量；q'_{m2} 为流出控制体Ⅱ的空气流量。

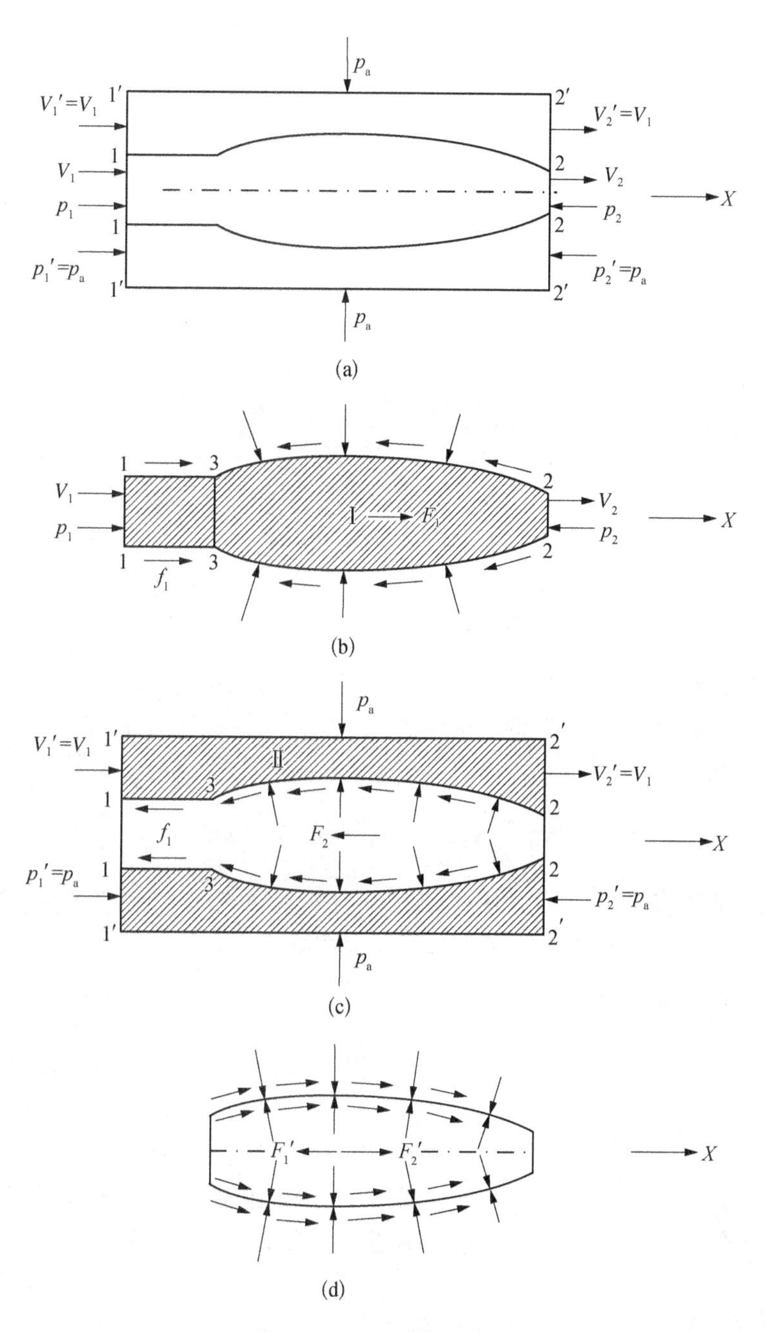

图 2.4　喷气发动机的推力

根据动量方程有

$$\Sigma F = q'_{m2}V'_2 - q'_{m1}V'_1 = q'_m(V'_2 - V'_1) = 0$$

控制体Ⅱ所受的外力有：

（1）环形进口截面 1′－1 上的压力 $p'_1A'_1$；

（2）环形出口截面 2′－2 上的压力 $-p'_2A'_2$；

(3) 截面1-1与截面3-3之间四周侧表面上所受的压力和黏性力在X方向的合力$-f_1$；

(4) 发动机整个外壁（截面3-3与截面2-2之间四周侧表面）对气体在X方向的合力$-F_2$，它指向X的负方向；

(5) 作用在$1'-2'$侧表面上的压力在X方向的合力为0。

根据动量方程有

$$p_1'A_1' - p_2'A_2' - f_1 - F_2 = 0$$

即

$$-F_2 = p_a(A_2' - A_1') + f_1 \qquad ②$$

联立①②式，将F_1与F_2相减，可得

$$\begin{aligned} F_1 - F_2 &= q_{m2}V_2 - q_{m1}V_1 - p_a(A_1 + A_1') + p_aA_2' + p_2A_2 \\ &= q_{m2}V_2 - q_{m1}V_1 - p_a(A_2 + A_2') + p_aA_2' + p_2A_2 \\ &= q_{m2}V_2 - q_{m1}V_1 + A_2(p_2 - p_a) \end{aligned}$$

这就是发动机内外壁面对气流的作用力的合力[图2.4(d)]。根据牛顿第三定律，作用在发动机内外表面上的力，即发动机的推力F，与$F_1 - F_2$大小相等，方向相反，工程上常用来计算发动机的推力，即

$$F = q_{m2}V_2 - q_{m1}V_1 + A_2(p_2 - p_a) \tag{2.14}$$

这就是发动机的推力公式，由于在推导过程中，作了一些假设，故利用此式计算出的推力，只是近似值。还应指出，以上的结果只适用于亚声速流动。

2.2.3 微分形式的动量方程

在一维定常流中，气体流过一段内装有叶片机的管道，如图2.5所示。在轴线s方向上取截面1-1和2-2间距离为无限小量ds的空间为控制体。选取流管中心线s为坐标系。

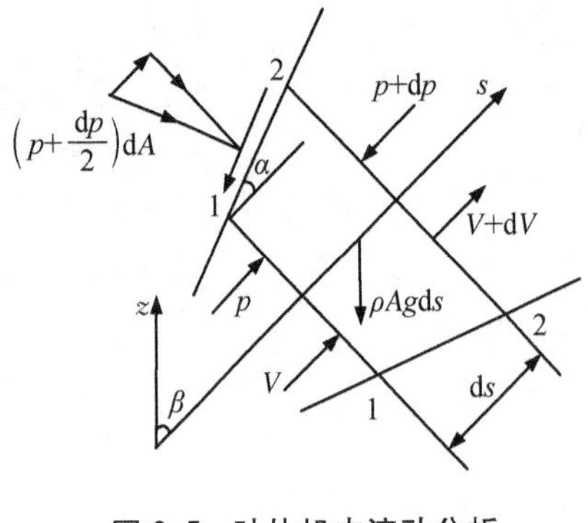

由于是一维定常流，所以进出口截面上的流动参数是均匀一致的，设进口截面1-1处的截面积为A，速度为V，密度为ρ，压力为p；出口截面2-2处的截面积为$A+dA$，速度为$V+dV$，密度为$\rho+d\rho$，压力为$p+dp$。沿着s方向，对所选取的控制体使用动量方程。

图2.5 叶片机内流动分析

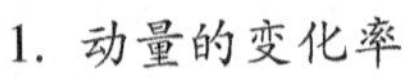

1. 动量的变化率

(1) 在1-1截面处，单位时间内流入控制体的气体所具有的动量为

$$M_1 = \rho AV^2$$

(2) 在2-2截面处,单位时间内流出控制体的气体所具有的动量为

$$M_2=(\rho+\mathrm{d}\rho)(A+\mathrm{d}A)(V+\mathrm{d}V)^2$$

将此式展开,并忽略二阶以上的微量,则有

$$M_2=(\rho+\mathrm{d}\rho)(A+\mathrm{d}A)(V+\mathrm{d}V)^2=\rho AV^2+\mathrm{d}(\rho AV^2)$$

因此得出通过控制体的气体的动量变化率为

$$\mathrm{D}M=\mathrm{d}(\rho AV^2)$$

2. 作用于控制体内气体上的力

作用于控制体内气体上的所有外力在 s 方向的合力为 ΣF_s，应用动量方程有

$$\Sigma F_s=\mathrm{d}(\rho AV^2)$$

由连续方程知道 $\rho AV=q_m=$ 常数，所以有

$$\Sigma F_s=q_m\mathrm{d}V \tag{2.15}$$

式(2.15)就是一维定常流的微分形式的动量方程。

在 s 方向,作用于控制体上的外力有:

(1) 作用在进口截面1-1上气体的压力 p_aA，与 s 方向相同;

(2) 作用在出口截面2-2上气体的压力 $(p+\mathrm{d}p)(A+\mathrm{d}A)$，与 s 方向相反;

(3) 作用在侧表面上压力在 s 方向的分力;

侧表面上的平均压力为 $\left(p+\frac{1}{2}\mathrm{d}p\right)$，侧表面的面积为 $\mathrm{d}A/\sin\alpha$，故作用在侧表面上外力在 s 方向的分量为

$$\left(p+\frac{1}{2}\mathrm{d}p\right)\frac{\mathrm{d}A}{\sin\alpha}\sin\alpha=\left(p+\frac{1}{2}\mathrm{d}p\right)\mathrm{d}A$$

(4) 作用在侧表面上摩擦力在 s 方向的分量为 $\mathrm{d}F_f$，其方向与 s 相反;

(5) 管道中的叶片机对气体的作用力在 s 方向的分量为 $\mathrm{d}F$，其方向与 s 轴的方向相反;

(6) 作用在控制体内气体上的质量力(仅考虑重力)为 $\rho A\mathrm{d}sg$，设 z 轴与 s 轴间的夹角为 β，则质量力在 s 轴方向的分量为 $\rho gA\mathrm{d}s\cos\beta=\rho gA\mathrm{d}z$，显然它也在 s 轴的反方向上。

根据微分形式的动量方程有

$$pA-(p+\mathrm{d}p)(A+\mathrm{d}A)-\mathrm{d}F-\mathrm{d}F_f-\rho gA\mathrm{d}z+\left(p+\frac{1}{2}\mathrm{d}p\right)\mathrm{d}A=q_m\mathrm{d}V$$

经合并整理,并忽略二阶以上无限小量,上式可简化为

$$-A\mathrm{d}p-\mathrm{d}F-\mathrm{d}F_f-\rho gA\mathrm{d}z=q_m\mathrm{d}V \tag{2.16}$$

式(2.16)就是微分形式的动量方程。它说明:作用于微元控制体上的质量力、机械力、摩擦力和压力在 s 轴方向的分力之和等于单位时间内流出和流入控制体的气体的动量变

化量。

因为 $q_m \mathrm{d}V$ 是气体的惯性力，所以该式可以写成：

$$A\mathrm{d}p + \mathrm{d}F + \mathrm{d}F_f + \rho gA\mathrm{d}z + q_m \mathrm{d}V = 0 \tag{2.17}$$

3. 讨论

对于无黏性流：

（1）无叶片机时，由于 $\mathrm{d}F = 0$，$\mathrm{d}F_f = 0$，则有

$$A\mathrm{d}p + \rho gA\mathrm{d}z + q_m \mathrm{d}V = 0 \tag{2.18}$$

将 $q_m = \rho AV$ 代入式（2.18），则有

$$\mathrm{d}p + \rho g\mathrm{d}z + \rho V\mathrm{d}V = 0 \tag{2.19}$$

式（2.19）是无黏性气体的一维定常流动的运动微分方程式，通常称为一维流动的欧拉运动微分方程式。

（2）再忽略质量力。对于气体来说，由于其重度 ρg 很小，通常将它的质量力忽略不计，则上式变为

$$\mathrm{d}p + \rho V\mathrm{d}V = 0 \tag{2.20}$$

式（2.20）说明：当气流压力的增量 $\mathrm{d}p$ 为正时，气流速度的增量 $\mathrm{d}V$ 一定为负；当气流压力的增量 $\mathrm{d}p$ 为负时，气流速度的增量 $\mathrm{d}V$ 一定为正。这就是说，气流静压增大的地方，速度减小；气流静压减小的地方，速度增大。发动机的压气机正是利用扩散增压来增加气体的压力的，所以式（2.20）在分析气体流动的规律时，有着重要的应用。

2.3 能量方程

能量方程是将热力学第一定律应用于气体动力学所得到的数学关系式。它表示了气体在流动过程中能量转换的关系。

2.3.1 能量方程表达式

热力学第一定律指出：传入体系中的热量 Q 等于体系中总能量的增量 ΔE 及体系所做的功 W 的总和。即

$$Q = \Delta E + W \text{ 或 } \delta Q = \mathrm{d}E + \delta W$$

式中，Q 为体系与外界交换的热量；W 为体系与外界交换的功量；E 为体系的总能量。

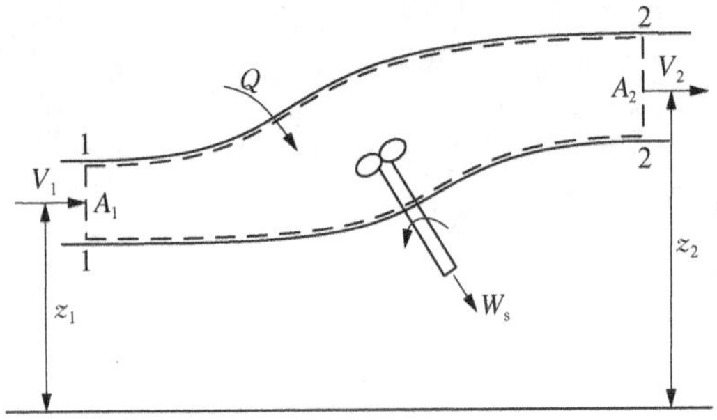

现在根据热力学第一定律来建立一维定常流的能量方程。

图 2.6 推导能量方程用图

在一维定常流中，选取如图 2.6 所示

的控制体。它是由垂直于流动方向的截面1-1和2-2,以及这两个截面间流管的侧表面组成一个控制体。

选取流管的中心线X为坐标系;与X相垂直的坐标为Z。

由于是一维定常流,所以进出口截面上的流动参数是均匀一致的。设进口截面1-1处的截面积为A_1,速度为V_1,出口截面2-2处的横截面积为A_2,速度为V_2;控制体与外界交换的热量为Q,控制体与外界交换的功量为W,如图2.6所示。

1. 体系总能量的变化

体系的总能量E是状态参数,它包括以下几项:

(1) 内能:气体内部分子的无规则运动能量(内动能)及分子间作用力而产生的势能(内势能),取决于气体的温度和压力;单位质量气体的内能叫比内能,用符号u表示;

(2) 动能:气体宏观运动的能量;单位质量气体的动能为$\frac{V^2}{2}$;

(3) 重力势能:气体在重力场中所产生的势能,由气体所在位置的相对标高z来决定;单位质量气体的重力势能为gz(常常忽略)。

所以单位质量的气体的总能量为

$$e = u + \frac{V^2}{2} + gz$$

通过进口截面1-1处流入控制体的气体的质量为dm_1,随同这些气体进入控制体的能量为$dm_1 \cdot e_1$;通过出口截面2-2处流出控制体的气体的质量为dm_2,随同这些气体带出控制体的能量为$dm_2 \cdot e_2$;故总能量的变化为

$$dE = dm_2 \cdot e_2 - dm_1 \cdot e_1$$

由于是定常流,$dm_1 = dm_2 = dm$,因而总能量的变化可以写为

$$dE = dm(e_2 - e_1)$$

$$dE = dm\left[(u_2 - u_1) + \frac{V_2^2 - V_1^2}{2} + g(z_2 - z_1)\right]$$

2. 外界传入控制体的热量:δQ

3. 控制体与外界所交换的功:δW

控制体与外界所交换的功分为两类:

(1) 机械功(或称轴功)W_s,它是通过控制体内部转动的轴向外输出的功;

(2) 推动功:一般将气体压力所做的功称为推动功。

当外界气体通过截面1-1进入控制体时,施加在气体上的力为p_1A_1,它移动的距离为dx_1,所以外界对控制体做的功为

$$p_1A_1dx_1 = \frac{p_1}{\rho_1}dm_1$$

同理,当控制体内的气体通过出口截面2-2时,控制体对外界做的功为

$$p_2A_2\mathrm{d}x_2=\frac{p_2}{\rho_2}\mathrm{d}m_2$$

为维持控制体内气体流动所需的功为流动功,用符号 W_p 表示,它等于推动功的差

$$\delta W_p=\mathrm{d}m\left(\frac{p_2}{\rho_2}-\frac{p_1}{\rho_1}\right)$$

因此,控制体与外界交换的功为

$$\delta W=\delta W_s+\mathrm{d}m\left(\frac{p_2}{\rho_2}-\frac{p_1}{\rho_1}\right)$$

4. 能量方程

根据热力学第一定律有

$$\delta Q=\mathrm{d}m\left[(u_2-u_1)+\frac{V_2^2-V_1^2}{2}+g(z_2-z_1)\right]+\delta W_s+\mathrm{d}m\left(\frac{p_2}{\rho_2}-\frac{p_1}{\rho_1}\right)$$

或

$$\delta Q=\mathrm{d}m\left[(h_2-h_1)+\frac{V_2^2-V_1^2}{2}+g(z_2-z_1)\right]+\delta W_s$$

将上式各项除以 $\mathrm{d}m$, 则有

$$q=(h_2-h_1)+\frac{V_2^2-V_1^2}{2}+g(z_2-z_1)+w_s \tag{2.21}$$

式(2.21)中, q 为控制体内单位质量的气体与外界所交换的热量,单位为 kJ/kg; h 为比焓,单位为 kJ/kg; w_s 为控制体内单位质量的气体通过转轴与外界所交换的功,单位为 kJ/kg。

这就是一维定常流积分形式的能量方程式。

在推导过程中,并未涉及气体在控制体内流动的具体情况,因此,上述各式对于气体在控制体内的流动不论是可逆的过程还是不可逆的过程都适用。

对于一个无限小的控制体,能量方程可以写成:

$$\delta q=\mathrm{d}h+\mathrm{d}\left(\frac{V^2}{2}\right)+g\mathrm{d}z+\delta w_s \tag{2.22}$$

这就是一维定常流微分形式的能量方程式。

对于气体,当高度变化不大时,可以略去重力势能,这时上式可以写成:

$$\delta q=\mathrm{d}h+\mathrm{d}\left(\frac{V^2}{2}\right)+\delta w_s \tag{2.23}$$

定义 $h^*=h+\dfrac{V^2}{2}$ 为总焓,则能量方程可以用总焓表示为

$$q = \Delta h^* + g\Delta z + w_s \tag{2.24}$$

当忽略重力势能时,能量方程可以表示为

$$q = \Delta h^* + w_s$$

$$\delta q = \mathrm{d}h^* + \delta w_s$$

上式表明:在忽略重力势能的一维定常流中,控制体与外界交换的热量等于控制体总焓的变化量与控制体通过旋转轴与外界交换的机械功之和。

2.3.2 能量方程的应用

研究能量方程的目的,就在于应用它来解决气体在流动过程中能量转换关系等实际问题。

对于忽略重力势能的绝能流动过程,因为 $q = 0(\delta q = 0)$; $w_s = 0(\delta w_s = 0)$, 能量方程可以简化为

$$h_2^* = h_1^*$$

$$\mathrm{d}h^* = \mathrm{d}\left(h + \frac{V^2}{2}\right) = 0$$

此式表明:在一维定常绝能流动中,管道各个截面上气流的总焓保持不变,或者说管道各个截面上气流的焓与动能之和保持不变,但两者之间可以相互转换:如果气体的焓减小(表现为气体的温度降低),则气体的动能增大(表现为气流的速度增大);反之,如果气体的焓增大(表现为气体的温度升高),则气体的动能减小(表现为气流的速度减小)。

在涡轮喷气发动机中,气体在进气道,尾喷管,压气机(或涡轮)的静子通道内的流动,可以近似地认为是绝能流动。

1. 求压气机功

压气机功分为理想压气机功和绝热压气机功。

1)理想压气机功

理想压气机功的定义是:将 1 kg 空气,通过定熵的过程从 p_1^* 压缩到 p_2^* 所需要的功。用符号 $w_{c,s}$ 表示。

对于定熵过程,再忽略重力势能的变化,能量方程可以写成:

$$\Delta h^* + w_s = 0$$

考虑到在压气机中,空气是从外界得到功,功应取负号,所以有

$$w_{c,s} = -w_s = \Delta h^* = h_2^* - h_1^*$$

由此式可以看出:在压气机中,外界加给空气的功用来增大空气的总焓。对于定比热的完全气体,上式可写成:

$$w_{c,s} = c_p(T_2^* - T_1^*) = c_p T_1^*\left(\frac{T_2^*}{T_1^*} - 1\right) = c_p T_1^*\left[\left(\frac{p_2^*}{p_1^*}\right)^{\frac{\gamma-1}{\gamma}} - 1\right]$$

令 $\pi_c^* = \dfrac{p_2^*}{p_1^*}$ 为压气机的增压比，则

$$w_{c,s} = c_p T_1^* \left(\pi_c^{*\frac{\gamma-1}{\gamma}} - 1 \right) \tag{2.25}$$

由式(2.25)可以看出：当工质确定了后，理想压气机功 $w_{c,s}$ 与压气机进口处空气的总温 T_1^* 和压气机增压比 π_c^* 有关，其关系是：当增压比 π_c^* 一定时，压气机进口处空气的总温 T_1^* 越高，则消耗的压气机功越多；当压气机进口处空气的总温 T_1^* 一定时，压气机增压比 π_c^* 越高，则消耗的压气机功也越多。

2）绝热压气机功

绝热压气机功的定义是：将 1 kg 空气，通过绝热的过程从 p_1^* 压缩到 p_2^* 所需要的功，用符号 w_c 表示。

对于绝热过程，能量方程仍为

$$\Delta h^* + w_s = 0$$

对于定比热的完全气体，上式可写成：

$$w_c = -w_s = c_p T_1^* \left(\frac{T_2^*}{T_1^*} - 1 \right)$$

若将压气机中对空气压缩过程视为绝热多变过程，根据多变过程中的参数关系，有

$$w_c = c_p T_1^* \left(\pi_c^{*\frac{n-1}{n}} - 1 \right) \tag{2.26}$$

式中，n 为多变指数，其值为

$$n = \frac{1}{1 - \left(\ln \dfrac{T_2^*}{T_1^*} \Big/ \ln \dfrac{p_2^*}{p_1^*} \right)} \tag{2.27}$$

式中，T_2^* 为实际状态下压气机出口处空气的总温。

3）压气机效率

理想压气机功与绝热压气机功之比称为压气机绝热效率，简称为压气机效率，用符号 η_c^* 表示。即

$$\eta_c^* = \frac{w_{c,s}}{w_c} = \frac{h_{2s}^* - h_1^*}{h_2^* - h_1^*} = \frac{T_{2s}^* - T_1^*}{T_2^* - T_1^*}$$

通常压气机的效率在 0.83 左右。

在已知效率的情况下，绝热压气机功可以表示为

$$w_c = \frac{w_{c,s}}{\eta_c^*} \tag{2.28}$$

由式(2.28)可以看出：当工质确定了后，绝热压气机功 w_c 与压气机进口处空气的总温 T_1^* 和压气机增压比 π_c^* 及压气机效率 η_c^* 有关。

2. 求涡轮轮缘功

涡轮轮缘功分为理想的涡轮轮缘功和绝热涡轮轮缘功。

1）理想涡轮轮缘功

理想涡轮轮缘功的定义是：1 kg 燃气，通过定熵的过程从 p_3^* 膨胀到 p_4^* 所输出的功，用符号 $w_{T,s}$ 表示。

对于定熵过程，再忽略重力势能的变化，能量方程可以写成：

$$q = \Delta h^* + w_s$$

即

$$w_{T,s} = w_s = -\Delta h^* = h_3^* - h_4^*$$

由此式可以看出：在涡轮中，向外界输出的功来自燃气总焓的降低。对于定比热的完全气体，上式可写成：

$$\begin{aligned} w_{T,s} &= -\Delta h^* = h_3^* - h_4^* = c_p'(T_3^* - T_4^*) \\ &= c_p' T_3^* \left(1 - \frac{T_4^*}{T_3^*}\right) = c_p' T_3^* \left[1 - \left(\frac{p_4^*}{p_3^*}\right)^{\frac{\gamma-1}{\gamma}}\right] \end{aligned}$$

令 $\pi_T^* = \dfrac{p_3^*}{p_4^*}$ 为涡轮的落压比或称为膨胀比，则

$$w_{T,s} = c_p' T_3^* \left(1 - \frac{1}{\pi_T^{*\frac{\gamma-1}{\gamma}}}\right) \tag{2.29}$$

由此式可以看出：当工质确定了后，理想涡轮轮缘功 $w_{T,s}$ 与涡轮前燃气的总温 T_3^* 和涡轮落压比 π_T^* 有关，其关系是：当落压比 π_T^* 一定时，涡轮前燃气的总温 T_3^* 越高，则涡轮输出的理想轮缘功 $w_{T,s}$ 越多；当涡轮前燃气的总温 T_3^* 一定时，涡轮的落压比 π_T^* 越高，则涡轮输出的理想轮缘功 $w_{T,s}$ 也越多。

2）绝热轮缘功

绝热轮缘功的定义是：将 1 kg 燃气，通过绝热的过程从 p_3^* 膨胀到 p_4^* 所输出的功，用符号 w_T 表示。

对于绝热过程，能量方程仍为

$$\Delta h^* + w_s = 0$$

$$w_T = w_s = -\Delta h^* = h_3^* - h_4^*$$

对于定比热的完全气体，上式可写成：

$$w_T = c_p'(T_3^* - T_4^*)$$

若将涡轮中燃气的膨胀过程视为绝热多变膨胀过程，根据多变过程中参数关系，有

$$w_{\mathrm{T}} = c_p' T_3^* \left(1 - \frac{1}{\pi_{\mathrm{T}}^{*\frac{n-1}{n}}}\right) \tag{2.30}$$

3）涡轮效率

绝热轮缘功与理想轮缘功之比称为涡轮绝热效率，简称为涡轮效率，用符号 η_{T}^* 表示。即

$$\eta_{\mathrm{T}}^* = \frac{w_{\mathrm{T}}}{w_{\mathrm{T,s}}} = \frac{h_3^* - h_4^*}{h_3^* - h_{4,\mathrm{s}}^*} = \frac{T_3^* - T_4^*}{T_3^* - T_{4,\mathrm{s}}^*}$$

通常涡轮的效率在 0.92 左右。

在已知效率的情况下，绝热轮缘功可以表示为

$$w_{\mathrm{T}} = w_{\mathrm{T,s}} \eta_{\mathrm{T}}^* = c_p' T_3^* \left(1 - \frac{1}{\pi_{\mathrm{T}}^{*\frac{\gamma-1}{\gamma}}}\right) \eta_{\mathrm{T}}^* \tag{2.31}$$

由式(2.31)可以看出：当工质确定了后，绝热轮缘功 w_{T} 与涡轮前燃气的总温 T_3^* 和涡轮落压比 π_{T}^* 及涡轮效率 η_{T}^* 有关。

3. 求喷气速度

燃气流过喷管时，可视为绝能流，且忽略重力势能的变化，所以有

$$\mathrm{d}h^* = \mathrm{d}\left(h + \frac{V^2}{2}\right) = 0$$

或

$$h^* = h + \frac{V^2}{2} = \text{常数}$$

喷气速度为

$$V_{\mathrm{e}} = \sqrt{2(h^* - h_{\mathrm{e}})}$$

对于定比热的完全气体，有

$$V_{\mathrm{e}} = \sqrt{2c_p'(T^* - T_{\mathrm{e}})} = \sqrt{2c_p' T^* \left(1 - \frac{T_{\mathrm{e}}}{T^*}\right)}$$

对于定熵过程，则有

$$V_{\mathrm{e}} = \sqrt{2c_p' T^* \left[1 - \left(\frac{p_{\mathrm{e}}}{p^*}\right)^{\frac{\gamma-1}{\gamma}}\right]}$$

令 $\pi_{\mathrm{e}}^* = \dfrac{p^*}{p_{\mathrm{e}}}$ 为喷管的落压比，则有

$$V = \sqrt{2c_p' T^* \left(1 - \frac{1}{\pi_e^{*\frac{\gamma-1}{\gamma}}}\right)} \tag{2.32}$$

由式(2.32)可以看出：在理想情况下，喷气速度 V_e 与喷管进口处燃气的总温 T^* 和喷管落压比 π_e^* 有关。其关系是：当喷管落压比 π_e^* 一定时，喷管进口处燃气的总温 T^* 越高，则喷气速度越大；当喷管进口处燃气的总温 T^* 一定时，喷管落压比 π_e^* 越大，则喷气速度越大。

4. 求燃烧室出口的温度

$$q = \Delta h^* + w_s$$

气体流过燃烧室时，与外界没有交换轴功，即 $w_s = 0$，又忽略重力势能的变化，所以有

$$q = \Delta h^*$$

该式说明：在燃烧室中，外界所加的热量全部用来提高气体的总焓。

在燃烧室中进行的过程可以理想化为定压的加热过程，故对于定比热的完全气体，则有

$$q = c_p(T_3^* - T_2^*)$$

燃烧室出口处的总温为

$$T_3^* = T_2^* + \frac{q}{c_p} \tag{2.33}$$

2.4 伯努利方程

伯努利方程是将热力学第二定律应用于气体动力学所得到的数学关系式，也是机械能形式的能量守恒方程。

2.4.1 伯努利方程表达式

已知能量方程的微分形式为

$$\delta q = dh + d\left(\frac{V^2}{2}\right) + g dz + \delta w_s$$

由工程热力学知识得知：

$$\delta q = dh + \delta w_t$$

在不可逆过程中：

$$\delta q = dh - \frac{dp}{\rho} - \delta w_f$$

式中，δw_f 为不可逆因素引起的耗散功，单位为 kJ/kg。将此式代入能量方程，则有

$$\frac{dp}{\rho} + d\left(\frac{V^2}{2}\right) + g dz + \delta w_s + \delta w_f = 0 \tag{2.34}$$

这就是一维定常流微分形式的伯努利方程式。式中，$\frac{dp}{\rho}$ 为单位质量的气体所具有的压力势能变化量；$d\left(\frac{V^2}{2}\right)$ 为单位质量的气体由于速度变化而造成的动能增量；$g dz$ 为单位质量的气体在 z 方向上因 z 变化克服重力所做的功，即重力势能的变化量；δw_s 为单位质量的气体推动叶轮机所做的功；δw_f 为单位质量的气体在过程中由于不可逆因素引起的耗散功。上述各项均是机械能，因此伯努利方程又称为机械能形式的能量守恒方程。

式(2.34)说明：单位质量的气体流过控制体时，气体的压力势能变化量、机械功、损失功、重力势能和动能增量的代数和为零。

由于在伯努利方程中含有损失功，所以工程上常用它来计算气流流过机械时所消耗的损失功。但是，它必须和能量方程配合，才能求出损失功。

还应指出：伯努利方程既适用于定熵过程，也适用于有热量交换的情况。加热与否，不影响该方程式的形式，但由于加热后，影响了气体的热力变化过程，因此会影响方程式中各项的具体数值。

对于流经发动机的气体，由于高度变化 dz 所造成的重力势能的影响，与其他能量相比是很小的，故可以略去不计，这样伯努利方程可以写成：

$$\frac{dp}{\rho} + d\left(\frac{V^2}{2}\right) + \delta w_s + \delta w_f = 0 \tag{2.35}$$

一维定常流积分形式的伯努利方程为

$$\int_1^2 \frac{dp}{\rho} + \frac{V_2^2 - V_1^2}{2} + g(z_2 - z_1) + w_s + w_f = 0 \tag{2.36}$$

式(2.36)中第一项须在知道 ρ 和 p 的关系后方能积出。

2.4.2 典型流动的伯努利方程的应用

1. 多变过程

对于多变过程，过程方程为：$\frac{p}{\rho^n}$ = 常数，于是有

$$w_s = c_p T_1\left[1 - \left(\frac{p_2}{p_1}\right)^{\frac{n-1}{n}}\right] + \frac{V_1^2 - V_2^2}{2} - w_f \tag{2.37}$$

由式(2.37)可以看出：在多变过程中，热力系通过旋转轴与外界交换的功增加，等于多变过程中气流压力势能的变化、气流动能的变化及由于不可逆因素造成的耗散功之和。

2. 定熵流

对于定熵过程，$\dfrac{p}{\rho^{\gamma}}$ = 常数，而 $w_{\mathrm{f}} = 0$，于是有

$$w_{\mathrm{s}} = c_p T_1 \left[1 - \left(\frac{p_2}{p_1}\right)^{\frac{\gamma-1}{\gamma}}\right] + \frac{V_1^2 - V_2^2}{2} \tag{2.38}$$

由式(2.38)可以看出：在定熵过程中，热力系通过旋转轴与外界交换的功等于定熵过程中气流压力势能的变化、气流动能的变化量之和。

3. 定熵绝能流

对于一维、定常、定熵、绝能、可压流在忽略重力势能的情况下，有

$$\int_1^2 \frac{\mathrm{d}p}{\rho} + \frac{V_2^2 - V_1^2}{2} = 0$$

因为是定熵流，将式中第一项积分有

$$\frac{V_2^2 - V_1^2}{2} = c_p T_1 \left[1 - \left(\frac{p_2}{p_1}\right)^{\frac{\gamma-1}{\gamma}}\right]$$

由此式可以看出：在定熵绝能流中，气流的速度增大，则气流的压力下降；反之，气流的速度减小，则气流的压力上升。

4. 定熵绝能不可压流

对于忽略重力势能的定熵绝能不可压流，ρ = 常数，伯努利方程为

$$p + \frac{1}{2}\rho V^2 = 常数 \tag{2.39}$$

式(2.39)表明：对于定熵绝能不可压流，气体的静压与动压 $\dfrac{1}{2}\rho V^2$ 之和保持不变。因此，在不可压流中，当流动管道横截面积缩小时，气体的速度增大，压力下降。反之，当流动管道横截面积扩大时，气体的速度下降，压力增高，如图 2.7 所示。

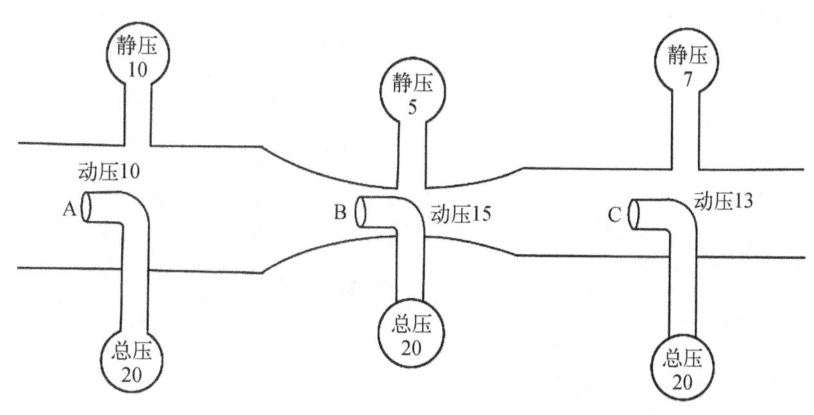

图 2.7　不可压流的静压、动压与总压

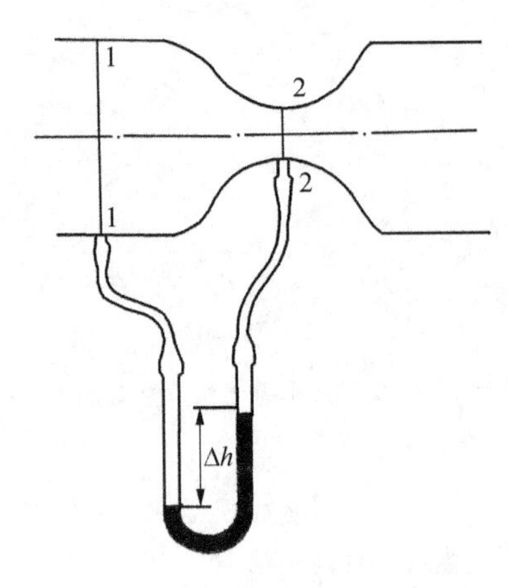

图 2.8　文氏管测量流速和流量

工程上，常用文氏管测量不可压流体的流速和流量。文氏管是一个先渐缩后渐扩的管子，如图 2.8 所示。1-1 为收缩前管道的截面，2-2 为收缩后最小流通截面，称为喉部。已知 1-1 截面和 2-2 截面的面积分别为 A_1 和 A_2，流体流过文氏管时从 U 形管压差计测量出 1、2 截面之间的压差 $\Delta p = p_1 - p_2$，求流体在 2-2 截面处的流速 V_2、体积流量 q_v 和质量流量 q_m。

设流体为不可压的，又因为文氏管很短，可以忽略 1-1 到 2-2 间的流动损失，则 1-1 到 2-2 间属于定熵绝能不可压流动，伯努利方程为

$$p_1 + \frac{1}{2}\rho V_1^2 = p_2 + \frac{1}{2}\rho V_2^2 = \text{常数}$$

或

$$p_1 - p_2 = \frac{1}{2}\rho (V_2^2 - V_1^2)$$

根据连续方程有

$$V_1 A_1 = V_2 A_2$$

故

$$p_1 - p_2 = \frac{1}{2}\rho V_2^2\left[1 - \left(\frac{A_2}{A_1}\right)^2\right]$$

则文氏管 2-2 截面处的流速为

$$V_2 = \sqrt{\frac{2\Delta p}{\rho\left[1 - \left(\frac{A_2}{A_1}\right)^2\right]}} \tag{2.40}$$

该处的体积流量为

$$q_v = A_2\sqrt{\frac{2\Delta p}{\rho\left[1 - \left(\frac{A_2}{A_1}\right)^2\right]}} \tag{2.41}$$

质量流量为

$$q_m = A_2\sqrt{\frac{2\rho\Delta p}{\left[1 - \left(\frac{A_2}{A_1}\right)^2\right]}} \tag{2.42}$$

考虑到 $\Delta p = p_1 - p_2 = \gamma\Delta h$，式中 γ 为 U 形管内流体的比重，Δh 为 U 形管内的压差读

数。则文氏管2-2截面处的流速为

$$V_2 = \sqrt{\frac{2\gamma\Delta h}{\rho\left[1 - \left(\frac{A_2}{A_1}\right)^2\right]}} \tag{2.43}$$

该处的体积流量为

$$q_v = A_2\sqrt{\frac{2\gamma\Delta h}{\rho\left[1 - \left(\frac{A_2}{A_1}\right)^2\right]}} \tag{2.44}$$

质量流量为

$$q_m = A_2\sqrt{\frac{2\rho\gamma\Delta h}{\left[1 - \left(\frac{A_2}{A_1}\right)^2\right]}} \tag{2.45}$$

思 考 题

1. 什么是基本方程？气体动力学中有几个基本方程？它们是如何定义的？
2. 什么是一维流动？在什么条件下可以应用一维假设？
3. 不可压流的伯努利方程是什么？它的适用条件是什么？

习 题

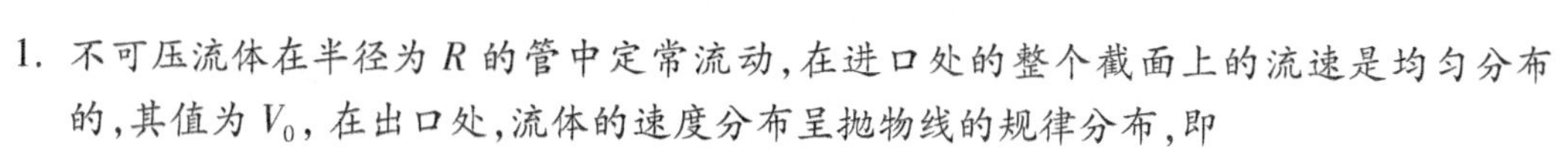

1. 不可压流体在半径为 R 的管中定常流动，在进口处的整个截面上的流速是均匀分布的，其值为 V_0，在出口处，流体的速度分布呈抛物线的规律分布，即

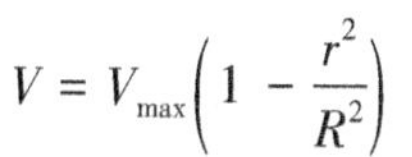

$$V = V_{\max}\left(1 - \frac{r^2}{R^2}\right)$$

证明各截面上流体的流量平均速度等于管道中心线处最大速度的一半，即

$$\bar{V} = \frac{1}{2}V_{\max}$$

2. 发动机喷管出口处的面积为0.12 m²，速度为2 000 m/s，压力为0.8×10⁵ Pa，温度为580 K，气体常数 R = 373 J/(kg·K)，求流过喷管气体的质量流量。
3. 如图2.9所示，有一个收缩形弯管，D_1 = 0.30 m，D_2 = 0.15 m，p_1 = 1.48 MPa，p_2 = 1.2 MPa，管内水的流速 V_1 = 6.0 m/s，水流沿弯管转90°。

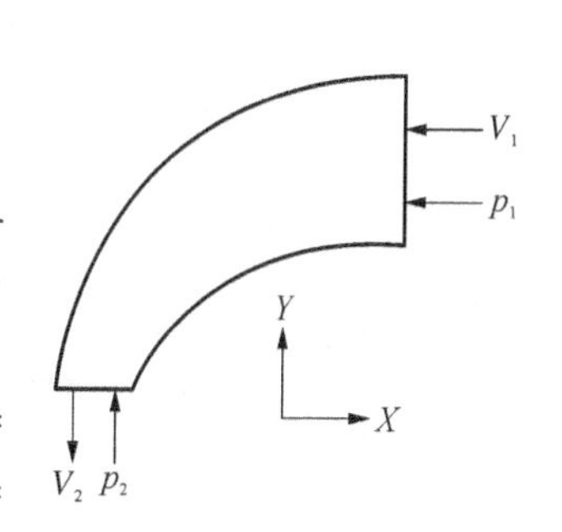

图2.9　水管

求：(1) 水流对弯管的作用力；

(2) 若弯管是在大气压为 1.01325×10^5 Pa 的环境中，求为保持弯管不动所需的力(忽略质量力)。

4. 在等截面流管中，试根据连续方程和动量方程推导下式：

$$\frac{V_2^2}{2} - \frac{V_1^2}{2} + \frac{1}{2}\left(\frac{1}{\rho_2} + \frac{1}{\rho_1}\right)(p_2 - p_1) = 0$$

5. 某涡轮喷气发动机在地面试车时，当地的大气压力为 1.0133×10^5 Pa，发动机的尾喷管出口面积为 0.1543 m²，出口气流参数为 $p_e = 1.141 \times 10^5$ Pa，$V_e = 542$ m/s，流量 $q_m = 43.4$ kg/s，试求发动机的推力。

6. 某涡轮喷气发动机，空气进入压气机时的温度 $T_1^* = 290$ K，经压气机压缩后，出口温度上升至 $T_2^* = 450$ K。如果通过压气机的空气流量为 $q_m = 13.2$ kg/s，求带动压气机所需的功率[设空气的比定压热容为常数，$c_p = 1.005$ kJ/(kg · K)]。

第3章
气流参数与气动函数

3.1 声速和马赫数

3.1.1 声速

研究可压缩流运动时，声速是一个非常重要的参数。声速是微弱扰动在气体介质中的传播速度，下面以活塞在直圆管中的移动引起气体微弱扰动的传播为例进行分析。

假设有一根半无限长的直圆管，左端由一个活塞封住，如图3.1(a)所示。圆管内充满静止的气体，其参数为p、T、ρ。将活塞轻轻地向右推动，使活塞的速度由零增加到$\mathrm{d}V$，然后活塞保持$\mathrm{d}V$向右的速度。推动活塞的这个动作给管内的气体一个微弱的扰动，这个扰动则借助气体之间的压缩作用而在管内向右传播出去，活塞由静止状态加速到速度为$\mathrm{d}V$时，紧贴活塞的那层气体最先受到压缩，致使压力、密度和温度略有增大，而变为$p+\mathrm{d}p$、$T+\mathrm{d}T$、$\rho+\mathrm{d}\rho$，直到这层气体在活塞的作用下也以速度$\mathrm{d}V$运动为止。这层被压缩后以速度$\mathrm{d}V$运动的气体，对于第二层气体来说，就像活塞一样，又压缩第二层气体，使其压力、密度和温度也略有增大，并迫使第二层气体也以速度$\mathrm{d}V$运动。这样，压缩作用一层一层地传播出去[图3.1(b)]。

如果圆管中的活塞不是向右而是向左运动，如图3.1(c)所示。使紧贴活塞的那层气体首先膨胀，致使压力、密度和温度略有减小，直到这层气体随活塞一起以相同的速度运动为止。已膨胀的这层气体，对于第二层气体来说，就像活塞一样，当它随活塞运动后，第二层气体也膨胀，它的压力、密度和温度也略有减小，直到第二层气体也以速度$\mathrm{d}V$和活塞一起运动为止。这样，膨胀作用一层一层地向右传播出去[图3.1(c)]。

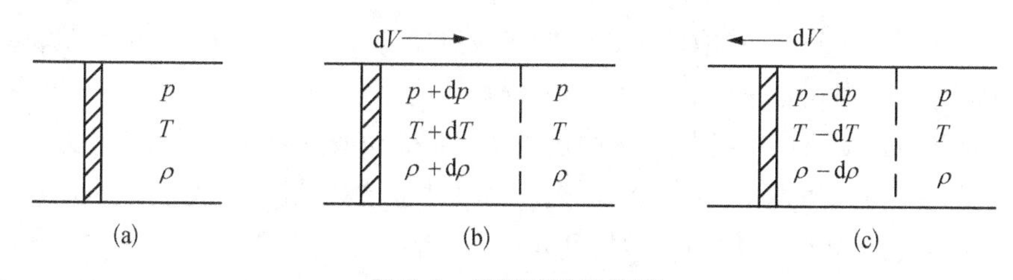

图3.1 微弱扰动的传播

从上述两种情况可知，气体受到压缩所引起的扰动在气体中的传播情况和气体膨胀所引起的扰动在气体中的传播情况是相似的。从图3.1(b)和3.1(c)可以看出：在微弱扰动传播过程中受到扰动与尚未受到扰动的气体之间有一个分界面(图中虚线所示),在分界面的两边,气体参数的数值略有不同,这个分界面称作微弱扰动波。气体中的微弱扰动如果是由活塞压缩气体而产生的,称作微弱扰动压缩波;如果是由活塞移动形成稀薄区使气体发生膨胀而产生的,称作微弱扰动膨胀波。无论是微弱扰动压缩波或是微弱扰动膨胀波,都是向着远离扰动源的空间传播的,不同的是压缩波经过之后,气体的压力、密度和温度都略有增大;而膨胀波经过之后,气体的压力、密度和温度都略有减小。

无论是哪一种微弱扰动波,其传播速度统称为声速。

下面以微弱扰动压缩波的传播为例,来推导声速的计算公式。

在图 3.2(a)中,假设微弱扰动是由一个以微小速度 $\mathrm{d}V$ 向右运动的活塞发生的。它在半无限长的直圆管内静止的空气中以速度 a 向右传播,受到扰动的气体,也就是压缩波波及的气体,压力为 $p+\mathrm{d}p$, 温度为 $T+\mathrm{d}T$, 密度为 $\rho+\mathrm{d}\rho$, 并以微小速度 $\mathrm{d}V$ 向右运动。而在波还没有达到的地方气体的压力为 p、温度为 T、密度为 ρ, 并且是静止不动的。显然,对一个静止的观察者来说,这是一个非定常的一维流动问题。

如果原来管内气体不是静止的,而是以均匀的速度 V 向右运动,那么加一微弱扰动后的情况就如图 3.2(b)所示。这时,压缩波在流速为 V 的气体中以相对速度 a 传播。显然,在这种情况下,管内气体的运动也是不定常的。

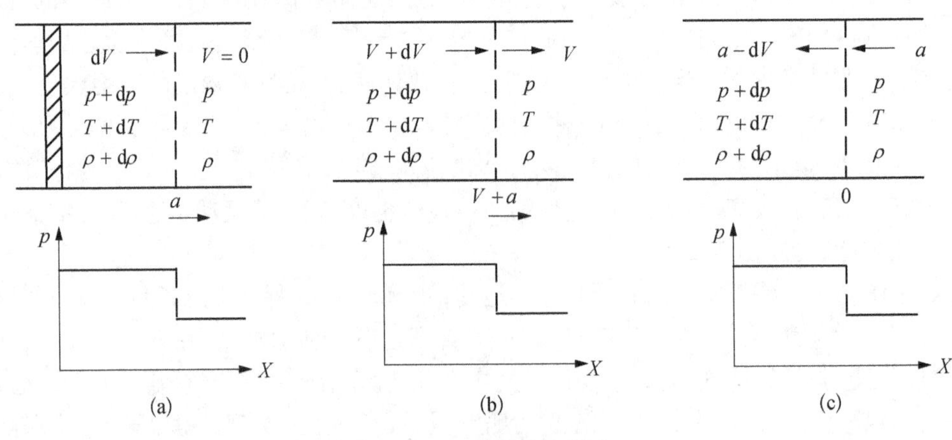

图 3.2　微弱扰动的传播

为了使分析简单起见,选取一个以速度 a 或以速度 $a+V$ 与扰动一起运动坐标系,对于位于该坐标系的观察者来说,上述流动过程就转化为定常的了。图 3.2(c)表明了观察者以速度 a 向右运动时所看到的这一过程的现象: 扰动波静止不动,而压力为 p、密度为 ρ、温度为 T 的气体以声速 a 向扰动波流来。当气体经过扰动波后,速度降为 $a-\mathrm{d}V$, 同时压力由 p 升高到 $p+\mathrm{d}p$, 密度由 ρ 增加到 $\rho+\mathrm{d}\rho$, 温度由 T 升高到 $T+\mathrm{d}T$。

取图 3.2(c)中包围扰动波的虚线为控制体。忽略作用在控制体上的黏性力和质量力。对此控制体应用连续方程,则有

$$\rho A a=(\rho+\mathrm{d}\rho)A(a-\mathrm{d}V)$$

将此式展开并忽略二阶无限小量后有

$$\frac{dV}{a}=\frac{d\rho}{\rho} \tag{3.1}$$

再对此控制体沿 x 轴方向用动量方程,则有

$$-pA+(p+dp)A=\rho Aa[-(a-dV)]-\rho Aa(-a)$$

将此式展开整理后有

$$dp=\rho a dV \tag{3.2}$$

联立式(3.1)和式(3.2),可解出声速 a, 即有

$$a^2=\frac{dp}{d\rho}$$

或

$$a=\sqrt{\frac{dp}{d\rho}} \tag{3.3}$$

式(3.3)是根据微弱扰动压缩波的传播推导出来的,如果用微弱扰动膨胀波的传播,也可导出相同的结果。这说明在相同介质的条件下,它们的传播速度是一样的。声波是由微弱扰动压缩波和微弱扰动膨胀波交替组成的微弱扰动波,因为上述两种波的传播速度相同,故声波的传播速度也和它们相同。当然,由微弱的平面压缩波导出的此式,也适用于微弱扰动柱面波和球面波。所以,一般都以声波的传播速度——声速,作为微弱扰动波传播速度的统称。

按式(3.3)来计算声速,还必须知道在扰动的传播过程中压力 p 和密度 ρ 之间的关系。因为在微弱扰动的传播过程中,气体的压力和密度及温度的变化均是无限小量,即 $dp\to 0$、$d\rho\to 0$、$dT\to 0$。若忽略黏性作用,整个过程接近于可逆的过程。此外,由于过程进行得相当迅速,来不及和外界交换热量,这就使得此过程接近于绝热过程。这样,在扰动波的强度无限微弱的极限条件下,就可以认为微弱扰动的传播过程是定熵过程。因此声速公式可以写成:

$$a^2=\left(\frac{dp}{d\rho}\right)_s$$

或

$$a=\sqrt{\left(\frac{dp}{d\rho}\right)_s}$$

从推导的过程和结果看,气体中的声速只取决于气体的压力和密度间的关系,而与气体是否流动或气体速度的大小无关。应该把声速看作是相对于运动着的气体而言的速度。

一个微弱的扰动在运动的气体中传播的绝对速度与气体运动的速度 V 有关。在顺流方向，微弱扰动的绝对传播速度是 $V + a$；在逆流方向，微弱扰动的绝对传播速度是 $a - V$。

应该注意：切不要把气体受到微弱扰动而获得的微小速度的增量 $\mathrm{d}V$ 与声波传播的速度 a 混淆起来。声波本身是由于气体的弹性来传播的，数值很大；声波经过的地区中的气体得到的速度增量 $\mathrm{d}V$ 却是很小。

对于完全气体，在定熵过程中压力 p 与密度 ρ 之间的关系是

$$\frac{p}{\rho^{\gamma}} = 常数$$

对此式取对数，有

$$\ln p - \gamma \ln \rho = 常数$$

微分则有

$$\frac{\mathrm{d}p}{p} = \gamma \frac{\mathrm{d}\rho}{\rho}$$

或

$$\left(\frac{\mathrm{d}p}{\mathrm{d}\rho}\right)_{s} = \gamma \frac{p}{\rho}$$

根据完全气体状态方程式 $p = \rho RT$，上式变为

$$\left(\frac{\mathrm{d}p}{\mathrm{d}\rho}\right)_{s} = \gamma RT$$

把这个公式代入声速公式中，有

$$a^2 = \gamma RT$$

或

$$a = \sqrt{\gamma RT} \tag{3.4}$$

由式(3.4)可以得到下述结论：

(1) 因为不同的气体有不同的定熵指数和气体常数，所以不同的气体中声速是不同的。如在1个标准大气压，15℃时，空气中的声速为340.3 m/s，氢气中的声速为1 295 m/s。

(2) 在同一种气体中声速也不是常数，它与气体的绝对温度的平方根成正比。

对于空气，$\gamma = 1.40$，$R = 287.06\ \mathrm{J/(kg \cdot K)}$，故

$$a = 20.05\sqrt{T} \tag{3.5}$$

对于燃气，$\gamma = 1.33$，$R = 287.4\ \mathrm{J/(kg \cdot K)}$，故

$$a = 19.55\sqrt{T} \tag{3.6}$$

3.1.2 马赫数

流场中任一点处的流速 V 与该点处气体的声速 a 的比值,称作该点处气流的马赫数,用符号 Ma 表示。即

$$Ma = \frac{V}{a} \tag{3.7}$$

或

$$Ma^2 = \frac{V^2}{\gamma RT}$$

马赫数 Ma 的物理意义可以从它的平方公式看出:公式右侧中的分子 V^2 表示气体宏观运动的动能大小,分母是温度 T,表示气体分子的平均移动动能大小,因此,马赫数是表示气体宏观运动动能与气体分子的平均移动动能之比。

根据马赫数的大小可以把气体速度分为:

$Ma < 1.0$,亚声速;

$Ma = 1.0$,声速(临界状态);

$Ma > 1.0$,超声速。

众所周知,气体是具有可压缩性的,气体在流动过程中,流动速度的变化,不仅会引起气体压力的变化,而且还导致气体密度的变化。一般可以用气体密度的相对变化量 $\mathrm{d}\rho/\rho$ 与气体速度的相对变化量 $\mathrm{d}V/V$ 的比值来表征气体压缩性的影响,而马赫数 Ma 就是一个表征气体压缩性影响的无量纲准则。现以欧拉运动微分方程式(2.20)来分析气体流动的马赫数 Ma 与压缩性之间的关系。

$$\mathrm{d}p + \rho V \mathrm{d}V = 0$$

用 $\mathrm{d}\rho/\mathrm{d}p$ 乘上式,整理得

$$\frac{\mathrm{d}\rho}{\rho} = -V\mathrm{d}V\frac{\mathrm{d}\rho}{\mathrm{d}p}$$

用声速公式 $a^2 = \mathrm{d}p/\mathrm{d}\rho$ 代入上式,得

$$\frac{\mathrm{d}\rho}{\rho} = -\frac{V}{a^2}\mathrm{d}V$$

注意到马赫数的定义,便有

$$\frac{\mathrm{d}\rho}{\rho}\bigg/\frac{\mathrm{d}V}{V} = -Ma^2 \tag{3.8}$$

式(3.8)表明:在定熵绝能流动中,气体密度的相对变化量与气体速度的相对变化量的比值与马赫数的平方成正比。表3.1中给出了马赫数在0.1~1.5的范围内,气流密度

的相对变化量与速度的相对变化量比值的绝对值。

表 3.1　密度、速度变化与 Ma 的关系

Ma	0.1	0.2	0.3	0.4	0.5	0.6	0.8	1.0	1.1	1.2	1.4	1.5
$\frac{d\rho}{\rho}\bigg/\frac{dV}{V}$	0.01	0.04	0.09	0.16	0.25	0.36	0.64	1.00	1.21	1.44	1.96	2.25

当 $Ma \ll 1$ 时，流动速度的变化，只能引起密度非常微小的变化。例如，当 $Ma < 0.3$ 时，速度变化百分之一，只能引起气体密度万分之几的变化值。因此，在这种低速的流动中，气体密度的变化可以忽略不计，即可看作是不可压的流动。

随着马赫数 Ma 的增大，气体压缩性的影响迅速增大。当 $0.3 < Ma < 1.0$ 时，流速的变化，已能引起相当明显的密度变化。因此，在较高马赫数流动时，必须考虑压缩性对流动的影响。

当 $Ma = 1$ 时，气体密度的相对变化量等于速度的相对变化量。

当 $Ma > 1$ 时，气体密度的相对变化量大于速度的相对变化量。这就是说，在 $Ma > 1$ 的流动中，气体压缩性的影响是非常大的。

总之，气体压缩性对流动的影响，随着马赫数 Ma 的增大而迅速增大。所以马赫数 Ma 是一个表征气体压缩性影响的无量纲准则。

3.1.3　动力相似理论

在工程上有很多气体动力学问题需要通过实验来研究，但有一些实验很难在原型上进行，例如飞机机体太大，不能在风洞中直接研究飞机原型的飞行问题，更希望用缩小的飞机模型进行实验。从“模型”实验中得到的数据要能够代表“原型”的流动现象，就必须在“模型”和“原型”之间满足相似性。

相似性指的是两个物理现象在流动空间的对应点和对应时刻上，表征流动的各物理量大小成正比，矢量方向一致。具体分为几何相似、运动相似和动力相似。

几何相似是指模型与原型形状相同，但尺寸可以不同，一切对应的线性尺寸成比例。

运动相似是指模型与原型的流场所有对应点、对应时刻的流速方向相同，流速大小成比例。

动力相似是指模型与原型的流场所有对应点作用在流体微团上的各种力类型相同，矢量方向一致，作用力大小成比例。

流场的几何相似是流动相似的前提条件，动力相似是决定运动相似的主导因素，而运动相似则是几何相似和动力相似的表现。

通常，作用在流体微团上的力有重力 F_G、压力 F_P、黏性力 F_τ、弹性力 F_E 和惯性力 F 等，根据动力相似准则：

$$\frac{F_G}{(F_G)_{模型}} = \frac{F_P}{(F_P)_{模型}} = \frac{F_\tau}{(F_\tau)_{模型}} = \frac{F_E}{(F_E)_{模型}} = \frac{F}{(F)_{模型}} = K \tag{3.9}$$

当然，在许多实际问题中，上述各力的重要程度不同，有些力可能不存在或者太小忽略不计。在气体动力学中，由于气体存在压缩性，在受到压力 dp 的作用下，产生体积应变 $-\dfrac{d\phi}{\phi}$，但质量保持不变，即

$$\rho\phi = C \tag{3.10}$$

将式(3.10)两边取对数再进行微分，得体积应变：

$$-\frac{d\phi}{\phi}=\frac{d\rho}{\rho}$$

则弹性模量为

$$E=\frac{dp}{-\dfrac{d\phi}{\phi}}=\frac{dp}{\dfrac{d\rho}{\rho}}=\rho\frac{dp}{d\rho}=\rho a^2=\rho\gamma RT=\gamma p \tag{3.11}$$

所以弹性力为

$$F_E=EA=\gamma pA=\gamma pl^2 \tag{3.12}$$

而惯性力为

$$F=q_mV=\rho AV^2=\rho l^2V^2 \tag{3.13}$$

在只考虑弹性力和惯性力的气体动力学中，根据动力相似，将式(3.12)和式(3.13)代入式(3.9)得

$$\frac{\gamma pl^2}{\gamma K_p pK_l^2 l^2}=\frac{\rho l^2V^2}{K_\rho \rho K_l^2 l^2 K_V^2 V^2} \tag{3.14}$$

式中，K_p、K_l、K_ρ、K_V 为模型与原型之间对应参数的比例系数，整理式(3.14)得

$$\frac{K_V}{\sqrt{K_p/K_\rho}}=1$$

于是：

$$Ma_{\text{模型}}=\frac{K_VV}{\sqrt{\gamma K_p p/(K_\rho\rho)}}=\frac{K_V}{\sqrt{K_p/K_\rho}}\cdot\frac{V}{\sqrt{\gamma p/\rho}}=\frac{V}{\sqrt{\gamma p/\rho}}=Ma_{\text{原型}}$$

这说明，马赫数 Ma 是用来判别绝热、无黏性、可压缩气体动力相似的准则。也就是说，只要两个绝热、无黏性、可压缩气体流动对应点的马赫数 Ma 相等，这两个绝热、无黏性、可压缩流动就动力相似。此结论在处理喷气发动机中的压气机的特性时十分有用。

若只考虑黏性力和惯性力的不可压缩流体运动时，流体的黏性力为

$$F_\tau=\mu A\frac{V}{l}=\mu lV \tag{3.15}$$

根据动力相似,将式(3.13)和式(3.15)代入式(3.9)得

$$\frac{\mu lV}{\mu K_l l K_V V}=\frac{\rho l^2 V^2}{K_\rho \rho K_l^2 l^2 K_V^2 V^2} \tag{3.16}$$

式中,K_l、K_ρ、K_V 为模型与原型之间对应参数的比例系数,整理式(3.16)得

$$K_\rho K_l K_V = 1$$

于是:

$$Re_{模型}=\frac{K_\rho \rho K_V V K_l l}{\mu}=K_\rho K_V K_l \frac{\rho V l}{\mu}=\frac{\rho V l}{\mu}=Re_{原型}$$

这说明雷诺数 Re 是判别两个不可压缩、黏性流动动力相似的准则。当两个可压缩、黏性流动马赫数 Ma 和雷诺数 Re 分别相等时,则这两个可压缩、黏性流动动力相似。

此外,还可以利用同样的方式得到表征压力与惯性力的欧拉数,表征重力与惯性力的弗洛德数等。

3.2 滞止参数

3.2.1 滞止状态

通过定熵绝能的过程将气流速度滞止为零时的状态称为原状态对应的滞止状态。滞止状态时的气流参数称为滞止参数。

滞止参数可以是流场中实际存在的参数,也可以是人为假想将本来流动着的气流速度通过定熵绝能的过程滞止到零而得到的参数。还可以将它定义为这样一个滞止状态:为达到给定流动的实际状态,从无限大的容器内流出的气体必须从此状态开始。这两个定义是等效的,并且可以用图3.3形象地来说明。

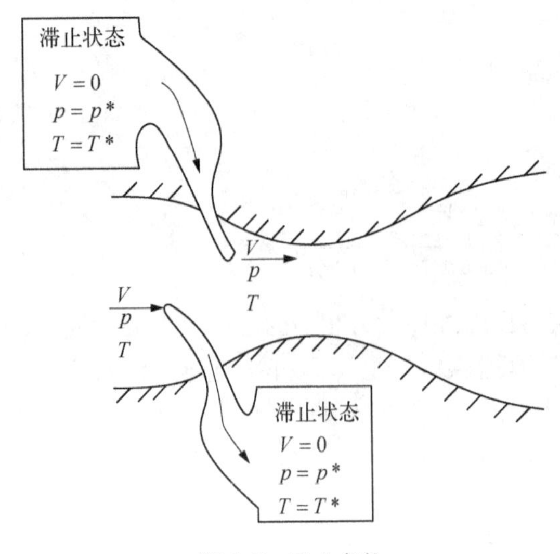

图3.3 滞止参数

滞止参数又称总参数。其中包括有滞止焓(总焓)、滞止温度(总温)、滞止压力(总压)、滞止密度(总密度)和滞止声速等。分别用符号 h^*、T^*、p^*、ρ^* 和 a^* 表示。

和滞止参数相对应的是气体流动过程中任何一点的当地气流参数:h、T、p 和 ρ。这些称为静参数,是观察者和气流微团一起运动时测得的参数。

滞止状态的概念是极为有用的,它为流动的气体确定了一个方便的参考状态。在工程上运用滞止参数分析和计算问题比

较方便，同时滞止参数也比较容易测量。

应该指出：引出滞止状态的概念是把滞止状态作为一个参考状态，它与所研究的气体的实际流动过程无关。气体在实际流动过程中可以与外界有热量和机械功的交换，也可以存在摩擦损失，但是，在流场中的每一点都有一个当地的滞止状态，它是假想把任一点处的气流定熵绝能地流入一个无限大的容器内，使气流速度滞止到零，如图 3.3 所示。因此，滞止状态是点函数，对任何气体的任何流动过程中的任何一点都有确定的滞止参数的数值。也就是说，滞止参数是状态参数。显然，实际流动中各点的滞止参数的数值可以是不一样的。通常一个给定的流动过程滞止参数的变化与流动中气体与外界的热量交换、功的交换以及摩擦等因素有关。

3.2.2　滞止焓和滞止温度

根据一维定常绝能流动的能量方程式：

$$h_1 + \frac{V_1^2}{2} = h_2 + \frac{V_2^2}{2}$$

可以知道，在绝能流中，气体的焓随气流速度的减小而增大。若将气流速度 $V_1 = V$（焓 $h_1 = h$）绝能地滞止到零（$V_2 = 0$），对应的焓就是滞止焓，即 $h_2 = h^*$。因此有

$$h^* = h + \frac{V^2}{2}$$

由此可见：流场内任一点的滞止焓 h^* 就是该点的静焓 h 与动能 $V^2/2$ 之和。当气流速度经历绝能的过程滞止到零时，动能转变为焓。所以滞止焓又称总焓，它代表了气流所具有的总能量的大小。

对于比定压热容是常数的完全气体，$h = c_p T$，则有

$$T^* = T + \frac{V^2}{2c_p}$$

式中，T^* 是气流的滞止温度，它是在绝能条件下将气流速度滞止到零时气体的温度。显然，对于完全气体，气流的滞止温度和滞止焓一样，只要求滞止过程是绝能的。但是，对于实际气体，因为温度 T 是焓 h 和熵 s 的函数，即 $T = f(h, s)$，气流的滞止温度则必须要求滞止过程是定熵绝能的。这样，才能确定一个唯一的滞止温度。

可以看出：气流的滞止温度 T^* 由两项组成，一项是气流的静温 T，另一项是 $V^2/2c_p$，相当于气流速度滞止到零时动能转化成焓而使气体温度升高，一般称为动温，所以 T^* 又称总温。

由工程热力学知道 $c_p = \frac{\gamma}{\gamma - 1}R$，而 $Ma^2 = \frac{V^2}{a^2}$，$a^2 = \gamma RT$，利用这些关系式，有

$$T^* = T\left(1 + \frac{\gamma - 1}{2}Ma^2\right)$$

或

$$\frac{T^*}{T} = 1 + \frac{\gamma - 1}{2}Ma^2 \tag{3.17}$$

由式(3.17)可以看出：当γ一定时，总温和静温之比取决于气流的马赫数。当气流Ma数很小时，T^*/T接近于1；当气流马赫数较大时，T^*与T有显著的差别。

3.2.3 滞止压力

滞止压力是在定熵绝能的条件下，使气流速度滞止为零时气流的压力，又称总压p^*。

由工程热力学知道：在定熵过程中有

$$\frac{p_2}{p_1} = \left(\frac{T_2}{T_1}\right)^{\frac{\gamma}{\gamma-1}}$$

因此有

$$\frac{p^*}{p} = \left(\frac{T^*}{T}\right)^{\frac{\gamma}{\gamma-1}}$$

或

$$\frac{p^*}{p} = \left(1 + \frac{\gamma - 1}{2}Ma^2\right)^{\frac{\gamma}{\gamma-1}} \tag{3.18}$$

这就是滞止压力(总压)p^*、静压p和马赫数Ma之间的关系。由式(3.18)可以看出：当γ一定时，总压和静压之比取决于气流的马赫数。根据此式，只要测出p^*和p就可以知道Ma，飞机上的飞行马赫数Ma表就是根据这个道理制成的。

3.2.4 滞止密度

在定熵绝能的条件下，将气流速度滞止为零时气流的压力就是滞止压力，相应的气流密度就是滞止密度，又称总密度ρ^*。

由工程热力学知道：在定熵过程中有

$$\frac{\rho_2}{\rho_1} = \left(\frac{T_2}{T_1}\right)^{\frac{1}{\gamma-1}}$$

因此有

$$\frac{\rho^*}{\rho} = \left(\frac{T^*}{T}\right)^{\frac{1}{\gamma-1}}$$

或

$$\frac{\rho^*}{\rho} = \left(1 + \frac{\gamma - 1}{2}Ma^2\right)^{\frac{1}{\gamma-1}} \tag{3.19}$$

这就是滞止密度(总密度)ρ^*、静密度ρ和马赫数Ma之间的关系。由此式可以看出：当γ一定时，总密度和静密度之比取决于气流的Ma数。

3.2.5　滞止声速

对应于气流滞止状态下的声速，称作滞止声速，又称总声速，用符号a^*表示。显然：

$$a^* = \sqrt{\gamma R T^*}$$

在绝能流中，滞止声速a^*是一个常数，它也常被用来作为一个参考速度。

滞止声速与当地声速之比为

$$\frac{a^*}{a} = \left(1 + \frac{\gamma - 1}{2}Ma^2\right)^{\frac{1}{2}} \tag{3.20}$$

3.2.6　滞止参数在流动中的变化规律

如前所述：一个给定的流动过程，滞止参数的变化与流动中气体与外界的热量交换、功的交换以及摩擦等因素有关，下面研究滞止参数在流动中的变化规律。

1. 总焓和总温在流动中的变化规律

忽略重力势能的一维定常流的能量方程是

$$q = \left(h_2 + \frac{V_2^2}{2}\right) - \left(h_1 + \frac{V_1^2}{2}\right) + w_s$$

引用了总焓的概念后，此能量方程可以简化为

$$q = h_2^* - h_1^* + w_s \tag{3.21}$$

这就是总焓形式的能量方程。它表明：由于气流与外界交换功和热量的结果，使气流的总焓发生变化。该式就是研究总焓和总温在流动中的变化规律的依据。

1）绝能流动

当气体做绝能流动时，$q = 0$，$w_s = 0$，所以有

$$h_2^* = h_1^*$$

对于定比热的完全气体有

$$T_2^* = T_1^*$$

所以，气体做绝能流动时，不论过程是否可逆，总焓和总温均保持不变。这是绝能流动的一个基本特征。

应该指出，这一结论只适用于完全气体。对于实际气体，绝能流中的总焓是不变的，但是总温未必为一常数。

2）无机械功交换的流动

若气体在流动过程中与外界无机械功的交换，即 $w_s = 0$，则有

$$q = h_2^* - h_1^*$$

对于定比热的完全气体有

$$q = c_p(T_2^* - T_1^*)$$

此式表明：加给气体的热量用来增大气流的总焓（总温），如发动机中燃烧室中所进行的过程。气流对外界放出的热量，则来自气流总焓（总温）的下降。

3）绝热流动

对于绝热流动，$q = 0$，则有

$$w_s = h_1^* - h_2^*$$

对于定比热的完全气体有

$$w_s = c_p(T_1^* - T_2^*)$$

此式表明：气体在绝热流动过程中，若对外界做功，则气流的总焓减少，总温下降，如喷气发动机中涡轮所进行的过程；若外界对气流做功，则气流的总焓增大，总温上升，如喷气发动机中压气机所进行的过程。

2. 总压在流动中的变化规律

由工程热力学知道，熵方程为

$$\mathrm{d}s = \frac{\delta q}{T} + \delta s_g$$

即

$$T\mathrm{d}s = \delta q + T\delta s_g$$

对于完全气体：

$$\mathrm{d}s = c_p \frac{\mathrm{d}T^*}{T^*} - R\frac{\mathrm{d}p^*}{p^*}$$

所以有

$$T\left(c_p \frac{\mathrm{d}T^*}{T^*} - R\frac{\mathrm{d}p^*}{p^*}\right) = \delta q + T\delta s_g$$

考虑到用总焓表示的能量方程 $\delta q = \mathrm{d}h^* + \delta w_s$ 及 $\mathrm{d}h^* = c_p\mathrm{d}T^*$：

$$\mathrm{d}T^* = \frac{\delta q - \delta w_s}{c_p}$$

代入熵的表达式，整理后有

$$-RT^*\frac{dp^*}{p^*}=\frac{\gamma-1}{2}Ma^2\delta q+\delta w_s+T^*\delta s_g \tag{3.22}$$

这就是用总压表示的能量方程。该方程表明：在一维定常流中，总压的相对变化是由热交换、功的交换和不可逆三个因素引起的，它是分析总压变化规律的依据。

1）定熵绝能流动

在定熵绝能流中，由于 $\delta q=0$，$\delta w_s=0$，$\delta s_g=0$，则式(3.22)变为

$$\frac{dp^*}{p^*}=0$$

该式表明：在定熵绝能流中气流的总压保持不变。也就是说在定熵绝能流中气流的总温和总压等总参数均保持不变，这是定熵绝能流的重要性质。

2）不可逆的绝能流动

在不可逆的绝能流动中，由于 $\delta q=0$，$\delta w_s=0$，则式(3.11)变为

$$-R\frac{dp^*}{p^*}=\delta s_g$$

由于在不可逆过程中熵产 δs_g 恒为正，所以 $dp^*<0$，这表明：在不可逆的绝能流动中总压将下降，即

$$p_2^*<p_1^*$$

而且气流熵产越大，过程的不可逆程度越严重，则总压下降得越多，气流做功的能力越低，故可以把总压看作是能量可利用程度的度量，即表征气流做功能力的大小。

如前所述，在绝能流动过程中，熵的增量是衡量过程的不可逆性的一个尺度。这是热力学第二定律的结果，具有普遍的意义。但是，熵的物理意义比较抽象，又不能直接测量。在绝能流动中，总压恢复系数（p_2^*/p_1^*）可以表示熵增的多少，而且总压恢复系数可以用实验的方法直接测量。因此，在定常绝能流中，可以用总压恢复系数来衡量过程的不可逆程度，这不但方便，而且具有普遍的意义。

综上所述，可以得出在定常绝能流动中气流总压的变化规律是

$$p_1^*\geqslant p_2^*$$

“>”号适用于不可逆的绝能流动过程，“=”号适用于可逆的绝能流动过程。

3）有功交换的定熵流动

在定熵流动中 $\delta q=0$，$\delta s_g=0$，则式(3.22)变为

$$-RT^*\frac{dp^*}{p^*}=\delta w_s$$

当外界对气体做功时，$\delta w_s<0$，如空气流过压气机的情况，则气流的总压升高（$p_2^*>p_1^*$）；当气流向外界输出功时，$\delta w_s>0$，如燃气流过涡轮的情况，则气流的总压下降（$p_2^*<p_1^*$）。

4）无功交换的可逆换热流动

在无功交换的可逆换热流动中 $\delta w_s = 0$，$\delta s_g = 0$，则式(3.22)变为

$$-RT^* \frac{dp^*}{p^*} = \frac{\gamma - 1}{2}Ma^2\delta q$$

当外界对气流加热时，$\delta q > 0$，则 $dp^* < 0$，气流的总压下降，$p_2^* < p_1^*$。一般将对气流加热使气流总压下降的现象称为热阻。另外，由此式还可知，热阻是加热流动的普遍现象，与流动的不可逆性无关，与气流马赫数和加热量有关。当加热量一定时，气流马赫数越大，则热阻损失也越大；当气流马赫数一定时，对气流的加热量越多，则热阻损失也越大。

当气流向外界放热时，$\delta q < 0$，则 $dp^* > 0$，气流的总压上升，即 $p_2^* > p_1^*$。

上述滞止参数的变化规律可以总结成表 3.2。

表 3.2　滞止参数的变化规律

气流特征		参数变化规律		
		总压	总温	总焓
定熵绝能流		—	—	—
绝能流		↓	—	—
无功交换的可逆换热流	加热	↓	↑	↑
	放热	↑	↓	↓
定熵流动	输出功	↓	↓	↓
	输入功	↑	↑	↑

注：表中“↑”表示上升；“↓”表示下降；“—”表示不变。

综上所述，可以得出如下结论：

(1) 在定熵绝能流中，气流的总压保持不变；

(2) 在非定熵绝能流中，因为摩擦消耗了气体的机械能，使气流的总压下降，而且摩擦损失越大，总压下降得越多；

(3) 在定熵非绝能流中，外界向气体做功，增加了气体的机械能，从而使气体的总压增加，给气流做的功越多，总压增加的就越多；反之，气流向外界输出功，减少了气体的机械能，使气流的总压下降，气流向外界输出的功越多，气流总压下降得就越多。

所有这些都说明：总压的高低代表了气流所具有的机械能的多少。总压高说明气流所具有的机械能多，气流做功能力就大；总压低说明气流所具有的机械能少，气流做功能力就小，这就是总压的物理意义。

3.2.7　静压和总压的测量

1. 静压的测量

为了测量机翼表面或管壁面上的静压可以用垂直于翼表面或管壁面上的小孔和与之相连的压力计或其他测量装置来测量。如图 3.4 所示。

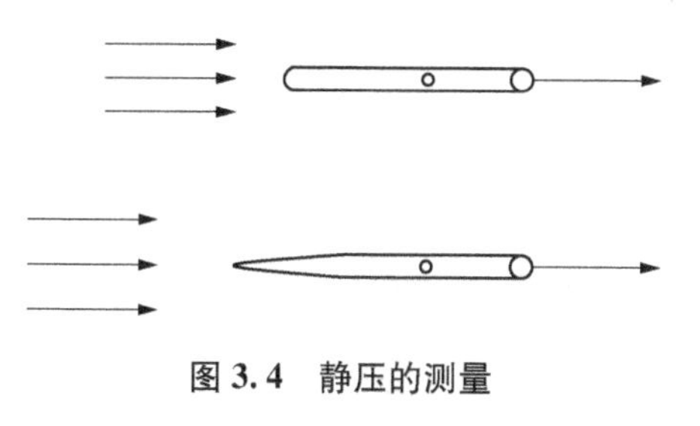

图 3.4　静压的测量

为了不干扰当地的流动，孔径要小，且不应有缺陷（如毛边等）。一般要求静压孔的直径小于附面层的厚度，如取附面层厚度的五分之一。

当需要测量流场中一点处的静压时，可以把一根静压管（如图 3.4 所示）置于流场中，并使测孔恰好处在测量点上，这样测出来的压力就是该点处的静压。静压管必须做得很细长，在放置到流场中时，要使其平行于气流方向，以尽量减少对流场的扰动。但无论如何，测压管的头部附近的气流总要受到干扰，因此静压孔必须开在扰动影响的下游，比如说距头部 10～15 倍直径处。

为了减少对方向的敏感性，可在圆周方向开几个静压孔，连接到同一根导管，通向压力计，这样测量到的是该点真实的平均压力。

2. 总压的测量

测量总压是用皮托管。皮托管实际上是一根管端开口的且平行于气流方向放置的管子，如图 3.5 所示。开口端“正对”着气流，另一端与压力计相连。气流速度在皮托管内定熵绝能地滞止为零，因而测出的压力就是管口位置气流的总压。

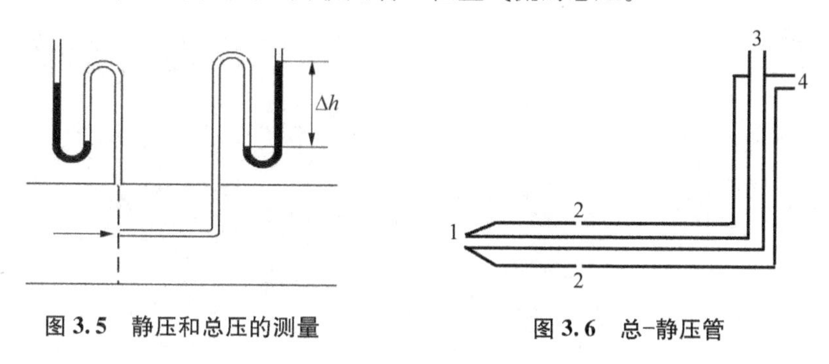

图 3.5　静压和总压的测量　　图 3.6　总-静压管

一种带有静压测点的皮托管称为动压管，又称总-静压管，如图 3.6 所示。

总-静压管的 1 点为总压测点，测得 p^*。2 点为静压测点，测得 p。通过 3、4 处的接头，接到同一个 U 形管上，可以直接读出总-静压之差，即动压。根据此读数，对不可压流，可以得到气流速度；对可压流，可以得到气流马赫数。

同样，总-静压管必须放在与气流平行的方向，而且静压孔离总压孔不要太远，一般在 2～3 倍的直径处。为了减少对方向的敏感性，亦可在圆周方向开几个静压孔。

测量气流的总温，亦可以采用与测量总压相同的方法，总温传感器如图 3.7 所示。

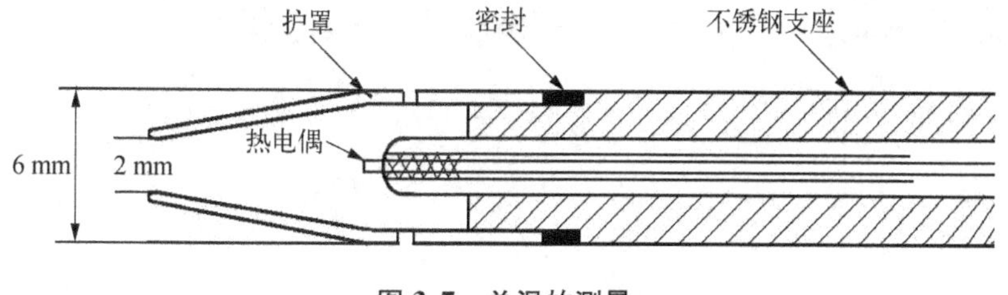

图 3.7　总温的测量

3.3 临界参数和速度系数

3.3.1 临界参数

气流速度等于当地声速,即 $Ma = 1$ 时的状态称作临界状态。

同滞止参数一样,临界参数也是一种假想状态下的参数。气流中每一点都有它自己假想的临界状态,而与实际流动过程是否是定熵绝能无关。因此,我们将通过定熵绝能的膨胀或压缩过程使气流达到临界状态时的参数称为临界参数。临界参数有临界声速、临界速度、临界压力、临界温度、临界密度和临界面积等。分别用符号 a_{cr}、V_{cr}、p_{cr}、T_{cr}、ρ_{cr} 和 A_{cr} 表示。

1. 临界声速

一维定常定熵绝能流动的能量方程为

$$h^* = h_{cr} + \frac{V_{cr}^2}{2}$$

对于定比热的完全气体,上式变为

$$c_p T^* = c_p T_{cr} + \frac{V_{cr}^2}{2}$$

因为 $c_p = \frac{\gamma}{\gamma - 1}R$, $a_{cr}^2 = \gamma R T_{cr}$,代入上式后有

$$\frac{\gamma R}{\gamma - 1}T^* = \frac{a_{cr}^2}{\gamma - 1} + \frac{V_{cr}^2}{2}$$

根据临界状态时 $Ma = 1$,即 $a_{cr} = V_{cr}$,由上式可得

$$a_{cr} = \sqrt{\frac{2\gamma R}{\gamma + 1}T^*} \tag{3.23}$$

在绝能流动中,由于总温 T^* = 常数,所以临界声速 a_{cr} = 常数。因此,在气体动力学中,临界声速也是一个方便的参考速度。

对于空气:$a_{cr} = 18.3\sqrt{T^*}$,对于燃气:$a_{cr} = 18.1\sqrt{T^*}$。

2. 临界参数与滞止参数之间的关系

根据临界参数的定义,可以得到临界参数与滞止参数之间的关系为

$$\frac{T^*}{T_{cr}} = \frac{\gamma + 1}{2} \tag{3.24}$$

$$\frac{p^*}{p_{cr}} = \left(\frac{\gamma + 1}{2}\right)^{\frac{\gamma}{\gamma - 1}} \tag{3.25}$$

$$\frac{\rho^*}{\rho_{cr}} = \left(\frac{\gamma + 1}{2}\right)^{\frac{1}{\gamma - 1}} \tag{3.26}$$

$$\frac{a^*}{a_{cr}} = \left(\frac{\gamma + 1}{2}\right)^{\frac{1}{2}} \tag{3.27}$$

上述各式说明临界参数与滞止参数的比值只与气体的 γ 有关。

对于空气，$\gamma = 1.40$，于是：

$$\frac{T_{cr}}{T^*} = 0.8333,\ \frac{p_{cr}}{p^*} = 0.5283,\ \frac{\rho_{cr}}{\rho^*} = 0.6340,\ \frac{a_{cr}}{a^*} = 0.9129$$

对于燃气，$\gamma = 1.33$，于是：

$$\frac{T_{cr}}{T^*} = 0.8584,\ \frac{p_{cr}}{p^*} = 0.5404,\ \frac{\rho_{cr}}{\rho^*} = 0.6295,\ \frac{a_{cr}}{a^*} = 0.9265$$

3.3.2 速度系数

1. 速度系数

除了马赫数可以作为表征气流速度的无量纲参数外，还可以用气流速度与临界声速的比值作为表征气流速度的无量纲参数。这个比值称为速度系数，用符号 λ 表示，即

$$\lambda = \frac{V}{a_{cr}} \tag{3.28}$$

λ 和 Ma 一样都可以表征气流压缩性的影响。它和 Ma 相比有下述好处：第一，在绝能流动中，a_{cr} 是一个常数，因此，流速 V 和 λ 之间是简单的比例关系，由 λ 求 V，只要乘上一个常数 a_{cr} 就可以了，而 Ma 中的 a 是气流静温的函数，知道了气流 Ma，还必须知道相应点上气流的静温才能算出 V；第二，在绝能流动中，当 V 由零增加到最大时，a 下降为零，而 Ma_{max} 趋向 ∞，这样作图很不方便，这时的速度系数 λ_{max} 是一个有限的数值，即

$$\lambda_{max} = \frac{V_{max}}{a_{cr}} = \sqrt{\frac{\gamma + 1}{\gamma - 1}} \tag{3.29}$$

2. 速度系数与马赫数之间的关系

速度系数 λ 与马赫数 Ma 之间有确定的对应关系，这种关系可以从它们的定义式中推出：

$$Ma^2 = \frac{V^2}{a^2} = \frac{V^2}{a_{cr}^2} \times \frac{a_{cr}^2}{a^2} = \lambda^2 \frac{a_{cr}^2}{a^2}$$

将 $a^2 = \gamma RT$ 和 $a_{cr}^2 = \frac{2\gamma R}{\gamma + 1}T^*$ 代入上式，则有

$$Ma^2 = \lambda^2 \frac{2}{\gamma + 1} \times \frac{T^*}{T}$$

由此可以解出速度系数 λ 与马赫数 Ma 之间的关系式：

$$Ma^2 = \frac{\dfrac{2}{\gamma + 1}\lambda^2}{1 - \dfrac{\gamma - 1}{\gamma + 1}\lambda^2} \tag{3.30}$$

或

$$\lambda^2 = \frac{\dfrac{\gamma + 1}{2}Ma^2}{1 + \dfrac{\gamma - 1}{2}Ma^2} \tag{3.31}$$

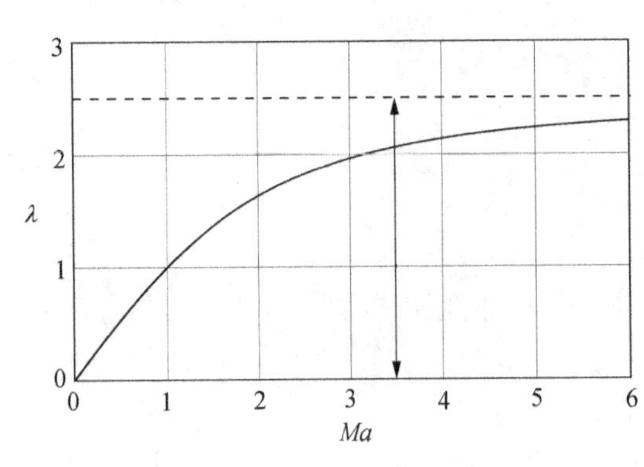

图 3.8 速度系数与马赫数之间的关系

上述关系式可以绘成 $\lambda - Ma$ 数曲线图，如图 3.8 所示。

由图 3.8 可以看出：

当 $Ma = 0$ 时，$\lambda = 0$；

当 $Ma < 1$ 时，$\lambda < 1$；

当 $Ma = 1$ 时，$\lambda = 1$；

当 $Ma > 1$ 时，$\lambda > 1$；

当 $Ma = \infty$ 时，

$$\lambda = \lambda_{\max} = \sqrt{\frac{\gamma + 1}{\gamma - 1}}$$

因此，λ 和 Ma 一样，也是表示亚声速或超声速气流的一个简单标志。为了使用方便，在本书的附录二中列出了 $\gamma = 1.40$ 时 λ 和 Ma 的一一对应数值。

3.3.3 用 λ 表示总静参数之比

根据总静参数之比与 Ma 的关系式和 λ 与 Ma 的关系式有

$$\frac{T}{T^*} = 1 - \frac{\gamma - 1}{\gamma + 1}\lambda^2 \tag{3.32}$$

$$\frac{p}{p^*} = \left(1 - \frac{\gamma - 1}{\gamma + 1}\lambda^2\right)^{\frac{\gamma}{\gamma - 1}} \tag{3.33}$$

$$\frac{\rho}{\rho^*} = \left(1 - \frac{\gamma - 1}{\gamma + 1}\lambda^2\right)^{\frac{1}{\gamma - 1}} \tag{3.34}$$

$$\frac{a}{a^*} = \left(1 - \frac{\gamma - 1}{\gamma + 1}\lambda^2\right)^{\frac{1}{2}} \tag{3.35}$$

上述各式就是将气流的静参数与总参数的比值表示成速度系数的关系式。

3.4　气体动力学函数

前面的讨论中可以看出，气流的静参数和总参数之比可以表示为气流的 Ma 或 λ 的函数。下面还可以看出，流量公式、动量方程式也可以表示成 Ma 或 λ 的函数，这些 Ma 和 λ 的函数称作气体动力学函数。

气体动力学函数在气动计算中有着广泛的应用。为了减少许多烦琐的数值计算，把这些气动函数列成以 Ma 或 λ 为自变量的气动函数表(见附录二和附录三)，以资查用。

3.4.1　函数 $\tau(\lambda)$、$\pi(\lambda)$ 和 $\varepsilon(\lambda)$

式(3.36)~式(3.38)表示了气流的静参数与总参数之比是速度系数 λ 的函数，分别用 $\tau(\lambda)$、$\pi(\lambda)$ 和 $\varepsilon(\lambda)$ 来表示，即

$$\tau(\lambda)=\frac{T}{T^*}=1-\frac{\gamma-1}{\gamma+1}\lambda^2 \tag{3.36}$$

$$\pi(\lambda)=\frac{p}{p^*}=\left(1-\frac{\gamma-1}{\gamma+1}\lambda^2\right)^{\frac{\gamma}{\gamma-1}} \tag{3.37}$$

$$\varepsilon(\lambda)=\frac{\rho}{\rho^*}=\left(1-\frac{\gamma-1}{\gamma+1}\lambda^2\right)^{\frac{1}{\gamma-1}} \tag{3.38}$$

对于空气来说，$\gamma=1.40$，函数 $\tau(\lambda)$、$\pi(\lambda)$ 和 $\varepsilon(\lambda)$ 随 λ 的变化如图3.9所示。从图3.9中可以看出：

当 $\lambda=0$ 时，$\tau(\lambda)=\pi(\lambda)=\varepsilon(\lambda)=1$；

当 λ 增大时，$\tau(\lambda)$、$\pi(\lambda)$ 和 $\varepsilon(\lambda)$ 都减小；

当 $\lambda=\lambda_{max}$ 时，$\tau(\lambda)=\pi(\lambda)=\varepsilon(\lambda)=0$。

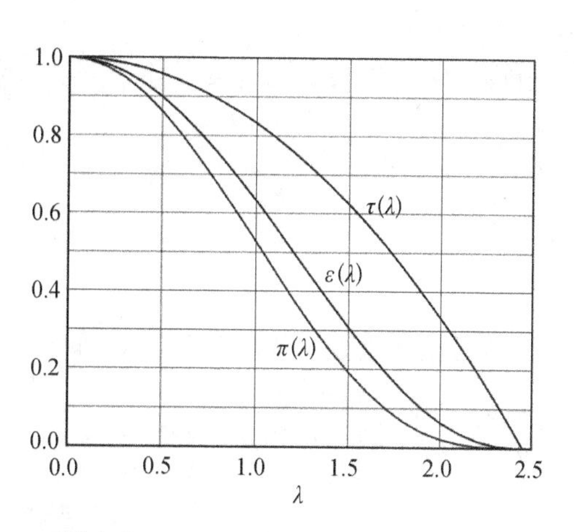

图3.9　$\tau(\lambda)$、$\pi(\lambda)$、$\varepsilon(\lambda)$ 与 λ 关系

式(3.39)~式(3.41)表示了气流的静参数与总参数之比是马赫数 Ma 的函数，分别用 $\tau(Ma)$、$\pi(Ma)$ 和 $\varepsilon(Ma)$ 来表示，即

$$\tau(Ma)=\frac{T}{T^*}=\frac{1}{1+\frac{\gamma-1}{2}Ma^2} \tag{3.39}$$

$$\pi(Ma)=\frac{p}{p^*}=\left(\frac{1}{1+\frac{\gamma-1}{2}Ma^2}\right)^{\frac{\gamma}{\gamma-1}} \tag{3.40}$$

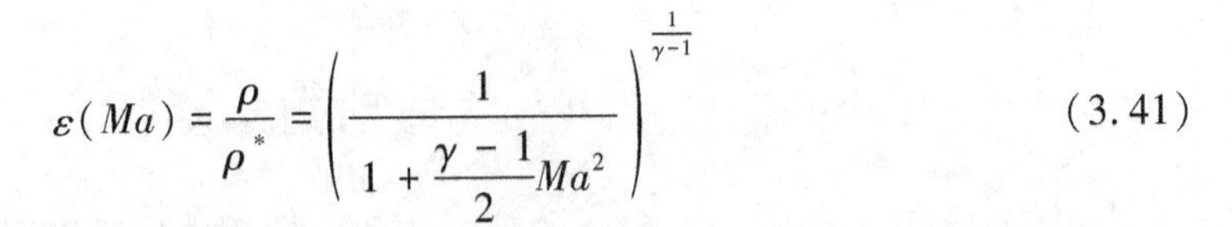

$$\varepsilon(Ma)=\frac{\rho}{\rho^{*}}=\left(\frac{1}{1+\frac{\gamma-1}{2}Ma^{2}}\right)^{\frac{1}{\gamma-1}} \tag{3.41}$$

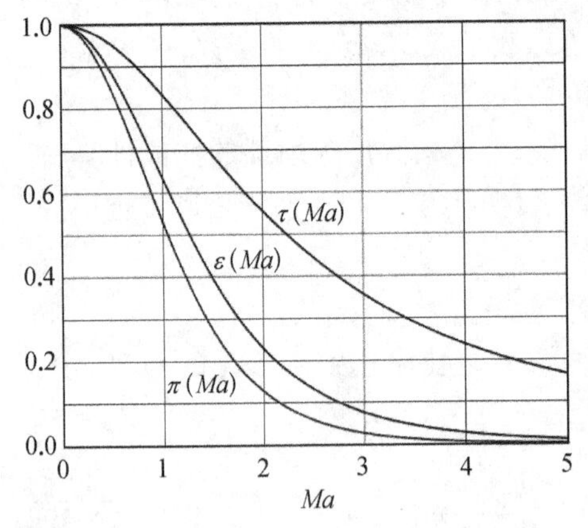

图 3.10　$\tau(Ma)$、$\pi(Ma)$、$\varepsilon(Ma)$ 与 Ma 关系

函数 $\tau(Ma)$、$\pi(Ma)$ 和 $\varepsilon(Ma)$ 随 Ma 的变化如图 3.10 所示。

3.4.2　流量函数和流量公式

用流量公式 $q_m=\rho AV$ 直接计算通过某给定截面的流量，必须先根据给定的总参数和速度系数 λ 求出该截面处气流的速度和密度，这样计算是很麻烦的，如果能将流量公式表示成总参数和速度系数 λ 的函数，则会使计算大大简化。下面就来推导用总参数和速度系数 λ 表示的流量公式。

1. 流量函数 $q(\lambda)$ 和 $q(Ma)$

在 2.1 节提出了密流的概念，密流是单位时间流过单位面积的气体质量。表示为 $j=\rho V$。现引入无量纲的密流函数 $q(\lambda)$ 或 $q(Ma)$，其定义为

$$q(\lambda)=\frac{\rho V}{\rho_{\mathrm{cr}}V_{\mathrm{cr}}} \tag{3.42}$$

可以证明无量纲密流只是 γ 和速度系数 λ 的函数：

$$\frac{\rho V}{\rho_{\mathrm{cr}}V_{\mathrm{cr}}}=\lambda\frac{\rho}{\rho_{\mathrm{cr}}}=\lambda\frac{\frac{\rho}{\rho^{*}}}{\frac{\rho_{\mathrm{cr}}}{\rho^{*}}}=\lambda\left(\frac{\gamma+1}{2}\right)^{\frac{1}{\gamma-1}}\left(1-\frac{\gamma-1}{\gamma+1}\lambda^{2}\right)^{\frac{1}{\gamma-1}}$$

这就是流量函数 $q(\lambda)$ 的表达式，即

$$q(\lambda)=\lambda\left(\frac{\gamma+1}{2}\right)^{\frac{1}{\gamma-1}}\left(1-\frac{\gamma-1}{\gamma+1}\lambda^{2}\right)^{\frac{1}{\gamma-1}} \tag{3.43}$$

当 $\gamma=1.40$ 时，$q(\lambda)$ 随 λ 的变化如图 3.11 所示。

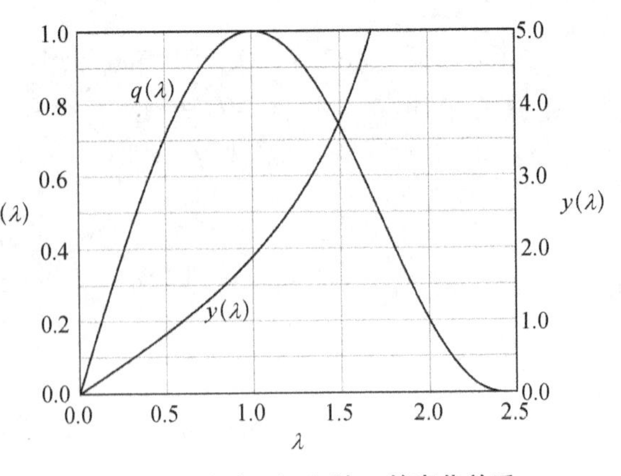

图 3.11　$q(\lambda)$、$y(\lambda)$ 随 λ 的变化关系

从图 3.11 中可以看出：

(1) 当 $\lambda=0$ 时，$q(\lambda)=0$；

当 $\lambda<1$ 时，随着 λ 的增大，$q(\lambda)$ 也增加；

当 $\lambda=1$ 时，$q(\lambda)=1$；

当 $\lambda > 1$ 时,随着 λ 的增大, $q(\lambda)$ 减小;

当 $\lambda = \lambda_{\max}$ 时, $q(\lambda) = 0$。

由此可知,在 $\lambda = 1$ 的截面(即临界截面)上,密流值最大,也就是单位面积通过的流量最大。

(2) 对于一个给定的 λ 值只有一个 $q(\lambda)$ 值与之对应;但对于一个给定的 $q(\lambda)$ 值,一般有两个 λ 值与之对应,其中一个是亚声速的 λ 值,另一个是超声速的 λ 值。究竟选取哪一个数值,由来流的情况决定。

由于 Ma 与 λ 存在一定的关系,因此,可以推导出以 Ma 为自变量的流量函数 $q(Ma)$, 即

$$q(Ma) = \frac{\rho V}{\rho_{\mathrm{cr}} V_{\mathrm{cr}}} = Ma\left[\frac{2}{\gamma + 1}\left(1 + \frac{\gamma - 1}{2}Ma^2\right)\right]^{-\frac{\gamma+1}{2(\gamma-1)}} \tag{3.44}$$

图 3.12 是 $q(Ma)$ 随 Ma 的变化曲线,从图 3.12 中可以看出:

当 $Ma = 0$ 时, $q(Ma) = 0$;

当 $Ma < 1$ 时,随着 Ma 的增大 $q(Ma)$ 也增加;

当 $Ma = 1$ 时, $q(Ma) = 1$;

当 $Ma > 1$ 时,随着 Ma 的增大 $q(Ma)$ 减小;

当 $Ma = \infty$ 时, $q(Ma) = 0$。

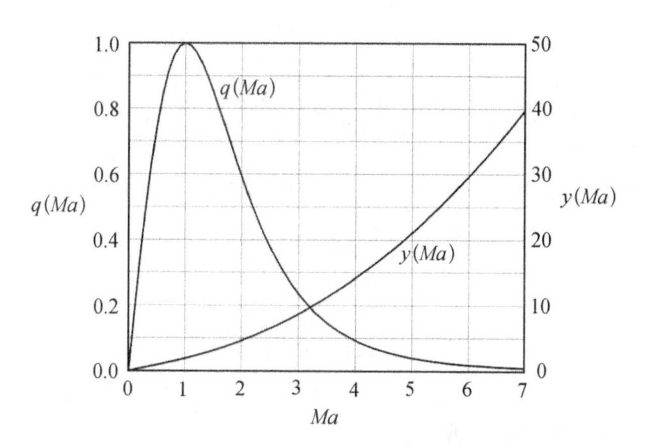

图 3.12　$q(Ma)$、$y(Ma)$ 随 Ma 的变化关系

2. 流量公式

1) 用 $q(\lambda)$ 或 $q(Ma)$ 表示的流量公式

应用 $q(\lambda)$ 就可以直接根据总参数和流量函数来计算流量。因为

$$q_m = \rho A V = \frac{\rho V}{\rho_{\mathrm{cr}} V_{\mathrm{cr}}} \times \rho_{\mathrm{cr}} V_{\mathrm{cr}} A$$

而

$$\rho_{\mathrm{cr}} = \rho^*\left(\frac{2}{\gamma + 1}\right)^{\frac{1}{\gamma-1}} = \frac{p^*}{RT^*}\left(\frac{2}{\gamma + 1}\right)^{\frac{1}{\gamma-1}}$$

$$V_{cr} = a_{cr} = \sqrt{\frac{2\gamma R}{\gamma + 1} T^*}$$

所以有

$$q_m = K \frac{p^*}{\sqrt{T^*}} A q(\lambda) \tag{3.45}$$

式中,

$$K = \sqrt{\frac{\gamma}{R}\left(\frac{2}{\gamma + 1}\right)^{\left(\frac{\gamma+1}{\gamma-1}\right)}} \tag{3.46}$$

对于空气, $\gamma = 1.40$, $R = 287.06$ J/(kg·K), 则 $K = 0.0404\ \sqrt{K}/(m \cdot s^{-1})$。

对于燃气, $\gamma = 1.33$, $R = 287.4$ J/(kg·K), 则 $K = 0.0397\ \sqrt{K}/(m \cdot s^{-1})$。

式(3.45)在气动分析和计算中是一个很重要的关系式。由此式可知:在给定的 λ 下,密流 q_m/A 与总压 p^* 成正比,与总温的平方根 $\sqrt{T^*}$ 成反比。因此,在喷管、压气机和涡轮的实验数据中,常常把 $q_m\sqrt{T^*}/p^*$ 作为流量变量来绘制特性曲线,这样使某一给定的实验结果能够应用于总压和总温不同于原始实验条件的情况。

根据一维定常流的连续方程,可以得知:通过同一管道中不同截面的质量流量是一个常数,即

$$q_m = K \frac{p^*}{\sqrt{T^*}} A q(\lambda) = \text{常数}$$

在定常定熵绝能流动中,由于总压 p^* 和总温 T^* 保持不变,故

$$A q(\lambda) = \text{常数}$$

由此可以得出如下结论:

(1) 当 $\lambda < 1$ 时,由图 3.11 可知,随着 λ 的增大, $q(\lambda)$ 也增大,因此相应的流管截面面积 A 必然减小。所以,对于亚声速气流,管道截面积 A 减小时,气流的速度 V 增大;管道截面积 A 增大时,气流的速度 V 减小。

(2) 当 $\lambda > 1$ 时,由图 3.11 可知,随着 λ 的增大, $q(\lambda)$ 减小,因此,相应的流管截面面积 A 必然增大。所以,对于超声速气流,管道截面积 A 增大时,气流的速度 V 增大;管道截面积 A 减小时,气流的速度 V 减小。

(3) 当 $\lambda = 1$ 时,由图 3.11 可知, $q(\lambda)$ 达到最大值,因此,相应的流管截面面积应该是管道的最小截面积,即临界截面必然是管道中的最小截面。但是应该指出,这个结论的逆定理并不正确,也就是说,管道的最小截面并不一定是临界截面。

由于在临界截面上 $q(\lambda) = 1$, 所以有

$$A q(\lambda) = A_{cr} \quad \text{或} \quad q(\lambda) = \frac{A_{cr}}{A}$$

此式说明：在定熵绝能流动中，任一截面上的 $q(\lambda)$ 值等于临界截面面积与该截面面积之比。

(4) 从上述结论可以知道：要将气流定熵绝能地由亚声速加速到超声速，管道必须制造成先收缩后扩张的形状，即拉瓦尔喷管。

由于 Ma 与 λ 存在一定的关系，且 $q(\lambda)=q(Ma)$，所以流量公式还可以使用 $q(Ma)$ 表达，即

$$q_m = K\frac{p^*}{\sqrt{T^*}}Aq(Ma) \tag{3.47}$$

2) 用流量函数 $y(\lambda)$ 和 $y(Ma)$ 表示的流量公式

根据气流总、静压之间的关系式，可以将流量公式写成：

$$q_m = K\frac{p}{\sqrt{T^*}}Ay(\lambda) \tag{3.48}$$

或

$$q_m = K\frac{p}{\sqrt{T^*}}Ay(Ma) \tag{3.49}$$

式中，

$$y(\lambda)=\frac{q(\lambda)}{\pi(\lambda)} \quad 或 \quad y(Ma)=\frac{q(Ma)}{\pi(Ma)}$$

在图3.11和图3.12和中给出了 $y(\lambda)$ 随 λ 和 $y(Ma)$ 随 Ma 的变化曲线。

3.4.3　冲量函数和冲量公式

在本书2.2节中我们引入了冲量的概念，即

$$J = q_m V + pA$$

气流的冲量也可以表示成速度系数 λ 的函数：

$$J = q_m\left(V+\frac{p}{\rho V}\right)$$

式中，

$$V=\lambda a_{cr},\ \frac{p}{\rho}=RT,\ T=T^*\tau(\lambda),\ T^*=\frac{\gamma+1}{2\gamma R}a_{cr}^2,\ \tau(\lambda)=1-\frac{\gamma-1}{\gamma+1}\lambda^2$$

于是：

$$J = q_m\left[\lambda a_{cr}+\frac{\gamma+1}{2\gamma}\frac{a_{cr}}{\lambda}\left(1-\frac{\gamma-1}{\gamma+1}\lambda^2\right)\right]=\frac{\gamma+1}{2\gamma}q_m a_{cr}\left(\lambda+\frac{1}{\lambda}\right)$$

$$J = \frac{\gamma + 1}{2\gamma} q_m a_{\mathrm{cr}} z(\lambda) \tag{3.50}$$

式中，

$$z(\lambda) = \lambda + \frac{1}{\lambda} \tag{3.51}$$

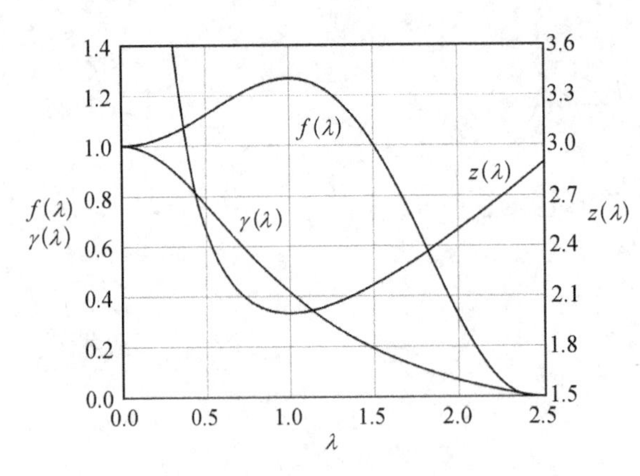

图 3.13　$z(\lambda)$、$f(\lambda)$、$r(\lambda)$ 随 λ 的变化规律

$z(\lambda)$ 是一个用来表示气流冲量的气动函数。图 3.13 表示了 $z(\lambda)$ 随 λ 的变化规律。

从图 3.13 中可以看出：

当 $\lambda < 1$ 时，$z(\lambda)$ 随 λ 的增大而迅速下降；

当 $\lambda = 1$ 时，$z(\lambda)$ 降低到最小值 2；

当 $\lambda > 1$ 时，$z(\lambda)$ 随 λ 的增大而增大。

气流冲量除了用气动函数 $z(\lambda)$ 来表示外，还可以表示成其他的形式。

因为

$$q_m = K \frac{p^*}{\sqrt{T^*}} A q(\lambda),\quad a_{\mathrm{cr}} = \sqrt{\frac{2\gamma R}{\gamma + 1} T^*}$$

所以

$$J = \left(\frac{2}{\gamma + 1}\right)^{\frac{1}{\gamma - 1}} p^* A q(\lambda) z(\lambda)$$

令

$$f(\lambda) = \left(\frac{2}{\gamma + 1}\right)^{\frac{1}{\gamma - 1}} q(\lambda) z(\lambda) \tag{3.52}$$

则

$$J = p^* A f(\lambda) \tag{3.53}$$

如果将式中的总压 p^* 改写为静压 p，则有

$$J = \frac{pA}{\gamma(\lambda)} \tag{3.54}$$

式中，

$$\gamma(\lambda) = \frac{\pi(\lambda)}{f(\lambda)} \tag{3.55}$$

函数 $f(\lambda)$、$\gamma(\lambda)$ 随 λ 的变化规律表示在图 3.13 上。

同样也可以使用马赫数 Ma 作为自变量来表示冲量函数 $z(Ma)$、$f(Ma)$ 和 $\gamma(Ma)$。

3.4.4　气体动力学函数表及其应用

对不同的 γ，将气体动力学函数列成以 Ma 或 λ 为自变量的数值表，这种数值表称作气体动力学函数表，见附录二和附录三。

这些表可以用来进行工程计算。一般情况下用它们比直接用方程式进行计算要方便得多，因为在大多数情况下，求解这些方程式是很冗长的。

例 3.1　燃气在涡轮导向器内的流动可以看成是绝能不可逆过程，在导向器进口处燃气参数分别为：$T_1^* = 1\,100$ K，$p_1^* = 1.18 \times 10^6$ Pa；出口处燃气的静压为 $p_2 = 6.86 \times 10^5$ Pa，速度为 $V_2 = 560$ m/s。求燃气在导向器出口处的总压 p_2^* 和总压恢复系数 σ。[已知燃气 $\gamma = 1.33$，$R = 287.4$ J/(kg · K)]

解：因为燃气在导向器中的流动是绝能的，所以进口和出口处的总温相等，即

$$T_1^* = T_2^* = 1\,100 \text{ K}$$

$$a_{cr} = \sqrt{\frac{2\gamma R}{\gamma + 1}T^*} = \sqrt{\frac{2 \times 1.33 \times 287.4 \times 1\,100}{1.33 + 1}} = 600.76 \text{ m/s}$$

$$\lambda_2 = \frac{V_2}{a_{cr}} = \frac{560}{600.76} = 0.932\,1$$

由气动函数表查得

$$\pi(\lambda_2) = \frac{p_2}{p_2^*} = 0.589\,0$$

所以

$$p_2^* = \frac{p_2}{\pi(\lambda_2)} = \frac{6.86 \times 10^5}{0.589\,0} = 1.165 \times 10^5 \text{ Pa}$$

$$\sigma = \frac{p_2^*}{p_1^*} = \frac{1.165}{1.180} = 0.987$$

例 3.2　空气沿扩压器流动，在进口处速度系数 $\lambda_1 = 0.85$，总压 $p_1^* = 3 \times 10^5$ Pa；扩压器进、出口截面的面积比 $A_2/A_1 = 2.5$，总压恢复系数 $\sigma = 0.94$，求扩压器出口处气流的总压、马赫数和静压。

解：假定空气在扩压器中的流动是定常绝能的流动过程。

出口处的总压为

$$p_2^* = \sigma p_1^* = 0.94 \times 3 \times 10^5 = 2.82 \times 10^5 \text{ Pa}$$

运用流量公式于进、出口处，则有

$$K\frac{p_1^*}{\sqrt{T_1^*}}A_1 q(\lambda_1) = K\frac{p_2^*}{\sqrt{T_2^*}}A_2 q(\lambda_2)$$

由于 $T_1^* = T_2^*$，所以上式可简化为

$$q(\lambda_2) = \frac{p_1^* A_1}{p_2^* A_2} q(\lambda_1)$$

按 $\lambda_1 = 0.85$ 查气动函数表，有 $q(\lambda_1) = 0.9729$，所以

$$q(\lambda_2) = \frac{0.9729}{0.94 \times 2.5} = 0.4140$$

由此查得

$$Ma_2 = 0.248,\ \lambda_2 = 0.27,\ \pi(Ma_2) = 0.9581$$

或

$$Ma_2 = 2.3937,\ \lambda_2 = 1.79,\ \pi(Ma_2) = 0.0691$$

因为是扩压器，压力增加，速度减小，所以超声速值舍去。

$$p_2 = p_2^* \pi(Ma_2) = \sigma p_1^* \pi(Ma_2) = 2.82 \times 10^5 \times 0.9581 = 2.7 \times 10^5\ \text{Pa}$$

例 3.3 某涡轮喷气发动机的燃烧室可近似地当作等截面加热管来计算。气流在燃烧室进口处的速度 $V_1 = 62.1$ m/s，温度 $T_1 = 323$ K，压力 $p_1 = 0.4 \times 10^5$ Pa，在燃烧室中气体吸收热量 $q = 1\,088$ kJ/kg。求出口截面上的气流参数 Ma_2、p_2、T_2、p_2^*、T_2^*。[燃气的 $\gamma = 1.33$，$R = 287.4$ J/(kg·K)，比定压热容 $c_p = 1.088k$ J/(kg·K)]

解：由题意可知燃烧室内的气流冲量保持不变，在进口截面

$$a_1 = \sqrt{\gamma RT} = \sqrt{1.33 \times 287.4 \times 323} = 352\ \text{m/s}$$

$$Ma_1 = \frac{V_1}{a_1} = \frac{62.1}{352} = 0.1765$$

由气动函数表查得

$$\tau(Ma_1) = 0.9949,\ \pi(Ma_1) = 0.9796,\ z(Ma_1) = 5.4532,\ f(Ma_1) = 1.0201$$

则

$$T_1^* = \frac{T_1}{\tau(Ma_1)} = \frac{323}{0.9949} = 325\ \text{K}$$

$$p_1^* = \frac{p_1}{\pi(Ma_1)} = \frac{0.4 \times 10^5}{0.9796} = 0.409 \times 10^5\ \text{Pa}$$

根据燃烧室内能量守恒方程：

$$T_2^* = T_1^* + \frac{q}{c_p} = 325 + \frac{1\,088}{1.088} = 1\,325\ \text{K}$$

运用冲量公式于进、出口处，则有

$$\frac{\gamma+1}{2\gamma}q_{m1}a_{\mathrm{cr1}}z(Ma_1)=\frac{\gamma+1}{2\gamma}q_{m2}a_{\mathrm{cr2}}z(Ma_2)$$

由于 $q_{m1}=q_{m2}$，所以上式可简化为

$$z(Ma_2)=z(Ma_1)\sqrt{\frac{T_1^*}{T_2^*}}=5.4532\times\sqrt{\frac{325}{1325}}=2.7$$

由气动函数表查得

$$Ma_2=0.4134,\ \tau(Ma_2)=0.9726,\ \pi(Ma_2)=0.8940,\ f(Ma_2)=1.0972$$

根据冲量公式有

$$p_2^*=p_1^*\frac{f(Ma_1)}{f(Ma_2)}=0.409\times10^5\times\frac{1.0201}{1.0972}=0.38\times10^5\ \mathrm{Pa}$$

$$T_2=T_2^*\tau(Ma_2)=1325\times0.9726=1289\ \mathrm{K}$$

$$p_2=p_2^*\pi(\lambda_2)=0.38\times10^5\times0.894=0.34\times10^5\ \mathrm{Pa}$$

思　考　题

1. 马赫数是如何定义的？它的物理意义是什么？为什么说马赫数是无黏性可压缩流动的动力相似的判别准则？
2. 什么是滞止参数？总焓、总压的物理意义是什么？变化规律如何？
3. 如何推导总温与静温之比与马赫数(或与速度系数)之间的关系式？
4. 说明气体的马赫数和速度如何测量的。写出所应用的公式。
5. 什么是热阻，热阻的大小与哪些因素有关？热阻的物理意义是什么？

习　　题

1. 飞机以马赫数 0.8 在海平面飞行，分别计算考虑空气压缩性和不考虑空气压缩性时机翼前缘滞止点的压力。(海平面标准大气参数为 $p_0=1.01325\times10^5$ Pa，$T_0=288.15$ K)
2. 用皮托管测量可压缩空气流的速度，皮托管与 U 形管压力计连接，如图 3.14 所示，已知 $\Delta h_1=142$ mmHg，$\Delta h_2=62$ mmHg，用温度计测出气流的总温 $T^*=293$ K，当地大气压强为 760 mmHg，试求气流的速度。

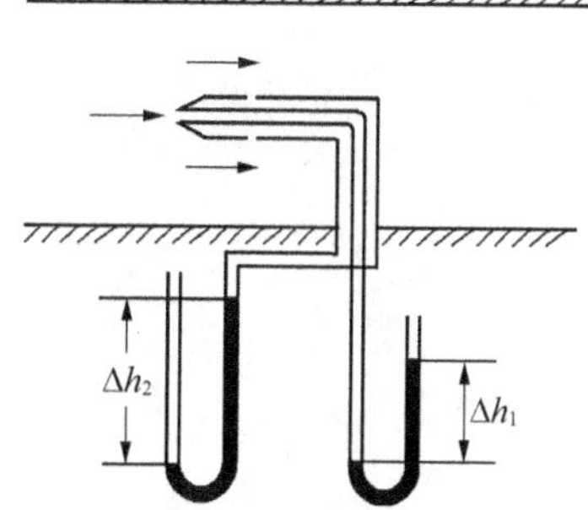

图 3.14　皮托管

3. 空气流经一绝热无摩擦的管道，在位置 1 处 $Ma_1=0.9$，$p_1=4\times10^5$ Pa，在位置 2 处 $Ma_2=0.2$，计算位置 1 和位置 2 之间气流静压的变化是多少。
4. 空气以 200 m/s 的速度流经一导管，其质量流量为

9 kg/s,管道的横截面积为 0. 05 m^2, 马赫数为 0. 5, 计算空气的静压和总压。

5. 空气流过一管道,在面积 $A = 6.5\ cm^2$ 的截面上 $p = 1.4$ bar(1.4×10^5 Pa), q_m = 0. 25 kg/s, $Ma = 0.6$, 试计算空气的总温。
6. $c_p = 1.017 \times 10^3$ J/(kg · K), 摩尔质量为 28. 97 kg/kmol 的完全气体,以质量流量 q_m = 29. 188 kg/s 在一收敛形管道中绝热流动,在某一特定截面上 $Ma = 0.6$, $T^* = 550$ K, $p^* = 2 \times 10^5$ Pa, 计算该处管道的截面积。
7. 一流管的某截面上, $V = 152$ m/s, $p = 0.69 \times 10^5$ Pa, $T = 283$ K, 求下游另一比此小 15% 截面上的 p、T、V、Ma 及 λ。假设流动是定熵绝能的,工质为空气。
8. 空气流过一收缩形喷管,在进口处静压是 2×10^5 Pa, 静温是 450 K, 速度是 200 m/s。在出口处,速度是声速,计算出口处的静温、静压、密度和速度。

第4章 膨胀波与激波

物体在静止的空气中以超声速运动时，或者物体不动，空气以超声速流过物体时，物体对流场的扰动，即速度、压力、密度等参数的变化和亚声速的情况不同。超声速气流有一个重要的特征，即超声速气流在加速时通常要产生膨胀波，减速时一般会产生激波。而在亚声速气流中，无论是加速还是减速，都不会产生这些现象。

本章将讨论膨胀波与激波。

4.1 微弱扰动在气流中的传播

在3.1节中我们讨论过微弱扰动相对于气体以声速传播，现在来讨论它在气流中，特别是在超声速气流中的传播情况。

4.1.1 微弱扰动在静止气体中的传播

图4.1(a)是$V=0$时，静止的微弱扰动源O每隔一秒钟发出一个微弱扰动，在第3秒末，即第4秒初那一瞬间所看到的扰动所及的三个圈，这是三个同心球面，最大的一个球

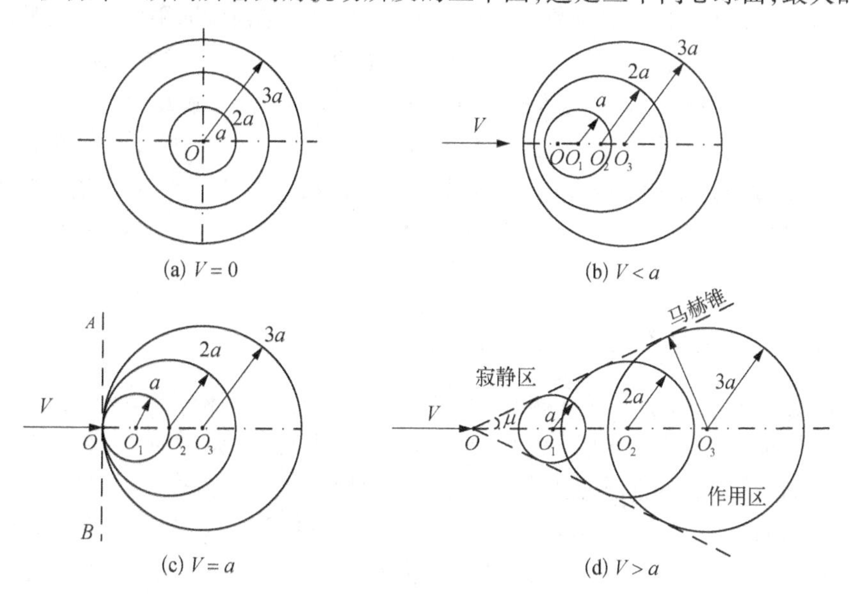

图4.1 微弱扰动的传播

面半径是 $3a$，那是 3 秒前最早的一个扰动经 3 秒后所达到的界面，最小的一个球面半径是 a，那是第 3 秒之初发出的扰动经 1 秒后所达到的位置。第 3 秒末或第 4 秒初发出的扰动是刚刚发出，而还没传播出去，所以扰动还只是 O 处一点。因此，可以看出：微弱扰动在静止的气体中，是以球面波的形式向四周传播的，受扰动与没受扰动的气体的分界面是一个球面，其传播速度在各方向上都等于该气体中的声速 a。如果不考虑气体的黏性损耗，随着时间的推移，微弱扰动可以传遍整个流场。

4.1.2 微弱扰动在亚声速气流中的传播

如果气体不是静止的，而是以小于声速的速度 V 流动着，则微弱扰动的传播情况有些变化。这时，扰动源发出的微弱扰动波仍然是一系列的球面，但是由于气体是流动的，所以扰动波随着气流以 V 的速度向右移动，使扰动波的中心不是固定在 O 点，而是随着气流以速度 V 移动。经过 3 秒后，扰动波的中心移至 O_3，点 O 和点 O_3 之间的距离为 $3V$，扰动波的位置是以 O_3 为中心，以 $3a$ 为半径的球面，这就是 3 秒前最早的一个扰动经 3 秒后所达到的界面。如图 4.1(b) 所示。而在 3 秒之初发出的扰动，经 1 秒后达到的位置是以 O_1 为中心（点 O 和点 O_1 之间的距离为 V），以 a 为半径的球面。由此可以看出：扰动向四面八方的绝对传播速度是不同的，在顺流方向，其绝对传播速度为 $a+V$；而在逆流方向，其绝对传播速度为 $a-V$，在其他方向上其绝对传播速度在这两速度之间。所以在亚声速气流中微弱扰动仍能逆流传播，且随着时间的推移，扰动亦可传遍整个流场。这是微弱扰动在亚声速气流中传播的主要特点。因此，就扰动可以传播的范围而言，它与在静止气体中的情况无本质区别。

4.1.3 微弱扰动在声速气流中的传播

若气流速度 V 恰好等于声速 a，则微弱扰动的传播情况如图 4.1(c) 所示。这时每次发出的扰动虽然仍以声速 a 的速度向四面八方传播，但扰动波同时随气流向右移动，其速度 V 等于 a，所以每个扰动波的左边界都在扰动源的位置 O 点。这样，扰动所及的范围就有了一个左边界，那就是过扰动源所在的点 O 而垂直于来流方向的 AOB 平面。在 AOB 平面以左是扰动达不到的地方，也就是说，O 点上游的气流已不受扰动的影响，只有 O 点下游的流场才受扰动的影响。这就是微弱扰动在声速气流中传播的特点。即：在声速气流中微弱扰动不能逆流传播。这说明微弱扰动不能改变扰动源之前上游流场的参数。

4.1.4 微弱扰动在超声速气流中的传播

若气流速度 $V>a$，如图 4.1(d) 所示，如果我们在第 3 秒末来看，我们看到在第 1 秒初发出的微弱扰动，其扰动波的球面半径为 $3a$，球心则随气流向下游移动了 $3V$ 的距离，显然，$3V>3a$，所以球面的左边界已远离扰动源 O 点之右；而在第 3 秒之初发出的扰动，其扰动波的球面半径为 a，球心位置向下游移动了 V 的距离，由于 $V>a$，所以扰动波球面也完全在扰动源的下游。由此可以看出：在超声速气流中，扰动不仅不能向上游传播，就是向下游传播也被限制在一定的区域内，此区域是以扰动源 O 为顶点的一系列球面的公切圆锥，扰动永远不能传到圆锥之外。这就是说，受扰动与未受扰动的气体的分界面是一个圆锥面，这个圆锥称作马赫锥，圆锥面称作马赫波；圆锥的母线与来流速度方向之间的夹角称作马赫角，用符号 μ 来表示。马赫角的大小，反映了受扰动区域的大小：μ 越小，受扰动的区域越小；μ 增大，受扰动的区域也增大。从图 4.1(d) 所示的几何关系中可以看出：

$$\sin\mu = \frac{a}{V} = \frac{1}{Ma}$$

或

$$\mu = \arcsin\frac{1}{Ma} \tag{4.1}$$

因此，马赫角 μ 的大小取决于气流的马赫数 Ma。气流的马赫数 Ma 越大，μ 角越小，受扰动的范围也就越小；反之，气流的马赫数 Ma 越小，μ 角越大，受扰动的范围就越大；当气流的马赫数 $Ma = 1$ 时，$\mu = 90°$，这就是图 4.1(c) 所示的情况。因为 $\sin\mu \leqslant 1$，故当 $Ma < 1$ 时，式(4.1)没有意义。

微弱扰动在超声速气流中不能传遍整个流场，这是超声速气流与亚声速气流的一个重要差别。如果弱扰动源是一个展长与 Z 轴相平行的半无限长的微楔形物，如图 4.2 所示，则当超声速气流流过此物体时，受扰动与未受扰动的气体的分界面是一个楔面，即马赫波是个楔面。显然，这是一个二维超声速流动的问题。

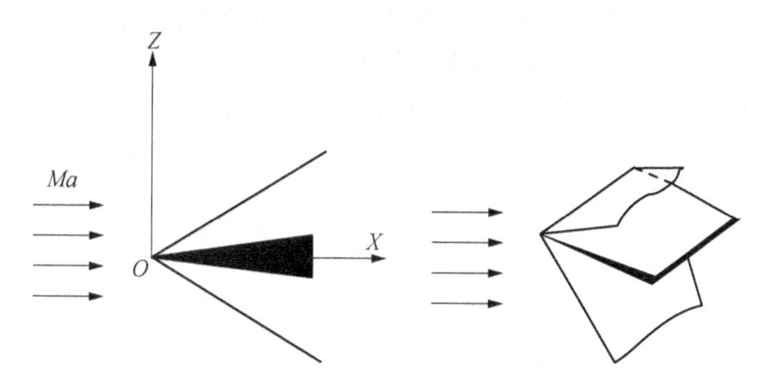

图 4.2　半无限长的微楔形物的马赫波

这种情况下，马赫波在 XOY 平面上的投影为两条相交的直线，称作马赫线。位于 OX 轴下方的一条右伸马赫线是相对于一个面向下游的观察者来说，它是以向右的方向奔向下游的，而左伸是以向左的方向奔向下游的。

4.2　膨 胀 波

4.2.1　膨胀波的形成及特点

设均匀的超声速气流沿图 4.3 所示的 CO 方向，平行于固体壁面流动。在 O 点处，固

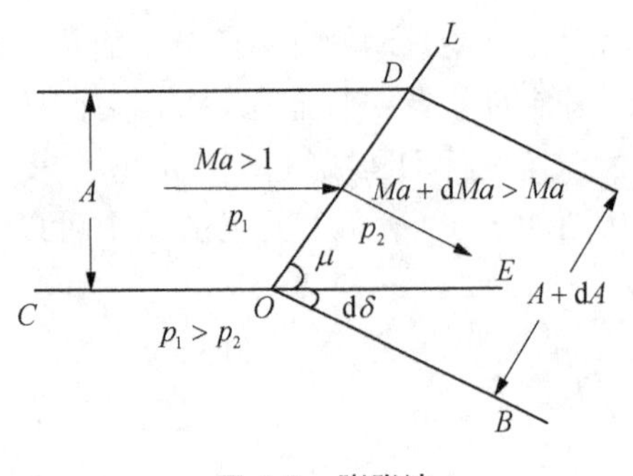

图 4.3　膨胀波

体壁面向外折转了一个微小的角度 $\mathrm{d}\delta$。

可以设想,如果在 O 点以后,气体仍按照原来的方向继续流动下去,那么在 O 点以后的 OB 和 OE 之间将形成一个极小的低压真空区。这对超声速气流来说是一个微弱的负压扰动,使气流获得一个负的压力增量($\mathrm{d}p<0$)。因此,O 点对于气流是个连续不断地发出负压扰动的扰动源。根据前面所述自 O 点必然形成一道马赫波 OL,从 O 点连续不断地发出的扰动,只能传播到 OL 以后的区域,不能传播到 OL 之前。因此,马赫波 OL 之前的气流参数保持不变,OL 之后的气流参数将发生相应微小的变化。由于从 O 点发出的是负压扰动,所以 OL 之后气流的压力将有所降低,即气流通过马赫波 OL 是膨胀的过程,故称此马赫波为膨胀波。

超声速气流流过具有微小折转角的外折壁面时,所产生的马赫波称为膨胀波。气流通过膨胀波后,向壁面 OB 的方向外折 $\mathrm{d}\delta$ 角度,与壁面 OB 相平行。膨胀波 OL 与波前气流速度方向之间的夹角为

$$\mu=\arcsin\frac{1}{Ma}$$

气流通过膨胀波时和通过声波时一样,是符合绝热和无黏性假定的。因此,它是一个定熵的过程,气流的总压和总温在通过膨胀波时保持不变。

虽然气流通过膨胀波时总压 p^* 不变,而静压却有所下降,根据总静压之比的关系式,即

$$\frac{p^*}{p}=\left(1+\frac{\gamma-1}{2}Ma^2\right)^{\frac{\gamma}{\gamma-1}}$$

由此式可以看出:波后的气流马赫数 Ma 将比波前的气流马赫数 Ma 有所提高,即:$Ma+\mathrm{d}Ma>Ma$。

由于通过膨胀波时气流马赫数 Ma 有所增大,根据总温 T^* 与静温 T 之比和总密度 ρ^* 与静密度 ρ 之比的关系式:

$$\frac{T^*}{T}=1+\frac{\gamma-1}{2}Ma^2$$

$$\frac{\rho^*}{\rho}=\left(1+\frac{\gamma-1}{2}Ma^2\right)^{\frac{1}{\gamma-1}}$$

可以看出:气流通过膨胀波时,气流的静温和静密度均有所降低。总之,气流通过膨胀波是一个加速的过程。

4.2.2　普朗特-迈耶流动

1. 普朗特-迈耶流动的定义

设想超声速气流在图 4.4 上的 O_1 点向外折了一个微小的角度 $d\delta_1$ 之后，在 O_2、O_3 等一系列点处，继续向外折一系列微小的角度 $d\delta_2$, $d\delta_3$，…，在壁面的每一折转处，都产生一道膨胀波，O_1L_1，O_2L_2，O_3L_3，…，各膨胀波与该波前气流方向的夹角为 μ_1，μ_2，μ_3，…，又知：

$$\mu_1 = \arcsin \frac{1}{Ma_1}$$

$$\mu_2 = \arcsin \frac{1}{Ma_2}$$

$$\mu_3 = \arcsin \frac{1}{Ma_3}$$

……

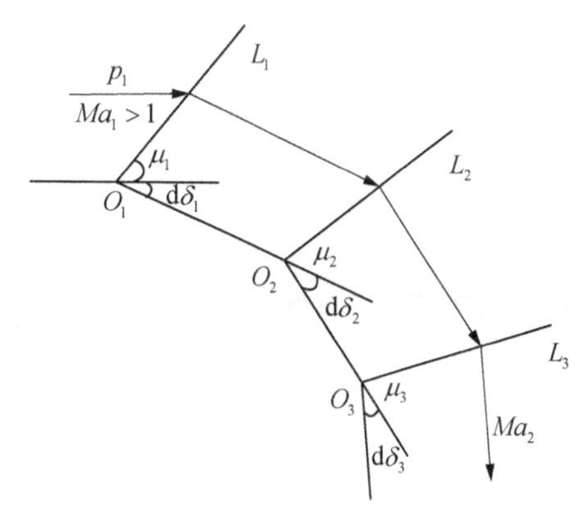

图 4.4　向外折一系列微小角度时的膨胀波

由于气流每经过一道膨胀波，Ma 都有所增加，即

$$Ma_1 < Ma_2 < Ma_3 \cdots$$

故

$$\mu_1 > \mu_2 > \mu_3 \cdots$$

因此，各膨胀波相对于其波前气流方向的夹角越来越小，O_2L_2 与 O_1L_1 不会相交，以后各波也都互不相交，这样，所有的膨胀波组成一个发散的膨胀波区。

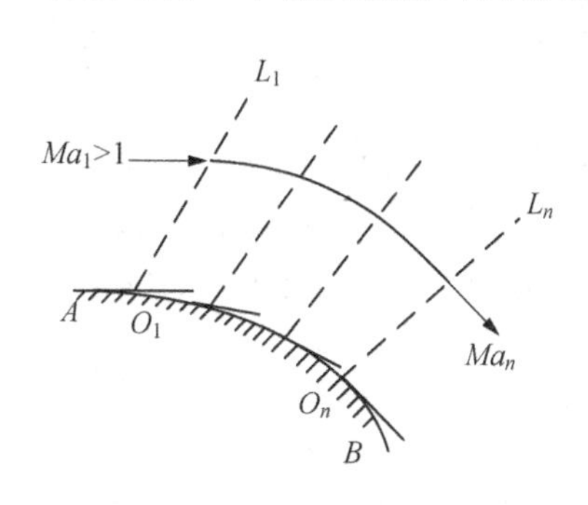

图 4.5　外凸曲壁的膨胀波

根据极限的概念，曲线可以看成是由无数段微元折线所组成。因此，超声速气流绕外凸曲壁流动时，曲壁上的每一点都相当于一个折点，故自每一点都发出一道膨胀波，气流每经过一道膨胀波，都折转一个微小的角度 $d\delta$，参数都发生一个微小的变化，气流通过由无数道膨胀波所组成的膨胀波区后，参数发生一个有限量的变化，如图 4.5 所示。

如果把图 4.5 中的曲线段 O_1O_n 逐渐缩短，而保持折转角不变，在极限情况下，O_1 与 O_n 重合，于是连续外折壁变为以 O 为折转点，具有一定折转角 δ 的外凸壁，而由曲壁发出的一系列膨胀波变成了从折转点发出的扇形膨胀波束，如图 4.6 所示。超声速气流穿过这些膨胀波时，流动方向逐渐折转，最后沿着 OB 面流动，气流参数也发生一定量的变化，并且变化的数值与绕具有同一总折转角的多次外折直壁或外折曲壁的情况是相同的。于是可以得出结论：超声速气流绕外凸壁流动时，气流参数值的变化只取决于波前的气流参数和总的外折角度，而与气流的折转方式无关，即不论壁面是一次外折，还是分几次外折，也不论是流经外折直壁，还是流经外折曲壁，只要来流条件相同，总的外折角相同，气流经膨胀波后的参数值是相同的，并且整个膨胀过程是定熵的过程。

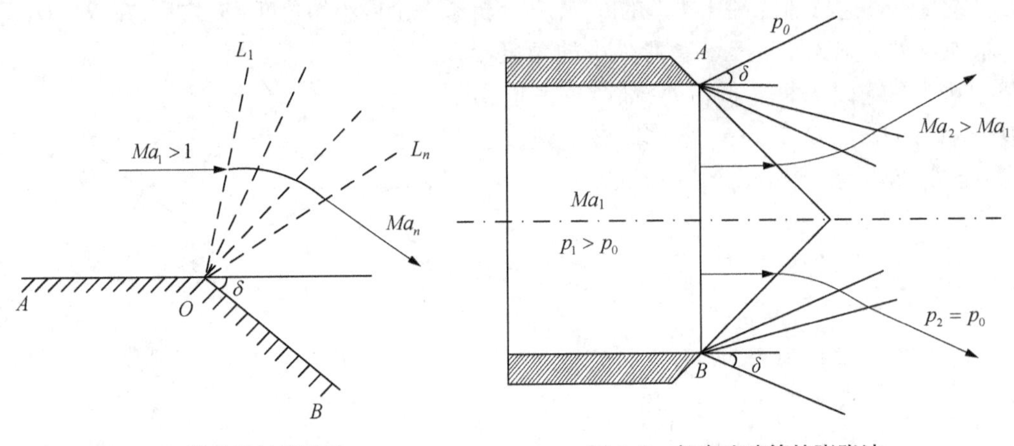

图 4.6　外凸壁的膨胀波　　　　图 4.7　超声速喷管的膨胀波

一般将这种超声速气流绕外钝角的流动称为普朗特-迈耶流动。

当然，超声速气流产生膨胀波束不只限于绕外凸壁的流动情况，在其他的情况下，也会产生膨胀波束。例如，从平面超声速喷管射出的超声速直匀流，如图 4.7 所示。如果出口截面处气流的压力 p_1 高于外界大气压 p_0，则气流一出口必定继续膨胀，直到射流边界上的气流压力恰好等于 p_0 为止，否则射流边界上的压力无法平衡。这时，喷管出口的上下边缘 A、B 相当于两个扰动源，产生两束扇形膨胀波，气流穿过膨胀波后，压力降为 $p_2 = p_0$，相应的马赫数 Ma_1 增大到 Ma_2，而且气流的方向外折了一个角度 δ。

2. 普朗特-迈耶流动的特点

普朗特-迈耶流动具有下列特点：

(1) 平行于 AO 壁面的定常超声速直匀流，在壁面折转处必定产生一个扇形膨胀波束，此扇形膨胀波束是由无限多的马赫波所组成；

(2) 气流每经过一道马赫波，参数只发生微小的变化，因而经过膨胀波束时，气流参数是连续变化的(其变化趋势是：速度增大，压力、温度、密度相应地减小)；显然，在不考虑气体黏性与外界的热交换的情况下，气流穿过膨胀波束的流动过程是定熵绝能的膨胀过程；

(3) 沿膨胀波束中任一条马赫波，所有的气流参数均相同，而且马赫波是一条直线；

(4) 气流穿过膨胀波后，气流将平行于外折壁面 OB 流动，即气流方向折转了一个 δ 角；

(5) 对于给定的起始条件，膨胀波束中任一点的速度大小仅与该点气流方向有关。

3. 普朗特-迈耶流动的主导方程

图 4.8 表示平面超声速气流流过外凸壁穿过膨胀波的流动情况。从整个膨胀波束中任取一条膨胀波 OL 来分析。

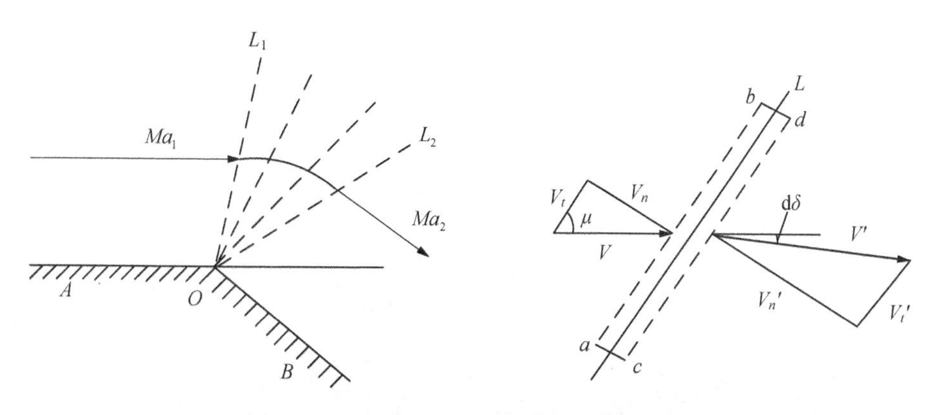

图 4.8　平面超声速气流流过外凸壁的速度变化

设波前气流速度为 V，膨胀波 OL 与速度 V 间的夹角为 μ，如式(4.1)所述：

$$\mu = \arcsin \frac{1}{Ma}$$

将波前速度 V 分解为平行于波面的速度分量 V_t 和垂直于波面的速度分量 V_n。气流穿过膨胀波 OL 后，向外折转 $\mathrm{d}\delta$ 角(规定产生膨胀波的外折角 $\mathrm{d}\delta$ 为正；产生压缩波的内折角 $\mathrm{d}\delta$ 为负)，速度增大到 $V' = V + \mathrm{d}V$，将波后速度 V' 亦分解为平行于波面的速度分量 V_t' 和垂直于波面的速度分量 V_n'。

取紧邻波面的矩形 $abcd$ 为控制体，对所取控制体施用基本方程，则有

连续方程：

$$\rho' V_n' = \rho V_n$$

平行于波面方向的动量方程：

$$\Sigma F = \rho' V_n' A V_t' - \rho V_n A V_t = 0$$

因此

$$V_t' = V_t$$

说明：平面超声速气流穿过膨胀波时，平行于波面的速度分量 V_t 保持不变，而气流速度的变化仅由垂直于波面的速度分量 V_n 的变化来决定。由图 4.8 的速度三角形可以得出：

$$V_t = V\cos\mu = V_t' = (V + \mathrm{d}V)\cos(\mu + \mathrm{d}\delta)$$

展开 $\cos(\mu + \mathrm{d}\delta)$ 得

$$\cos(\mu + \mathrm{d}\delta) = \cos\mu\cos \mathrm{d}\delta - \sin\mu\sin \mathrm{d}\delta$$

而

$$\cos \mathrm{d}\delta \approx 1$$

$$\sin \mathrm{d}\delta \approx \mathrm{d}\delta$$

所以有

$$\cos(\mu + \mathrm{d}\delta) = \cos\mu - \mathrm{d}\delta\sin\mu$$

$$V\cos\mu = (V + \mathrm{d}V)(\cos\mu - \mathrm{d}\delta\sin\mu)$$

略去高阶无限小量,整理得

$$\frac{\mathrm{d}V}{V} = \mathrm{d}\delta tg\mu = \frac{\mathrm{d}\delta\sin\mu}{\sqrt{1 - \sin^2\mu}}$$

故有

$$\frac{\mathrm{d}V}{V} = \frac{\mathrm{d}\delta}{\sqrt{Ma^2 - 1}} \tag{4.2}$$

式(4.2)就是普朗特–迈耶流动的主导方程。它建立了气流速度的变化量与气流折转角之间的关系。在推导普朗特–迈耶流动的主导方程时,除了忽略黏性外,并未对气体性质作更多限制,因此,该主导方程式既适用于完全气体,也适用于实际气体。

4. 完全气体的普朗特–迈耶函数

对于完全气体:

$$V^2 = Ma^2 a^2 = Ma^2 \gamma RT$$

在定熵绝能流动中,有

$$\frac{T^*}{T} = 1 + \frac{\gamma - 1}{2}Ma^2$$

$$V^2 = Ma^2 \gamma RT^* \left(1 + \frac{\gamma - 1}{2}Ma^2\right)^{-1} \tag{4.3}$$

将式(4.3)代入普朗特–迈耶流动主导方程式(4.2),得

$$\mathrm{d}\delta = \frac{\sqrt{Ma^2 - 1}}{1 + \frac{\gamma - 1}{2}Ma^2}\frac{\mathrm{d}Ma}{Ma} \tag{4.4}$$

用换元法积分式(4.4),则有

$$\delta = \sqrt{\frac{\gamma + 1}{\gamma - 1}}\arctan\sqrt{\frac{\gamma - 1}{\gamma + 1}(Ma^2 - 1)} - \arctan\sqrt{Ma^2 - 1} + C \tag{4.5}$$

式中,C 为积分常数,其值取决于来流马赫数 Ma_1 和折转角 δ。令

$$v(Ma) = \sqrt{\frac{\gamma + 1}{\gamma - 1}}\arctan\sqrt{\frac{\gamma - 1}{\gamma + 1}(Ma^2 - 1)} - \arctan\sqrt{Ma^2 - 1}$$

于是有

$$\delta = v(Ma) + C \tag{4.6}$$

其中，$v(Ma)$ 称作普朗特-迈耶函数，其值取决于气体的 γ 和气流马赫数 Ma。当 γ 一定时，普朗特-迈耶函数 $v(Ma)$ 的大小只取决于气流的马赫数 Ma。式中的积分常数：

$$C = \delta - v(Ma)$$

超声速气流通过膨胀波束后，气流的折转角为

$$\Delta\delta = \delta_2 - \delta_1 = v(Ma_2) - v(Ma_1) \tag{4.7}$$

当来流马赫数 $Ma = 1$ 时，$v(Ma) = 0$；当 $Ma \to \infty$ 时，$v(Ma) = \frac{\pi}{2}\left[\sqrt{\frac{\gamma+1}{\gamma-1}} - 1\right]$。

气流由 $Ma_1 = 1$ 膨胀到 $Ma_2 = Ma$ 时的气流折转角称为普朗特-迈耶角。

5. 完全气体的普朗特-迈耶函数表

为了使用方便，通常将 $v(Ma)$ 与 Ma 的函数关系制成数值表，以供计算时查用。书后附录四中列出了 $\gamma = 1.40$ 时，普朗特-迈耶函数值表。

例 4.1　$Ma_1 = 1.4$ 的均匀平行空气流沿如图 4.9 所示的壁面流动，求每次折转后气流的马赫数。

解：　$v(Ma_2) = v(Ma_1) + \Delta\delta_1$

$Ma_1 = 1.4$，查普朗特-迈耶函数表有

$$v(Ma_1) = 9°$$

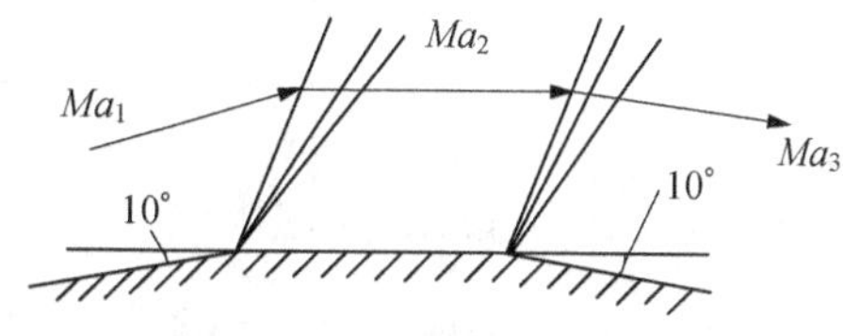

图 4.9　超声速壁面流动

超声速气流穿过第一个膨胀波系，沿外折方向折转，所以

$$\Delta\delta_1 = 10°$$

则

$$v(Ma_2) = 9° + 10° = 19°$$

查普朗特-迈耶函数表，$v(Ma_2) = 19°$ 对应的气流马赫数，有

$$Ma_2 = 1.741$$

当 $Ma_2 = 1.741$ 超声速气流穿过第二道膨胀波系时：

$$v(Ma_3) = v(Ma_2) + \Delta\delta_2$$

已知

$$\Delta\delta_2 = 10°$$

所以

$$v(Ma_3) = 19° + 10° = 29°$$

按 $v(Ma_3)=29°$ 查普朗特-迈耶函数表有

$$Ma_3 = 2.096$$

例 4.2 马赫数 $Ma_1=1.4$ 的均匀平行超声速空气流绕外凸壁顺时针折转 20°，求折转后气流的马赫数。

解：

$$v(Ma_2) = v(Ma_1) + \Delta\delta$$

因为 $Ma_1=1.4$，查普朗特-迈耶函数表，有

$$v(Ma_1) = 9°$$

又已知

$$\Delta\delta = 20°$$

所以

$$v(Ma_2) = 9° + 20° = 29°$$

按 $v(Ma_2)=29°$ 查普朗特-迈耶函数表有

$$Ma_2 = 2.096$$

4.2.3 微弱压缩波

超声速气流沿如图 4.10 所示的内凹壁 AOB 流动，壁面在 O 点向内折转一个微小的角度 $\mathrm{d}\delta$，在折转处产生一道马赫波 OL，气流穿过 OL 流动方向向内折转了一个微小的角度 $\mathrm{d}\delta$，与壁面 OB 相平行，气流参数发生一个微小的变化，即速度 V 和马赫数 Ma 降低，压力增大，同时温度和密度也随之增大。

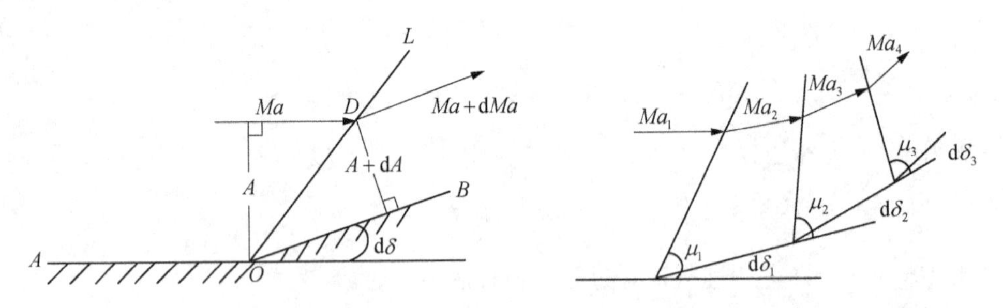

图 4.10　微弱压缩波

图 4.11　内折壁的微弱压缩波

因此，这种马赫波称为微弱压缩波。如果壁面在 O_1 点内折了一个微小的角度 $\mathrm{d}\delta_1$ 之后，在 O_2，O_3，… 一系列点处，继续内折 $\mathrm{d}\delta_2$，$\mathrm{d}\delta_3$，…，如图 4.11 所示。

那么，在 O_1，O_2，O_3，… 点处，将分别发出一系列的微弱压缩波。气流每经过一道这样的压缩波，其速度 V 和马赫数 Ma 减小，即

$$Ma_1 > Ma_2 > Ma_3 \cdots$$

而 $\sin\mu = 1/Ma$，所以，各道微弱压缩波的马赫角 μ 是逐渐增大的，即

$$\mu_1 < \mu_2 < \mu_3 \cdots$$

由于气流每经过一道压缩波就向内折转一个 $d\delta$ 角，再加上 μ 角是逐渐增大的，故各微弱压缩波将会相交。在微弱压缩波未相交之前，气流穿过微弱压缩波系的流动是定熵的压缩过程；但是，由许多微弱压缩波聚集而成一道波时，它就不再是微弱压缩波而是强压缩波了。气流穿过强压缩波，将是一个熵增的过程。

根据极限的概念，一个连续的内凹壁，如图 4.12 所示，可以看成是由无数段内折的微元折壁所组成。

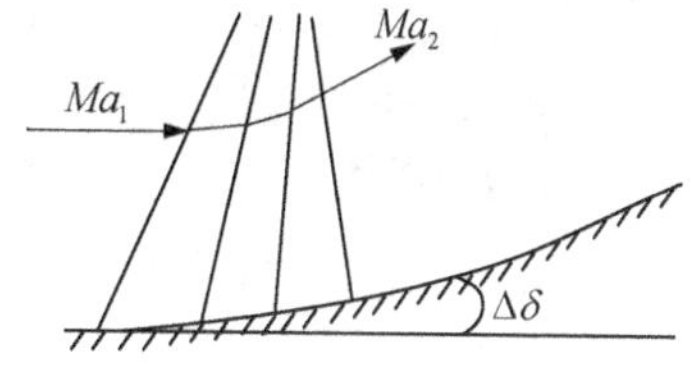

图 4.12　内凹壁的微弱压缩波

当超声速气流沿内凹壁流动时，曲壁上的每一点都相当于一个折点，因此，每一点都发出一道微弱压缩波，所有的微弱压缩波组成一个连续的定熵压缩区，气流每经过一道微弱压缩波，参数值有一个微小的变化，气流速度下降，压力、温度、密度增大，同时折转一个微小的角度。通过整个定熵压缩区后，气流参数及折角发生一个有限的变化。例如马赫数由波前的 Ma_1 降低到波后的 Ma_2，压力、温度、密度相应地由 p_1、T_1、ρ_1 增大到 p_2、T_2、ρ_2。

微弱压缩波可以看成是膨胀波的反问题。所以利用普朗特-迈耶函数表可以计算微弱压缩波的问题。若已知来流马赫数 Ma_1 和曲壁的内折角 $\Delta\delta$，则根据 Ma_1 查得与之对应的普朗特-迈耶角 δ_1，然后，再根据 $\delta_1 - \Delta\delta$ 查得定熵压缩区后的气流马赫数 Ma_2。

4.2.4　马赫波的相交与反射

超声速气流在管内流动，在某种情况下，形成的膨胀波会碰在管壁上，在另一种情况下，形成的膨胀波会彼此相交。膨胀波碰在管壁上或彼此相交会出现什么现象？在此就来讨论膨胀波的反射与相交的规律。

由于膨胀波的反射和相交的问题比较复杂，所以在此对问题作一定的简化。例如：当气流的外折角 δ 不很大时，膨胀波束发生的区域通常较窄，这时，我们就用一道波来代表这束膨胀波，这道波的波角 μ 可以取为膨胀波束中的第一道膨胀波的波角。当 δ 较大时，我们可以将 δ 划分为若干等份，相应地膨胀波束也分为若干部分，并用有限道波来表示整个膨胀波束。气流每经过一道这样的波，折转一个不大的角度，通过有限道波后，气流共折转 δ 角。当然，把原来的膨胀波束分得越细，数目越多，计算的结果越准确。

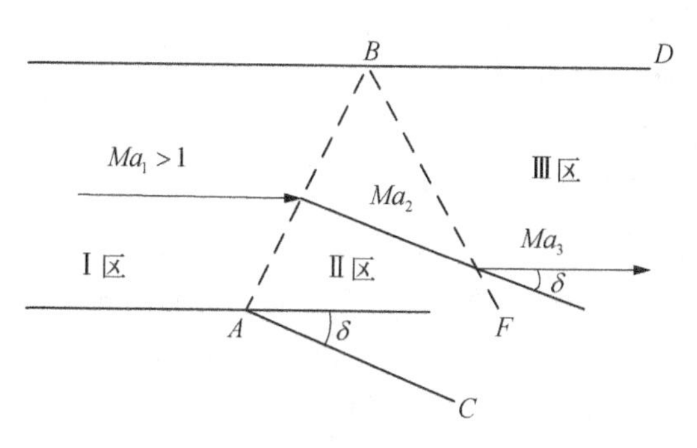

图 4.13　膨胀波在直固体壁面上反射

1. *在直固体壁面上的反射*

图 4.13 表示一均匀超声速气流以马赫数 Ma_1 沿固体壁面流动，下壁面在 A 点处向下折转一个 δ 角。根据之前的讨论知道，自 A 点必产生一束膨胀波，用 AB 来表示。Ⅰ

区气流经过膨胀波 AB 后，向下折转 δ 角，和 A 点以下的壁面 AC 相平行。因为上壁面 BD 是平直的，折转后的气流与上壁面就不平行了，如果这样流下去，气流与上壁面之间就会形成一个楔形真空区，因此，相对于Ⅱ区气流 Ma_2 来说，在 B 点又要产生新的膨胀波，用 BF 来表示，Ⅱ区气流经过 BF 后，又向上外折了 δ 角，流动方向重新与上壁面 BD 相平行。这种现象称为膨胀波的反射。通常称 AB 波为入射波，BF 为反射波。Ⅲ区的气流相对于Ⅰ区的气流，外折膨胀了两次，每次的外折角都是 δ，所以Ⅲ区气流参数，应按Ⅰ区气流外折 2δ 的情况来计算。

由此得出结论：膨胀波在直固体壁面上反射为膨胀波。

同理推知：压缩波在直固体壁面上反射为压缩波。

2. *马赫波的相交*

图 4.14 表示超声速气流沿管道流动时，管道上、下壁面于 A 和 A' 处各自向外折转 δ_1 和 δ_2 角，于是，自 A 和 A' 点分别产生两束膨胀波，用 AB 和 $A'B$ 表示，它们相交于 B，Ⅰ区气流通过 AB 后，向下外折 δ_1 角，平行于壁面 AC 流动；而通过 $A'B$ 后，向上外折 δ_2 角，平行于壁面 $A'C'$ 流动。如果继续这样流动下去在 B 点以后就会造成一个夹角为 $\delta_1+\delta_2$ 的楔形真空区，它对Ⅱ、Ⅲ区气流势必产生负的压力扰动，从而使气流再次膨胀以填满此空间，所以自 B 点形成两束新的膨胀波，如图中的 BC 和 BC'，这种现象称为膨胀波的相交。Ⅱ、Ⅲ区的气流通过 BC 和 BC' 后，进入Ⅳ区汇合在一起。根据平衡条件：两股气流汇合，在交汇面的两侧必须满足压力相等和流动方向一致。根据这两个条件和膨胀波的性质，可以确定Ⅳ区的气流方向和其他参数。

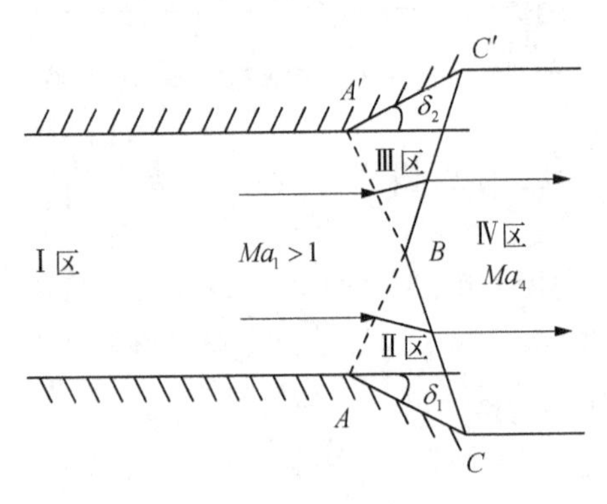

图 4.14　膨胀波的相交

因为气流通过膨胀波时是定熵绝能的过程，所以其总压 p^* 保持不变，而Ⅳ区中两股气流汇合时静压 p 相等，根据总压 p^* 与静压 p 之比与气流马赫数 Ma 的关系可知，这两股气流汇合后的 Ma 相等。又由于在定熵绝能流中，气流的总温 T^* 和总密度 ρ^* 也是不变的，而两股气流汇合后的 Ma 相等，这就意味着两股气流汇合后的静温 T 和静密度 ρ 也相等。由此可以得出结论：两股气流实际汇合成具有同一参数的一股气流。

Ⅳ区的气流参数可以根据Ⅰ区的气流参数和 $\delta=\delta_1+\delta_2$ 来计算。

通过上述分析可以得出结论：膨胀波相交后仍为膨胀波。

同理分析可以得出：压缩波相交后仍为压缩波。

3. *在自由边界上的反射*

运动的气体与静止的气体之间的切向交界面称为自由边界，在交界面两边压强相等。如图 4.15 所示，超声速发动机尾喷管出口处气流速度为超声速 Ma_1，且出口上的压力 p_1 大于外界的压力 p_a，则气流出口后经膨胀波 AB 和 $A'B$ 外折 δ 角，Ⅱ区和Ⅲ区的气流压力下降到等于外界压力 $p_a(p_2=p_3=p_a)$。气流折转的角度取决于Ⅰ区的气流参数和外界压力 p_a，如前所述，AB 和 $A'B$ 两束膨胀波相交后将产生两束新的膨胀波 BC 和 BC'，Ⅱ区和Ⅲ区的气流通过膨胀波 BC 和 BC' 时,各自向靠近轴线的方向折转 δ 角,波后气流的压力相等,流动一致。Ⅳ区的气流又回到Ⅰ区的气流方向,其参数等于Ⅰ区气流外折 2δ 角后的数值。

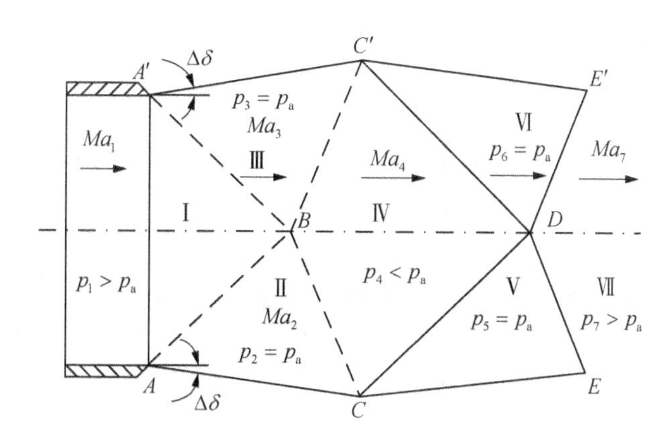

图 4.15　膨胀波在自由边界上的反射

由于气流又通过了膨胀波 BC 和 BC',所以Ⅳ区气流的压力较之Ⅱ、Ⅲ区将进一步降低,而 $p_2 = p_3 = p_a$,所以 $p_4 < p_a$。因此,Ⅳ区气流将会受到外界气体的压缩,在Ⅳ区气流与外界气体的自由边界处(C 和 C'),形成压缩波 CD 和 $C'D$。Ⅳ区气流经过压缩后,分别向内折转一个角度,压力重新等于外界压力($p_5 = p_6 = p_a$)。

由此得出结论:膨胀波在自由边界上反射为压缩波。

同理可以得出:压缩波在自由边界上反射为膨胀波。

4.3　激　　波

超声速气流被压缩时,一般都会产生激波,所以激波是超声速气流中的重要现象之一。

4.3.1　激波的分类和特点

超声速气流产生的突跃压缩波称为激波。激波的特点有:气流通过激波时的压缩过程是在非常小的距离内完成的,即激波本身的厚度是很小的,与气体分子的平均自由行程有相同的数量级。气流在这样小的距离内完成一个显著的压缩过程,显然,激波内的过程是很剧烈的,在这个过程中,气体的黏性、导热性占有重要的地位,使得激波内部的结构非常复杂,是一个熵增的过程。激波的传播速度大于未扰动气体中的声速。

激波后与激波前的压力比 p_2/p_1 称为激波强度。它的大小标志着激波的强弱,该压力比越大,则激波越强,激波的传播速度越大。若 $p_2/p_1 \to \infty$,则激波最强,激波的传播速度趋向无限大。反之,激波的传播速度小,当 $p_2/p_1 \to 1$ 时,激波的传播速度趋近于声速,激波成为微弱压缩波。所以,实际存在的有限强度的激波,其传播速度介于声速和无限大之间,即激波以超声速在气体中传播。

本课程范围内,在研究激波时都略去其厚度,把激波当作一个间断面,气流通过这个间断面,其参数有突跃式的变化。

按照激波的形状,可以把激波分为以下几类:

正激波:激波波面与来流方向相垂直。如图 4.16(a)所示。

斜激波:激波波面与来流方向不垂直。例如,超声速气流流过楔形物体时,在物体前缘产生的激波往往是斜激波,如图 4.16(b)所示。

曲线激波:波形为曲线形。例如,超声速气流流过钝头物体时,在物体前面产生的激波往往是脱体激波,这种激波就是曲线激波,如图 4.16(c)所示。

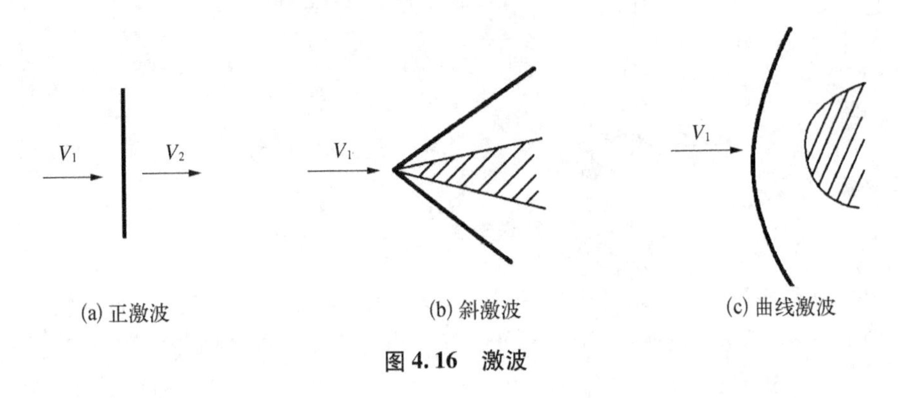

图 4.16　激波

4.3.2　正激波

1. 正激波的形成

设有一半无限长的直圆管,管内的左端放置一个活塞,活塞右侧的管内充有某种单纯的气体。活塞和气体均处于静止状态,如图 4.17 所示。此时,管内气体的压力、温度、密度分别为 p_1、T_1、ρ_1。

现在对活塞施加外力,使之向右做加速运动,在 t 时间内速度由零增加到 V。为了便于说明问题,我们把这个加速过程,分为若干个微小的阶段,每个微小阶段占有的时间为

$$\Delta t = \frac{t}{n}$$

如果 n 选得越大,则 Δt 越短,在每段内,活塞的速度增量 ΔV 将很小,同时活塞前面的气体受到的压缩也越小,其压力、温度、密度的增量分别为 Δp、ΔT、$\Delta \rho$。因此,每一个阶段的加速过程都可以看成是一个微弱的压缩过程,此微弱的压缩扰动所产生的波是微弱扰动压缩波。

在第一个阶段内,活塞将具有速度 ΔV,它前面的那部分气体(如图 4.17 中 a 部分气体)受到微小的压缩扰动后,压力、温度、密度都略有增加而变为 $p_1 + \Delta p$、$T_1 + \Delta T$、$\rho_1 + \Delta \rho$,同时被向前推进,直到具有与活塞相同的速度 ΔV 向右运动为止。

这部分被压缩的气体,又去压缩和推动它右边相邻的气体,于是形成一道微弱压缩波向右传播,其传播速度等于波前未受扰动气体中的声速 a_1($a_1 = \sqrt{\gamma R T_1}$)。管内气体压力

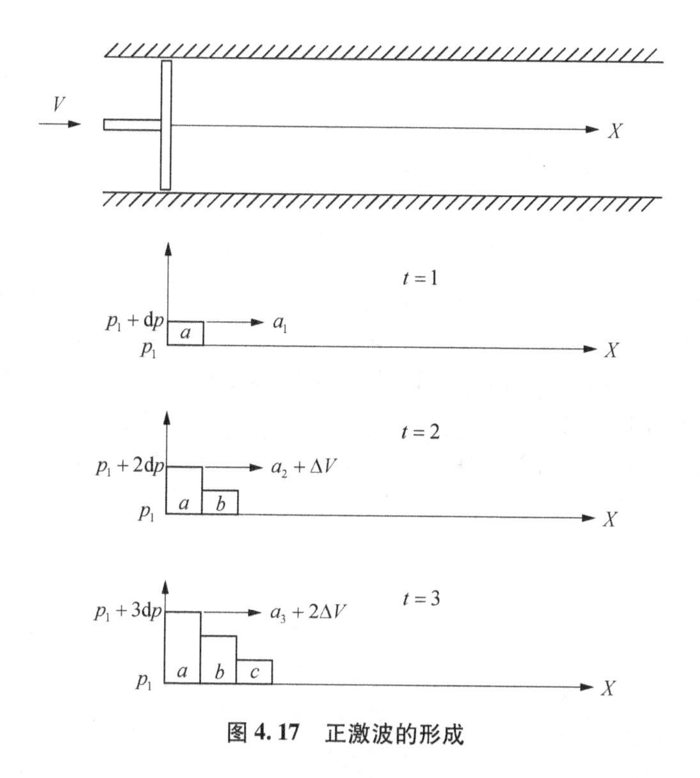

图 4.17　正激波的形成

的分布如图 4.17(b)所示。

在第二个阶段内，活塞速度增加为 $2\Delta V$，紧靠近活塞的 a 部分气体将受到进一步的压缩，其压力、温度、密度等参数继续增加而变为 $p_1 + 2\Delta p$、$T_1 + 2\Delta T$、$\rho_1 + 2\Delta\rho$，速度也由 ΔV 增大到 $2\Delta V$。

这第二道微弱扰动压缩波以新的声速 $a_2[a_2 = \sqrt{\gamma R(T + \Delta T)} > a_1]$ 相对于气体传播，另外，经过第一次压缩的气体还以速度 ΔV 向右运动，故第二道微弱压缩波相对于静止的管壁向右的绝对传播速度应为 $a_2 + \Delta V$，这时第一道波已传播到 b 部分气体，管内气体压力的分布如图 4.17(c)所示。

这样每经过一个微小的阶段，在气体中就多一道微弱压缩波，每道压缩波总是在经过了前几次压缩后的气体中以当地声速相对于气体向右传播的。气体每压缩一次，声速就增大一次，而且随着活塞速度的增大，活塞附近的气体跟活塞一起向右移动的速度也增加，所以后面产生的微弱压缩波的绝对传播速度必定比前面的快，经过 t 时间后，活塞的速度达到 V，在管内形成了 n 道微弱压缩波，因为后面的波比前面的波传播得快，所以，随着时间的推移，波与波之间的距离逐渐减小，最后，后面的波终于赶上前面的波，使所有的微弱压缩波都汇聚在一起，成为一道波，这道波就不再是微弱压缩波，而是强压缩波，也就是激波。以后只要活塞以不变的速度 V 运动，在管内就能维持一道强度不变的激波。这道激波的传播速度将大于未受扰动的气体中的声速 a_1，激波前后气体的压力、温度、密度等参数的数值有突跃的变化，气体的运动速度也由波前的零突增到与活塞相同的运动速度 V。

所以，激波也可以说是气体参数的一个突跃面，凡被激波扰动过的气体，参数的数值都发生一个突跃的变化。

应该指出,微弱压缩波可以叠加在一起,形成一道强的压缩波;但是,膨胀波不能叠加在一起,变成一道“强的”膨胀波。以活塞在长管中的运动为例,如果设活塞从初始位置起向左加速运动,那么管内的气体就要膨胀,压力、温度、密度等参数都要相应地降低,这时所产生的无数多道膨胀波,同压缩波一样,将自左向右以波前气体中的声速相对于气体传播,后面的波也总是在前面的波扰动过的气体中运动,但是,由于被膨胀波扰动过的气体,温度是下降的,所以后面一道膨胀波比前面一道膨胀波前气体的声速值要小,因此,越靠后的膨胀波的运动速度越小,后面的膨胀波永远也赶不上前面的膨胀波,各膨胀波之间的距离越来越大,故膨胀波不能像压缩波那样聚集或叠加在一起,形成一道强的膨胀波。

2. 完全气体中的正激波

研究正激波的主要目的之一是建立激波前后气流参数的变化关系,并对之求解。在此,先推导正激波的基本方程,再讨论完全气体中的正激波。

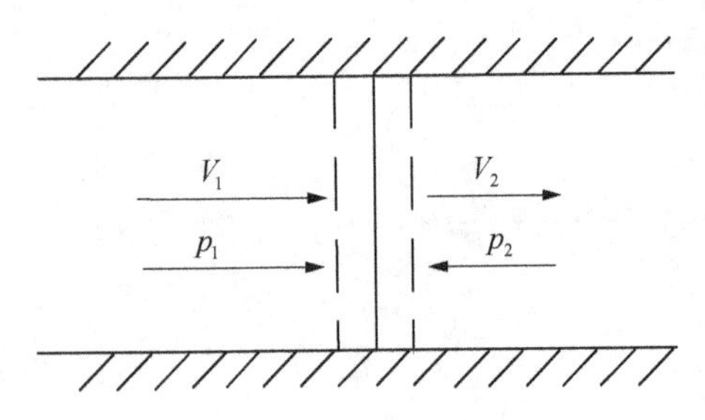

图 4.18　正激波的基本方程推导用图

1) 正激波的基本方程

图 4.18 表示运动气体中静止的正激波。选取包含正激波在内的虚线包围的空间为控制体。正激波两侧截面积相等,气体流过控制体与外界是绝热的,气体在激波前、后的流动是一维定常无黏性的绝能流。

此控制体的基本方程如下。

连续方程:

$$\rho_1 V_1 A = \rho_2 V_2 A$$

$$\rho_1 V_1 = \rho_2 V_2 \tag{4.8}$$

动量方程:

$$p_1 A + q_m V_1 = p_2 A + q_m V_2$$

$$J_1 = J_2 \tag{4.9}$$

能量方程:

$$h_1 + \frac{V_1^2}{2} = h_2 + \frac{V_2^2}{2}$$

$$h_1^* = h_2^* \tag{4.10}$$

2) 正激波的普朗特方程

根据气动函数:

$$J = \frac{\gamma + 1}{2\gamma} q_m a_{\mathrm{cr}} z(\lambda)$$

代入式(4.9):

$$\frac{\gamma+1}{2\gamma}q_{m2}a_{cr2}z(\lambda_2)=\frac{\gamma+1}{2\gamma}q_{m1}a_{cr1}z(\lambda_1)$$

由连续方程有

$$q_{m2}=q_{m1}$$

由能量方程有

$$T_2^*=T_1^*$$

且

$$a_{cr}=\sqrt{\frac{2\gamma R}{\gamma+1}T^*}$$

$$a_{cr2}=a_{cr1}$$

故

$$z(\lambda_2)=z(\lambda_1)$$

而

$$z(\lambda)=\lambda+\frac{1}{\lambda}$$

所以有

$$\lambda_2+\frac{1}{\lambda_2}=\lambda_1+\frac{1}{\lambda_1}$$

此方程的解有两个,即

$$\lambda_2=\lambda_1$$

$$\lambda_2=\frac{1}{\lambda_1}$$

其中,第一个解对于正激波来说没有意义,因为它表示气体流过正激波后其流速没发生变化。而第二个解才是正激波的解。该解可以改写成:

$$\lambda_1\lambda_2=1 \tag{4.11}$$

或

$$V_1V_2=a_{cr}^2 \tag{4.12}$$

这就是著名的普朗特方程。普朗特方程表明: 超声速气流经过正激波后,必然变为亚声速气流;而且,正激波前气流速度越大,激波越强,则激波后的气流速度越小。

3）正激波前后气流参数的变化

a）正激波前后气流马赫数的变化

根据普朗特方程和速度系数与马赫数之间的关系式,可以得到正激波前后气流马赫数之间的关系为

$$Ma_2^2 = \frac{1 + \frac{\gamma - 1}{2} Ma_1^2}{\gamma Ma_1^2 - \frac{\gamma - 1}{2}} \tag{4.13}$$

b）压力比

根据 $J = \frac{pA}{\gamma(\lambda)}$ 和 $J_1 = J_2$ 得

$$\frac{p_2}{p_1} = \frac{\gamma(\lambda_2)}{\gamma(\lambda_1)} = \frac{\lambda_1^2 - B}{1 - B\lambda_1^2} \tag{4.14}$$

式中,

$$B = \frac{\gamma - 1}{\gamma + 1}$$

c）温度比

根据

$$T_1^* = T_2^*$$

考虑到:

$$\frac{T}{T^*} = \tau(\lambda)$$

得

$$\frac{T_2}{T_1} = \frac{\tau(\lambda_2)}{\tau(\lambda_1)} = \frac{1 - B/\lambda_1^2}{1 - B\lambda_1^2} \tag{4.15}$$

d）密度比

由式(4.8)有

$$\frac{\rho_2}{\rho_1} = \frac{V_1}{V_2} = \frac{V_1/a_{cr}}{V_2/a_{cr}} = \frac{\lambda_1}{\lambda_2} = \lambda_1^2 \tag{4.16}$$

e）总压比

根据动量方程 $J_1 = J_2$ 及气动函数 $J = p^* A f(\lambda)$，流量方程 $q_m = K \frac{p^*}{\sqrt{T^*}} A q(\lambda)$ 有

$$\frac{p_2^*}{p_1^*}=\frac{f(\lambda_1)}{f(\lambda_2)}=\frac{q(\lambda_1)}{q(\lambda_2)} \tag{4.17}$$

f）熵的变化

根据定比热完全气体熵的计算公式有

$$\Delta s = c_p \ln\frac{T_2^*}{T_1^*} - R\ln\frac{p_2^*}{p_1^*} = - R\ln\sigma \tag{4.18}$$

由式(4.18)可以看出,超声速气流通过正激波后熵增加,表现为气流的总压下降。

以上参数的关系也可以用 Ma_1 表示:

$$\frac{p_2}{p_1}=\frac{2\gamma}{\gamma+1}Ma_1^2 - B \tag{4.19}$$

$$\frac{T_2}{T_1}=\left(\frac{2\gamma}{\gamma+1}Ma_1^2 - B\right)\left[B+\frac{2}{(\gamma+1)Ma_1^2}\right] \tag{4.20}$$

$$\frac{\rho_2}{\rho_1}=\frac{V_1}{V_2}=\frac{(\gamma+1)Ma_1^2}{2+(\gamma-1)Ma_1^2} \tag{4.21}$$

$$\frac{p_2^*}{p_1^*}=\left\{\left[B+\frac{2}{(\gamma+1)Ma_1^2}\right]^{-\gamma}\left[\frac{2\gamma}{\gamma+1}Ma_1^2 - B\right]\right\}^{\frac{1}{\gamma-1}} \tag{4.22}$$

这样,只要已知正激波前的气流参数,就可以根据这些公式计算正激波后气流的各种参数。

4）兰金–于戈尼奥方程

兰金–于戈尼奥方程给出了激波前后气流静压比 p_2/p_1 和密度比 ρ_2/ρ_1 之间的关系:

$$\begin{aligned}\frac{p_2}{p_1}&=\frac{\rho_2 RT_2}{\rho_1 RT_1}=\frac{\rho_2}{\rho_1}\cdot\frac{1-B/\lambda_1^2}{1-B\lambda_1^2}\\&=\frac{\rho_2}{\rho_1}\cdot\frac{1-B\rho_1/\rho_2}{1-B\rho_2/\rho_1}\end{aligned} \tag{4.23}$$

式(4.23)就是兰金–于戈尼奥方程。图 4.19 是 $\gamma=1.40$ 的定比热完全气体的兰金–于戈尼奥曲线和定熵线。从图中可以看出:激波强度越小($p_2/p_1\to 1$),兰金–于戈尼奥曲线越靠近定熵线,激波损失越小。

当 $\rho_2/\rho_1 = 1/B$ 时,p_2/p_1 达到无限大,也就是说,即使是经过最强的激波压缩,气体的密度的变化也不大于 $\dfrac{\rho_2}{\rho_1}=\dfrac{\gamma+1}{\gamma-1}$。

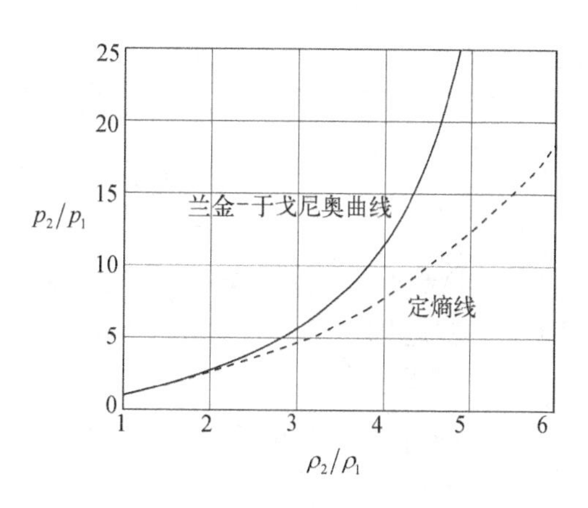

图 4.19　兰金–于戈尼奥曲线和定熵线

5）瑞利皮托管方程

皮托管可通过测量气流的总压和静压来

确定气流的速度,但在飞机超声速飞行中,来流的总压很难测得。如图 4.20(a)所示,当气体以亚声速流向皮托管时,气体是定熵地减速到皮托管入口的驻点处,所以皮托管测出的总压就是气流的真实总压。然而,当气体以超声速流向皮托管时,如图 4.20(b)所示,气流在皮托管前形成一道激波,由于皮托管正前方的那段激波的曲率半径很大,故这段激波可以认为是正激波,当气流经过正激波后,气体又定熵地减速到皮托管入口处,这时皮托管测出的总压是正激波后的总压 p_2^*。

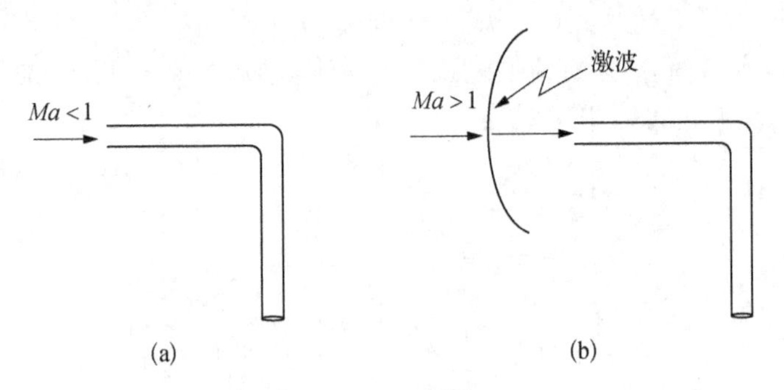

图 4.20　皮托管

由于

$$\frac{p_2^*}{p_1}=\frac{p_2^*}{p_2}\cdot\frac{p_2}{p_1}$$

$$\frac{p_2}{p_1}=\frac{2\gamma}{\gamma+1}Ma_1^2-B$$

$$\frac{p_2^*}{p_2}=\left(1+\frac{\gamma-1}{2}Ma_2^2\right)^{\frac{\gamma}{\gamma-1}}$$

$$Ma_2^2=\frac{1+\dfrac{\gamma-1}{2}Ma_1^2}{\gamma Ma_1^2-\dfrac{\gamma-1}{2}}$$

联合这些关系式,得

$$\frac{p_2^*}{p_1}=\frac{\gamma+1}{2}Ma_1^2\left[\frac{\gamma+1}{2}Ma_1^2\Big/\left(\frac{2\gamma}{\gamma+1}Ma_1^2-B\right)\right]^{\frac{1}{\gamma-1}} \tag{4.24}$$

式(4.24)称为瑞利皮托管方程。飞机的超声速马赫数可以通过式(4.24)的关系,由测量得到的正激波后的 p_2^* 与来流的静压 p_1 计算得到。

6) 正激波表

正激波波前波后的参数比是 γ 和来流马赫数 Ma_1 的函数。当 γ = 常数时,就只是来流马赫数 Ma_1 的函数。为了使用方便,在附录五中列出了 $\gamma=1.40$ 的完全气体的正激波表,以供查用。

例 4.3　正激波以 700 m/s 的速度在静止的空气中传播，静止空气的压力为 1.0133×10^5 Pa，温度为 300 K，求被激波扰动后的空气的马赫数、压力和速度。

解：采用与正激波一起运动的坐标系。相对于这一运动坐标系，激波静止不动，空气以同样的速度 $V_1=700$ m/s 流向激波，所以激波前的空气马赫数为

$$Ma_1=\frac{V_1}{a_1}=\frac{V_1}{\sqrt{\gamma RT_1}}=\frac{700}{\sqrt{1.4\times287\times300}}=2.016$$

查正激波表有

$$Ma_2=0.5747,\ \frac{p_2}{p_1}=4.5727,\ \frac{T_2}{T_1}=1.7002,\ \frac{V_1}{V_2}=2.6896$$

所以

$$p_2=\frac{p_2}{p_1}\times p_1=4.5727\times1.0133\times10^5=4.63\times10^5\ \text{Pa}$$

$$T_2=\frac{T_2}{T_1}\times T_1=1.7002\times300=510\ \text{K}$$

$$V_2=\frac{V_2}{V_1}\times V_1=\frac{700}{2.6896}=260\ \text{m/s}$$

在以上计算中，Ma_2 和 V_2 是相对于激波（运动坐标系）的马赫数和流动速度，对于静止的绝对坐标系来说，正激波后的速度与马赫数为

$$V=V_1-V_2=700-260=440\ \text{m/s}$$

$$Ma_2=\frac{V_2}{a_2}=\frac{V_2}{\sqrt{\gamma RT_2}}=\frac{440}{\sqrt{1.4\times287\times510}}=0.97$$

4.3.3　平面斜激波

1. 斜激波的形成

1）超声速气流流过内折壁及楔形体

在上一节中已介绍过超声速气流流过如图 4.12 所示的内凹壁时，曲壁上的每一点都相当于一个折点，因此，每一点都发出一道微弱压缩波，气流每经过一道微弱压缩波后其压力略有增加，速度略有下降，而且这无数多道微弱压缩波将会相交。同样把图 4.12 中的曲壁逐渐缩短，在极限的情况下，曲壁变成如图 4.21 所示的情况，这时所有的微弱压缩波都聚集在一起，而形成一道斜激波。

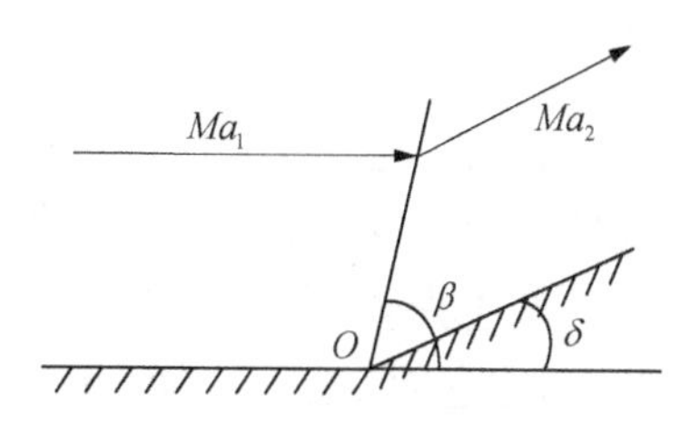

图 4.21　斜激波

气流经过斜激波后折转 δ 角，其压力突然提高，速度突然降低；斜激波也像正激波一样，是个不可逆的过程。因此，气流通过斜激波后，熵值突然增加，总压突然下降，

但总焓保持不变。

2）超声速气流流向高压区

除了超声速气流流过内折壁或楔形体时可以产生斜激波外，超声速气流流向高压区也可以产生斜激波，如超声速气流在喷管出口形成的斜激波。

3）激波角

斜激波的波面与来流方向的夹角称作激波角，用符号 β 表示。它的变化范围为

当 $\beta = \pi/2$ 时，为正激波，强度最大；

当 $\beta = \arcsin(1/Ma_1)$ 时，为马赫波，强度最弱；

当 $(\pi/2) > \beta > \arcsin(1/Ma_1)$ 时，为斜激波。

2. 完全气体中的斜激波

1）基本方程式

图 4.22 表示超声速气流流过楔形体时产生的斜激波，图中 δ 是楔形体的半顶角，β 是激波角。

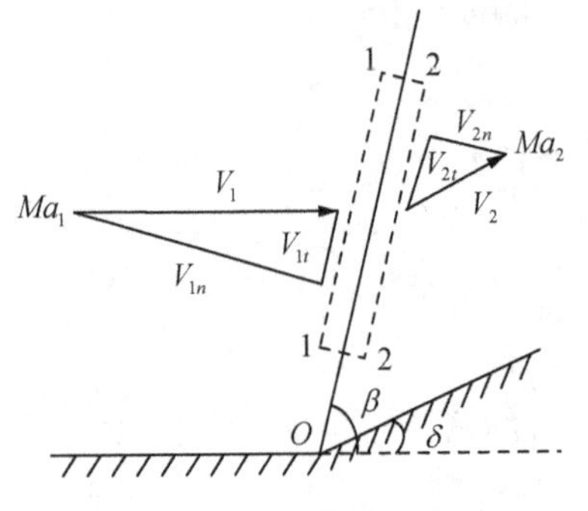

图 4.22　斜激波的速度变化

沿斜激波取控制体 1122，将斜激波波前波后的气流速度分解为平行于波面的分量 V_{1t}，V_{2t} 和垂直于波面的分量 V_{1n}，V_{2n}。

对该控制体施用基本方程：

连续方程：

$$\rho_1 V_{1n} = \rho_2 V_{2n} \tag{4.25}$$

动量方程：

$$p_1 + \rho_1 V_{1n}^2 = p_2 + \rho_2 V_{2n}^2 \tag{4.26a}$$

$$\rho_1 V_{1n}(V_{2t} - V_{1t}) = 0 \tag{4.26b}$$

能量方程：

$$h_1 + \frac{V_{1n}^2}{2} = h_2 + \frac{V_{2n}^2}{2} \tag{4.27}$$

2）斜激波的特点

由动量方程可知：

$$V_{2t} = V_{1t}$$

即超声速气流经过斜激波气流平行于波面的速度分量保持不变，只有垂直于波面的速度分量发生变化。

上述基本方程与正激波的基本方程相比较，可以看出：只要把后者的 V_2、V_1 改成 V_{2n}、V_{1n} 它们就完全一样。因此，斜激波可以看作是法向的正激波。对于正激波的结论都适用于斜激波，只要把 V_2、V_1 改成 V_{2n}、V_{1n} 就可以。

3）斜激波的计算

a）用正激波计算斜激波的换算公式

换算原则：V 换成 V_n，静参数不变。

Ma 的换算：

$$Ma=\frac{V}{\sqrt{\gamma RT}}\rightarrow\frac{V_n}{\sqrt{\gamma RT}}=Ma_n=Ma\sin\beta$$

T^* 的换算：
$$T^*=T+\frac{V^2}{2c_p}\rightarrow T+\frac{V_n^2}{2c_p}=T_n^*$$

$$\frac{T_n^*}{T^*}=\frac{T+\frac{V_n^2}{2c_p}}{T+\frac{V^2}{2c_p}}=1+\frac{\frac{V_n^2}{2c_p}-\frac{V^2}{2c_p}}{T+\frac{V^2}{2c_p}}=1-\frac{\frac{V_t^2}{2c_p}}{T+\frac{V^2}{2c_p}}=1-\frac{\frac{V_t^2}{a_{\mathrm{cr}}^2}}{\frac{2c_pT}{a_{\mathrm{cr}}^2}+\frac{V^2}{a_{\mathrm{cr}}^2}}=1-\frac{\gamma-1}{\gamma+1}\cdot\frac{V_t^2}{a_{\mathrm{cr}}^2}$$

a_{cr} 的换算：
$$a_{\mathrm{cr}}=\sqrt{\frac{2\gamma}{\gamma+1}RT^*}\rightarrow\sqrt{\frac{2\gamma}{\gamma+1}RT_n^*}=a_{\mathrm{cr},n}$$

$$a_{\mathrm{cr},n}=\sqrt{\frac{2\gamma}{\gamma+1}RT^*}\times\sqrt{\frac{T_n^*}{T^*}}=a_{\mathrm{cr}}\sqrt{1-\frac{\gamma-1}{\gamma+1}\cdot\frac{V_t^2}{a_{\mathrm{cr}}^2}}$$

λ 的换算：

$$\lambda=\frac{V}{a_{\mathrm{cr}}}\rightarrow\frac{V_n}{a_{\mathrm{cr},n}}=\lambda_n$$

b）斜激波的计算公式

对于正激波，普朗特关系式为 $\lambda_1\lambda_2=1$。

根据 λ 的换算公式，对于斜激波，普朗特关系式为

$$\lambda_{1n}\lambda_{2n}=1 \tag{4.28}$$

或

$$\frac{V_{1n}}{a_{\mathrm{cr},1n}}\cdot\frac{V_{2n}}{a_{\mathrm{cr},2n}}=1$$

$$V_{1n}V_{2n}=a_{\mathrm{cr},1n}a_{\mathrm{cr},2n}=a_{\mathrm{cr}}^2-\frac{\gamma-1}{\gamma+1}V_t^2 \tag{4.29}$$

这时 $\lambda_{1n}>1$，$\lambda_{2n}<1$。可以肯定 $\lambda_2<\lambda_1$，但不能肯定 $\lambda_2<1$ 还是 $\lambda_2>1$。因为这时还有平行于波面的速度分量 V_t 一项，即使 $\lambda_{2n}<1$，它与 V_{2t}，按几何合成后，有可能大于 1。因此，超声速气流通过斜激波后仍可以是超声速气流。

斜激波前后参数的关系参考式(4.19)~式(4.21),有

压力比:

$$\frac{p_2}{p_1}=\frac{2\gamma}{\gamma+1}Ma_1^2\sin^2\beta-\frac{\gamma-1}{\gamma+1} \tag{4.30}$$

密度比:

$$\frac{\rho_2}{\rho_1}=\frac{(\gamma+1)Ma_1^2\sin^2\beta}{2+(\gamma-1)Ma_1^2\sin^2\beta} \tag{4.31}$$

温度比:

$$\frac{T_2}{T_1}=\left(\frac{2\gamma}{\gamma+1}Ma_1^2\sin^2\beta-B\right)\cdot\left[B+\frac{2}{(\gamma+1)Ma_1^2\sin^2\beta}\right] \tag{4.32}$$

总压比:

$$\frac{p_2^*}{p_1^*}=\frac{\left[\dfrac{(\gamma+1)Ma_1^2\sin^2\beta}{2+(\gamma-1)Ma_1^2\sin^2\beta}\right]^{\frac{\gamma}{\gamma-1}}}{\left[\dfrac{2\gamma}{(\gamma+1)}Ma_1^2\sin^2\beta-B\right]^{\frac{1}{\gamma-1}}} \tag{4.33}$$

斜激波前后马赫数之间的关系:

$$Ma_2^2=\frac{(\gamma-1)Ma_1^2+2}{2\gamma Ma_1^2\sin^2\beta-(\gamma-1)}+\frac{2Ma_1^2\cos^2\beta}{(\gamma-1)Ma_1^2\sin^2\beta+2} \tag{4.34}$$

下面计算气体流过斜激波时的折转角。

从斜激波前后的速度三角形可以看出:

$$V_{2t}=\frac{V_{2n}}{\tan(\beta-\delta)},\ V_{1t}=\frac{V_{1n}}{\tan\beta}$$

由于

$$V_{2t}=V_{1t}$$

所以

$$\frac{V_{2n}}{\tan(\beta-\delta)}=\frac{V_{1n}}{\tan\beta}$$

$$\frac{V_{2n}}{V_{1n}}=\frac{\tan(\beta-\delta)}{\tan\beta}$$

又由连续方程有

$$\frac{V_{2n}}{V_{1n}} = \frac{\rho_1}{\rho_2}$$

考虑到斜激波前后密度比的关系式,可以得到:

$$\tan\delta = \frac{Ma_1^2\sin^2\beta - 1}{\tan\beta\left[Ma_1^2\left(\frac{\gamma + 1}{2} - \sin^2\beta\right) + 1\right]} \tag{4.35}$$

3. 斜激波的图线

反映激波前后气流参数关系的曲线,统称为“激波图线”。值得指出的是:运用激波图线不仅可以直接解具体问题,更有意义的是,通过分析这些图线,可以比较直观地认识激波前后气流参数关系变化的某些趋势和规律。下面分析几组常用的激波图线。

1) 激波角 β 与来流马赫数 Ma_1 和壁面折转角 δ 之间的关系

根据式(4.35)可以作出 β 与 Ma_1 和 δ 的关系曲线,如图 4.23 所示。

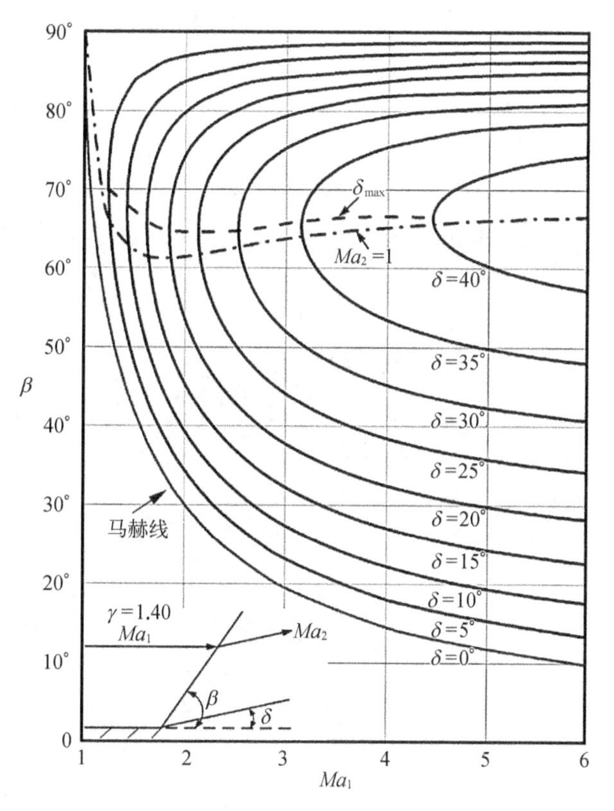

图 4.23　β 与 Ma_1 和 δ 之间的关系

图中以 Ma_1 为横坐标,β 为纵坐标,每给定一个 δ,就可以做出一条 β 与 Ma_1 的关系曲线。这样,在解具体问题时,给出 δ、β、Ma_1 这三个量中的任意两个量,就可以从图线中查出第三个量。

从图中可以看出如下一些规律:

(1) 强斜激波与弱斜激波。

在相同的来流马赫数 Ma_1 下,对于同一个波后气流折转角 δ,有两个不同的激波角 β 的值与之对应。从激波强度公式 p_2/p_1 中可以看出,在相同的波前马赫数 Ma_1 下,β 值越大,p_2/p_1 的值越高,即激波越强。因此,这种情况表明:

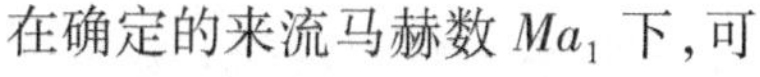

在确定的来流马赫数 Ma_1 下,可以有两种不同强度的激波,使激波后的气流产生同一个气流折转角 δ,其中一种是 β 角较大的斜激波,因为其强度较大,称为强斜激波;另一种是 β 角较小的斜激波,因为其强度较小,故称为弱斜激波。

强斜激波后的气流为亚声速气流,而弱斜激波后的气流可以是亚声速气流也可以是超声速气流。

那么,在实际问题中究竟出现哪一种情况呢?这要视具体问题而定。

实际观察表明：超声速气流绕物体流动，所产生的附体斜激波总是弱斜激波。超声速气流流向高压区所形成的斜激波，既有可能是弱斜激波，也有可能是强斜激波。究竟产生哪一种，取决于激波前后压力比的大小。

（2）不同的变化趋势。

气流通过强斜激波与通过弱斜激波，其参数变化的某些趋势是不同的。例如：在确定的来流马赫数 Ma_1 下，气流通过弱斜激波时，波后气流折转角 δ 随激波角 β 的减小而减小；但对于强斜激波，波后气流折转角 δ 随激波角 β 的减小而增大。又如，对于确定的气流折转角 δ，弱斜激波的激波角 β 随来流马赫数 Ma_1 的增大而减小；但对于强斜激波，激波角 β 随来流马赫数 Ma_1 的增大而增大。

（3）最大折转角与最小来流马赫数。

由图 4.23 可以看出：在确定的来流马赫数 Ma_1 下，β 角从可能具有的最小值 μ（马赫波）增大到可能具有的最大值 90°（正激波）时，波后气流折转角 δ 起初由 0°随 β 角的增大而增大（弱斜激波的情况），达到某个最大值 δ_{max}，之后，δ 角又随 β 角的增大而减小（强斜激波的情况），当 β 角增大到 90°时，δ 角又减小到 0°。因此，对应于一个来流马赫数 Ma_1，气流折转角 δ 有一个最大值 δ_{max}，称为该 Ma_1 值下的最大折转角。

在确定的 Ma_1 下，若 $\delta > \delta_{max}$，则在图 4.23 上找不到这种情况下的附体斜激波的解。事实上此时已破坏了附体激波存在的条件，激波已成为脱体激波，如图 4.24 所示。

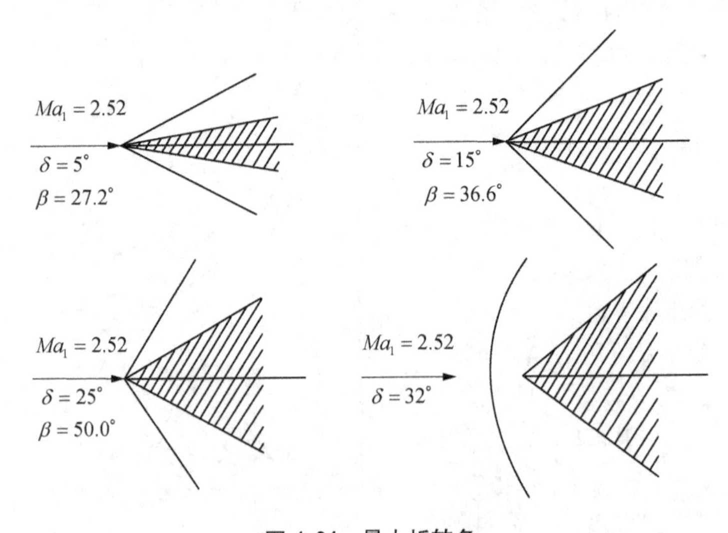

图 4.24　最大折转角

对于 $Ma_1 = 2.52$：

当 $\delta = 5°$ 时，$\beta = 27.2°$；

当 $\delta = 15°$ 时，$\beta = 36.6°$；

当 $\delta = 25°$ 时，$\beta = 50.0°$；

当 $\delta = 32°$ 时，成为脱体激波。

脱体激波沿波面激波角逐渐变化，正对楔形体前缘的部分接近于正激波，沿波面向两侧激波角逐渐减小，激波强度逐渐减弱，在离物体较远处，激波退化为马赫波。故脱体激波为非等强度激波。因此,对于一定的来流马赫数,在脱体激波的不同位置上,气流参数的变化是不一样的。沿脱体激波,气流参数的变化包括了斜激波解的整个范围。脱体激波后的流场不是单纯的超声速流场,在物体前缘附近有一个亚声速区域,其他区域是超声速的。既然脱体激波为非等强度激波,那么沿激波的熵增也不一样,故波后不再是均熵流。

在楔形体的半顶角不变的情况下,若想使脱体激波重新附体,只有增大来流马赫数 Ma_1 才有可能。因为 Ma_1 的增大使相应的 δ_{max} 值变大,当 δ_{max} 大于楔形体的半顶角时,激波会重新附体。因此,可以说,对于给定的波后折转角 δ,存在着一个最小的来流马赫数 $(Ma_1)_{min}$,这点从图 4.23 中也可以看出来。

当 $Ma_1 < (Ma_1)_{min}$ 时,激波也将脱体,如图 4.25 所示。

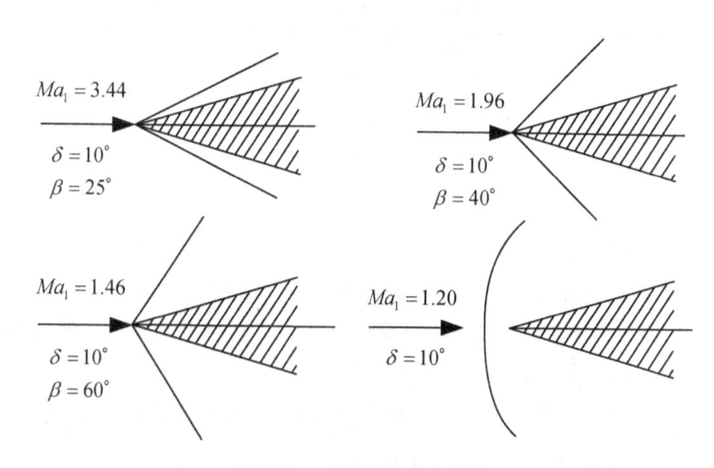

图 4.25　最小来流马赫数

对于 $\delta = 10°$:

当 $Ma_1 = 3.44$ 时, $\beta = 25°$;

当 $Ma_1 = 1.96$ 时, $\beta = 40°$;

当 $Ma_1 = 1.46$ 时, $\beta = 60°$;

当 $Ma_1 = 1.20$ 时,成为脱体激波。

连接各 Ma_1 下的 δ_{max} 值点,或者说连接各 δ 下的 $(Ma_1)_{min}$ 值点,得到图 4.23 中的虚线,此虚线将 $\beta = f(Ma_1, \delta)$ 曲线分为上下两支,下支对应弱斜激波,上支对应强斜激波。计算时,根据具体情况分别查曲线的上支或下支。

(4) 波后马赫数等于 1 时的激波角。

图 4.23 中还存在着一个特殊的 β 值,用 β_a 来表示,此时波后的气流马赫数 $Ma_2 = 1$。

最后,从图 4.23 中还可以看到 $\beta = \mu$ 和 $\beta = 90°$ 分别是弱斜激波与强斜激波的两种极限情况,前者对应于微弱扰动波或定熵波;后者对应的是正激波。

2) 波后波前总压比与来流马赫数和壁面折转角之间的关系

根据式(4.33)可以做出 p_2^*/p_1^* 与 Ma_1 和 β 的关系曲线,但 β 又是 Ma_1 和 δ 的函数,所以给定 Ma_1 和 δ 后,可以计算出 β,再由 Ma_1 和 β 计算出 p_2^*/p_1^*,于是可以作出 p_2^*/p_1^* 与

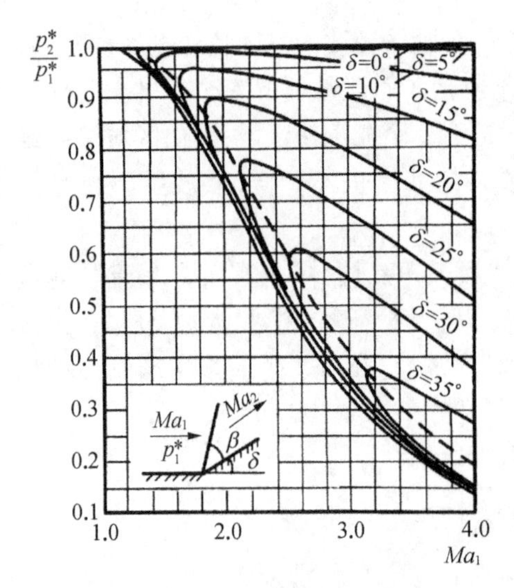

图 4.26　总压比与折转角、来流马赫数的关系

Ma_1 和 δ 的关系曲线,如图 4.26 所示。

由图 4.26 可以看出:给定来流马赫数 Ma_1 和折转角 δ,可以有两个总压比 p_2^*/p_1^* 的值,较小的对应于强斜激波,较大的对应于弱斜激波。

在确定的 δ 值下,不论是强斜激波还是弱斜激波,除 $Ma_1=(Ma_1)_{\min}$ 附近外,p_2^*/p_1^* 随来流马赫数 Ma_1 的增大而减小。p_2^*/p_1^* 的大小反映着气流通过激波时熵增的程度,它与激波强度直接相关。从图 4.26 中可以看出,在同一来流马赫数 Ma_1 和折转角 δ 下,强斜激波的 p_2^*/p_1^* 值比弱斜激波的 p_2^*/p_1^* 值要低,这表明:气流通过强斜激波时机械能的损失和熵的增量比通过弱斜激波时要大。

图中虚线是 $\delta=\delta_{\max}$ [或 $Ma_1=(Ma_1)_{\min}$]点的连线。

3）波后波前压力比与来流马赫数和壁面折转角之间的关系

根据式(4.30)可以作出 p_2/p_1 与 Ma_1 和 β 的关系曲线,但 β 又是 Ma_1 和 δ 的函数,所以给定 Ma_1 和 δ 后,可以计算出 β,再由 Ma_1 和 β 计算出 p_2/p_1,于是可以作出 p_2/p_1 与 Ma_1 和 δ 的关系曲线,如图 4.27 所示。

由图 4.27 可以看出:给定来流马赫数 Ma_1 和折转角 δ,可以有两个不同激波强度 p_2/p_1 的值,较大的对应于强斜激波,较小的对应于弱斜激波。

在确定的 δ 值下,强斜激波的激波强度 p_2/p_1 随来流马赫数 Ma_1 的增大而增大;弱斜激波的激波强度 p_2/p_1,除了在 $Ma_1=(Ma_1)_{\min}$ 附近以外,p_2/p_1 随来流马赫数 Ma_1 的增加而增大。但在 $Ma_1=(Ma_1)_{\min}$ 附近弱斜激波的强度 p_2/p_1 随来流马赫数 Ma_1 的增加反而有所降低。这是为什么呢?从式(4.30)可以看出:激波强度 p_2/p_1 的变化取决于 $Ma_1\sin\beta$,即取决于 Ma_1 和 β 这两个变量。图 4.23 表明,在 δ 值确定的条件下,对于强斜激波,随着来流马赫数 Ma_1 的增加,β 也是增大的,所以 $Ma_1\sin\beta$ 随着来流马赫数 Ma_1 的增加而增加,故激波强度 p_2/p_1 随来流马赫数 Ma_1 的增加而加大;但对于弱斜激波,随着来流马赫数 Ma_1 的增加,β 是减小的,所以来流马赫数 Ma_1 加大了,$Ma_1\sin\beta$ 是加大还是减小,这要视具体情况而定,从图 4.27 可以看出,对于给定了的 δ,$Ma_1=(Ma_1)_{\min}$ 附近,弱斜激波的激波角 β 随 Ma_1 的增加而迅速减小,即 $\sin\beta$ 减小比 Ma_1 增大的趋势更显著,因此,在 $Ma_1\sin\beta$ 随 Ma_1 和 $\sin\beta$ 的变化中,$\sin\beta$ 的减小起主导作用,所以 $Ma_1\sin\beta$ 随 Ma_1 的增大而减小,故弱斜激波的激波强度 p_2/p_1 随来流马赫数 Ma_1 的增加反而降低。图 4.23 又表明,对于给定的 δ 值下,Ma_1 再继续加大,β 的下降就不那么显著,这时 Ma_1 的加大起主导作用,所以 $Ma_1\sin\beta$ 随 Ma_1 的增大而加大,于是弱斜激波的激波强度 p_2/p_1 又随来流马赫数 Ma_1 的增加而上升。总之,在确定的 δ 值下,不论是强斜激波还是弱斜激波,除 $Ma_1=(Ma_1)_{\min}$ 附近外,激波强度 p_2/p_1 随来流马赫数 Ma_1 的加大而增强。

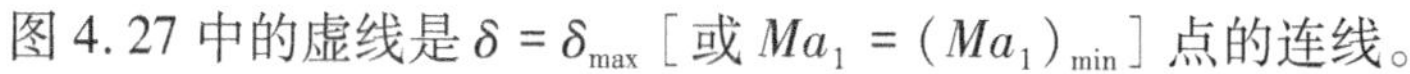

图 4.27 中的虚线是 $\delta=\delta_{max}$ [或 $Ma_1=(Ma_1)_{min}$] 点的连线。

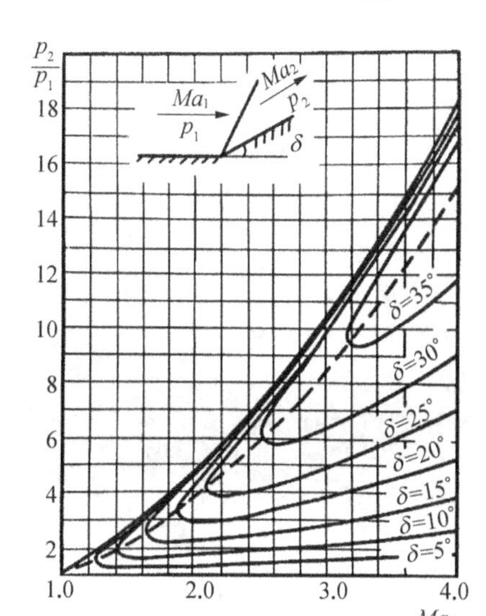

图 4.27　压力比与折转角、来流马赫数的关系

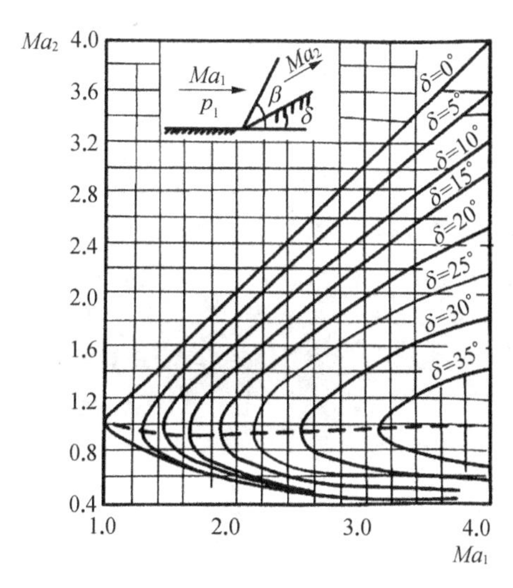

图 4.28　波后马赫数与折转角和来流马赫数的关系

4）波后马赫数与来流马赫数和壁面折转角之间的关系

根据式(4.34)，类似地可以作出 Ma_2 与 Ma_1 和 δ 的关系曲线，如图 4.28 所示。

图 4.28 中虚线以上是弱斜激波，虚线以下是强斜激波。

在确定的折转角 δ 下，强斜激波波后马赫数 Ma_2 随来流马赫数 Ma_1 的增加而减小；而弱斜激波波后马赫数 Ma_2 随来流马赫数 Ma_1 的增加而增加。

强斜激波波后的气流是亚声速的（$Ma_2<1$），而弱斜激波波后除了在 $Ma_1=(Ma_1)_{min}$ 附近外，都是超声速的（$Ma_2>1$）。

图中虚线是 $\delta=\delta_{max}$ [或 $Ma_1=(Ma_1)_{min}$]点的连线。

4. *用正激波表计算斜激波*

根据前面推导出的正激波与斜激波的换算公式，可以利用正激波表来计算斜激波，其步骤是：

（1）求激波角 β：

根据给定的来流马赫数 Ma_1 和折转角 δ 查斜激波表(附录六)，可以得到 β 角与 Ma_2；

（2）计算 Ma_{1n}：

$$Ma_{1n}=\frac{V_{1n}}{\sqrt{\gamma RT_1}}=\frac{V_1\sin\beta}{\sqrt{\gamma RT_1}}=Ma_1\sin\beta$$

（3）用 Ma_{1n} 代替 Ma_1，查正激波表；

（4）所查得的静参数的比值即为斜激波的解；

（5）所查得的总压恢复系数 $\sigma=p_2^*/p_1^*$ 也为斜激波的解；

（6）所查得的 Ma_2 即为 Ma_{2n}，利用下式计算斜激波后的马赫数 Ma_2

$$Ma_2 = \frac{Ma_{2n}}{\sin(\beta - \delta)}$$

例 4.4　$Ma_1 = 3.0$ 的空气，流过顶角为 40°的楔形体，气体的静压为 $p_1 = 1 \times 10^4$ Pa，静温为 $T_1 = 216.5$ K，求激波后的静压 p_2、静温 T_2、速度 V_2、马赫数 Ma_2 和总压恢复系数 $\sigma = p_2^* / p_1^*$。

解：超声速气流绕楔形体流动出现的附体激波总是弱斜激波，因此，可以从附录六斜激波表中查得结果。

由 $Ma_1 = 3.0$，$\delta = 20°$ 查得 $\beta = 37.76°$，$p_2/p_1 = 3.771$，$Ma_2 = 1.994$，则有

$$p_2 = \frac{p_2}{p_1} p_1 = 3.771 \times 1 \times 10^4 = 3.771 \times 10^4 \text{ Pa}$$

由连续方程有

$$\frac{\rho_2}{\rho_1} = \frac{V_{1n}}{V_{2n}} = \frac{\tan \beta}{\tan(\beta - \delta)} = \frac{\tan 37.76°}{\tan(37.76° - 20°)} = 2.42$$

由状态方程有

$$\rho_1 = \frac{p_1}{RT_1}$$

$$\begin{aligned}\rho_2 &= \frac{\rho_2}{\rho_1}\rho_1 = \frac{\rho_2}{\rho_1} \times \frac{p_1}{RT_1} \\ &= 2.42 \times \frac{1 \times 10^5}{287 \times 216.5} = 0.3895 \text{ kg/m}^3\end{aligned}$$

$$T_2 = \frac{p_2}{R\rho_2} = \frac{3.771 \times 10^4}{287 \times 0.3895} = 337 \text{ K}$$

$$\begin{aligned}\frac{V_2}{V_1} &= \frac{V_{2n}}{V_{1n}} \cdot \frac{\sin \beta}{\sin(\beta - \delta)} = \frac{\rho_1}{\rho_2} \cdot \frac{\sin \beta}{\sin(\beta - \delta)} \\ &= \frac{\sin 37.76°}{2.42 \times \sin(37.76° - 20°)} = 0.83\end{aligned}$$

$$V_1 = Ma_1 a_1 = Ma_1 \times \sqrt{\gamma R T_1} = 3 \times \sqrt{1.4 \times 287 \times 216.5} = 885 \text{ m/s}$$

$$V_2 = \frac{V_2}{V_1} V_1 = 0.83 \times 885 = 735 \text{ m/s}$$

由气动函数表查得 $\pi(Ma_1) = 0.0272$，$\pi(Ma_2) = 0.1291$，所以

$$\frac{p_2^*}{p_1^*} = \frac{p_2^*}{p_2} \cdot \frac{p_2}{p_1} \cdot \frac{p_1}{p_1^*} = \frac{1}{\pi(Ma_2)} \cdot \frac{p_2}{p_1} \cdot \pi(Ma_1) = \frac{3.771 \times 0.0272}{0.1291} = 0.7945$$

例 4.5　用正激波表计算例 4.4。

解：由于 $\beta = 37.76°$，故来流马赫数的法向分量为

$$Ma_{1n} = Ma_1 \sin\beta = 3 \times \sin 37.76 = 1.837$$

由正激波表查得 $Ma_{2n} = 0.6084$，

$$\frac{p_2}{p_1} = \frac{p_{2n}}{p_{1n}} = 3.7714,\ \frac{T_2}{T_1} = \frac{T_{2n}}{T_{1n}} = 1.5597,\ \frac{\rho_2}{\rho_1} = \frac{V_{1n}}{V_{2n}} = 2.4181,\ \frac{p_2^*}{p_1^*} = \frac{p_{2n}^*}{p_{1n}^*} = 0.7960$$

所以

$$p_2 = p_1 \frac{p_2}{p_1} = 3.7714 \times 10^4 \text{ Pa}$$

$$\rho_2 = \frac{\rho_2}{\rho_1} \cdot \frac{p_1}{RT_1} = 2.4181 \times \frac{10^4}{287 \times 216.5} = 0.3892 \text{ kg/m}^3$$

$$T_2 = \frac{T_2}{T_1} \cdot T_1 = 1.5597 \times 216.5 = 338 \text{ K}$$

$$Ma_2 = \frac{Ma_{2n}}{\sin(\beta - \delta)} = \frac{0.6084°}{\sin(37.76° - 20°)} = 1.995$$

$$V_2 = Ma_2 a_2 = 1.995 \times \sqrt{1.4 \times 287 \times 338} = 735 \text{ m/s}$$

例 4.6　求来流马赫数 $Ma_1 = 3.0$ 的空气流过如图 4.29 所示的壁面时的总压恢复系数 σ。

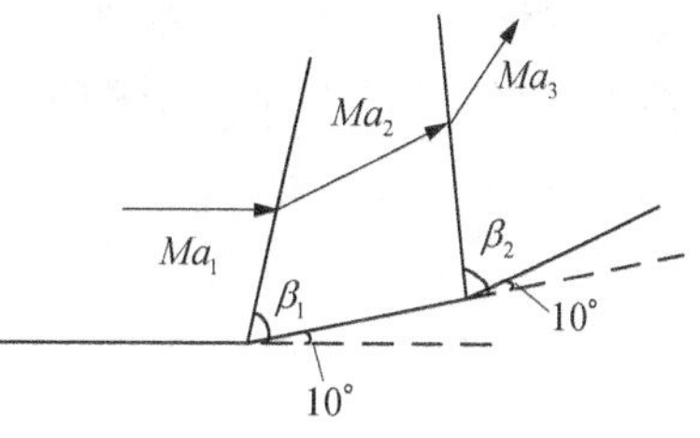

图 4.29　气流流过连续内折壁

解：由 $Ma_1 = 3.0$，$\delta = 10°$，查得

$$Ma_2 = 2.505,\ \frac{p_2}{p_1} = 2.055,\ \beta_1 = 27.38°$$

由 $Ma_2 = 2.505$，$\delta = 10°$，查得

$$Ma_3 = 2.086,\ \frac{p_3}{p_2} = 1.864,\ \beta_2 = 31.85°$$

由气动函数表查得

$$\frac{p_1}{p_1^*} = 0.0272,\ \frac{p_3}{p_3^*} = 0.112$$

$$\frac{p_3^*}{p_1^*} = \frac{p_3^*}{p_3} \cdot \frac{p_3}{p_2} \cdot \frac{p_2}{p_1} \cdot \frac{p_1}{p_1^*} = \frac{1.864 \times 2.055 \times 0.0272}{0.112} = 0.93$$

将例 4.6 的结果与上两题的结果相比较可以看出：在同一来流条件下，气流经过激波后向内折转相同的角度，通过若干道较弱的斜激波分次折转与通过较强的斜激波一次折转，总压恢复系数相差较大，分次折转可以获得较高的总压恢复系数。这是因为分次内折时，每道激波都较弱，整个流动过程的非定熵程度较小，所以虽经多次折转，但总过程仍

比通过一道较强的激波的熵增为小，故总压恢复系数较高。它的极限情况是：把折转分成无穷多次，每次折转一个微小的角度而总折转角不变，这时，将形成无穷多道定熵压缩波，气流通过这些定熵压缩波时其熵保持不变，故其总压恢复系数 σ 等于 1，即没有总压损失。

由此可以得出一个重要的结论：激波后的气流参数不但与来流参数和总的折转角有关，而且还与气流折转的方式有关。气流通过激波的这一特点，对于进行有关超声速流动问题的设计（如超声速进气道），是很重要的。

5. 斜激波的相交与反射

在许多问题中，自某一边界上发生的斜激波常常延伸到另外一个边界上而被反射。这另一边界可以是一个固体壁面，也可以是一股气体的接触面，从两处发出的斜激波也常常相交而相互作用，现在就从激波的基本性质出发，来讨论这些问题。

1）激波在直固体壁面上的反射

a）正常反射

如图 4.30 所示的气流通道，超声速气流在下壁面 A 点处遇到壁面内折 δ 角，则自 A 点产生一道斜激波，它与上壁面交于 B 点。气流通过斜激波 AB 后，向上折转 δ 角，与壁面 AC 相平行。AB 后的气流参数可依据来流参数如 Ma_1、p_1、T_1 等和折转角 δ 查激波图线得到。由于上壁面是平直的壁面，所以对 AB 波后的气流来说，相当于在上壁面的 B 点处遇到一个向下折的直壁，其折转角也是 δ，因此如果 AB 波后的气流马赫数 Ma_2 是大于 1 的，则在 B 点处将产生一道新的斜激波 BF，马赫数为 Ma_2 的超声速气流通过斜激波 BF 后，向下内折 δ 角，重新与来流方向平行，这种现象称为激波的反射。称 AB 波为入射波，BF 为反射波。反射波 BF 后的气流参数可由 BF 波前的气流马赫数 Ma_2 和折转角 δ 的值查激波图线得到。需要注意的是，这时由激波图线查到的激波角是反射波 BF 相对于 BF 波前（即 AB 波后）气流方向的夹角，BF 与初始来流方向的夹角等于 $\beta_2 - \delta$。

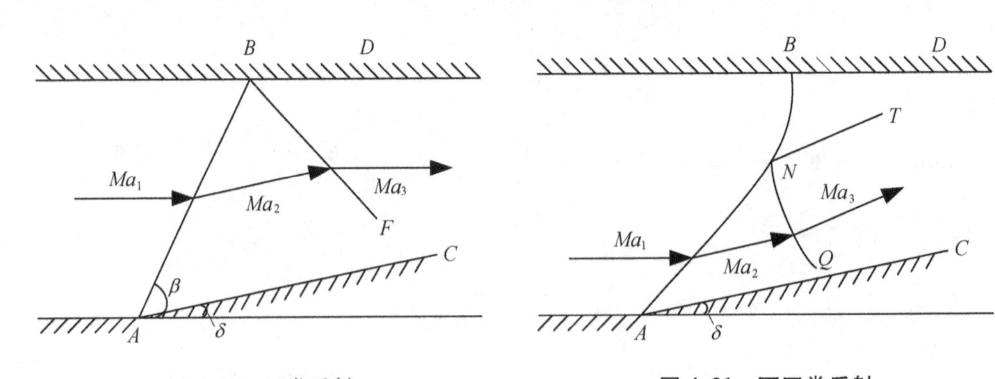

图 4.30　正常反射　　**图 4.31　不正常反射**

b）不正常反射

如果 δ 角大于 Ma_1 所对应的 δ_{max} 或 Ma_1 小于 δ 角所对应的 $(Ma)_{min}$，则不能产生上述的正常反射，而产生马赫反射，如图 4.31 所示的 λ 字形的激波。这时入射波的一部 AN 为直斜激波，另一部分 NB 为曲线激波，称作马赫激波。NB 在 B 点处与上壁面相垂直，$\beta = 90°$，$\delta = 0°$（正激波），波后气流与上壁面相平行，其余部分 $\beta < 90°$，波后气流仍然向上

折转一定的角度，$\delta \neq 0°$。由于从 N 到 B，随着激波角 β 的增大，δ 角的值逐渐减小，这正是强斜激波所具有的特点。由此可见，曲线激波 NB 各微段，是由强斜激波组成的，波后必定是亚声速流动。

在马赫激波 NB 与入射斜激波 AN 的交点处，激发出反射波 NQ，NQ 也是曲线激波。

当 NB 波后的气流与反射波 NQ 后的气流汇合时，形成如图 4.31 中所示的交汇面 NT。在交汇面两侧，气流的压力相等，流动方向一致。超声速气流经过 AN 和 NQ 两道激波与经过 NB 一道激波，其总压损失一般是不同的，因此交汇面两侧的气流马赫数和速度系数是不相同的。又由于交汇面两侧的总温相等，故临界声速相同，所以两侧的流速是不相等的，因此，交汇面 NT 是一个速度滑移面。

2）斜激波的相交

a）正常相交

超声速气流沿图 4.32 所示的上、下壁面分别内折 δ_1 和 δ_2 的平面管道流动时，在折转处 A 和 B 各产生一道斜激波 AC 和 BC，这两道异侧激波交于点 C，Ⅰ区气流穿过 AC 后，向上折转 δ_1 角进入Ⅱ区；Ⅰ区的另一部分气流穿过 BC 后，向下折转 δ_2 角进入Ⅲ区；Ⅱ区和Ⅲ区的气流无论是流动方向还是压力的大小均不相同，它们于 C 点相遇，相互压缩形成两道新的激波 CD 和 CE。这种现象称为激波的相交。Ⅱ区和Ⅲ区的气流通过 CE 和 CD 后汇合，在交汇处满足流动方向一致，压力相等这两个条件，但流速不相等。因此，交汇处是速度的滑移线。只有当 $\delta_1 = \delta_2$ 时，不会产生滑移线，而且，Ⅱ区的气流穿过 CE 后的气流参数和Ⅲ区的气流穿过 CD 后的气流参数可以根据滑流线两侧气流方向一致和压力大小相等这两个条件确定。

当 $\delta_1 = \delta_2$ 时，Ⅳ区和Ⅴ区的气流参数完全相等。

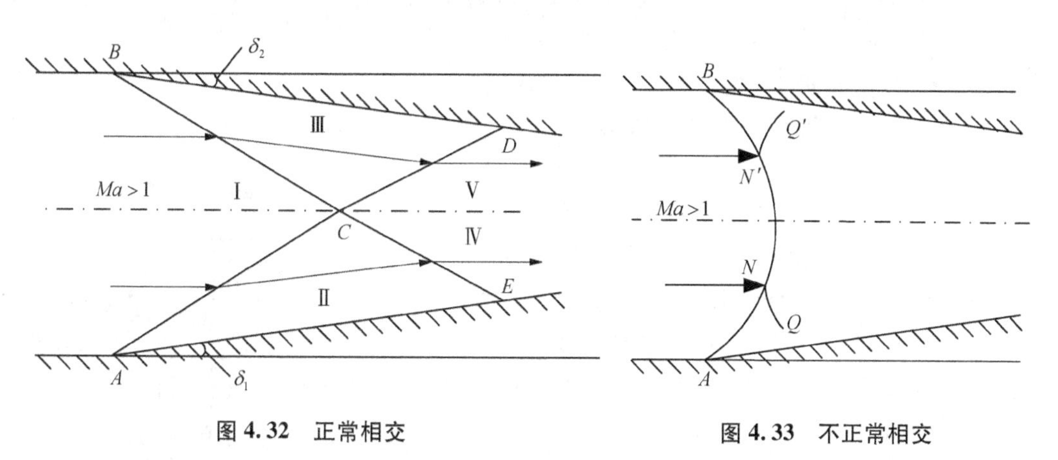

图 4.32　正常相交　　　　**图 4.33　不正常相交**

b）不正常相交

和激波会出现非正常反射一样，激波也会出现非正常相交。当图 4.32 所示的管道中 δ_1 和 δ_2 较大，或者来流马赫数 Ma_1 较小，就不存在前面所述的斜激波正常相交的情况，而形成如图 4.33 所示的非正常相交，此时所形成的波系称为桥形激波，这种激波可以看成是由两个 λ 形激波所组成。

思 考 题

1. 微弱扰动在气流中是如何传播的？各有什么特点？马赫波与激波有何不同？
2. 膨胀波是如何形成的？它具有什么特点？何为普朗特-迈耶流动？
3. 正激波的普朗特方程是如何得到的？它说明了什么问题？
4. 超声速气流流过楔形体时，在什么情况下激波将脱体？
5. 强斜激波与弱斜激波的变化规律有何不同？何为激波强度？
6. 在什么情况下斜激波在直固体壁面上反射为 λ 形激波？

习 题

1. $V_1 = a_{cr}$ 的气流绕外钝角加速为 $V_2 = 1.5a_{cr}$，气流向外折转多少度？
2. 超声速空气绕凸角流动，当 $Ma_1 = 2$ 膨胀到 $Ma_2 = 2.5$ 时，求气流的转折角。
3. 超声速空气 $V_1 = 500$ m/s, $T_1 = 302$ K, $p_1 = 1.013 \times 10^5$ Pa，问绕外钝角折转 $\delta = 15°$ 后其速度、温度、压力各是多少？
4. 在定熵绝能流动的超声速空气流中，已知点 1 的马赫角 $\mu_1 = 27.7°$，另外一个点 2 的马赫角 $\mu_2 = 35.8°$，试求这两点的压强之比 p_1/p_2。
5. 超声速直匀流在管道出口处的 $Ma_1 = 2.0$, $p_1 = 2.0 \times 10^5$ Pa，管外的环境压力 $p_0 = 1.0 \times 10^5$ Pa，求管口边界流线的斜角。
6. 空气在一等截面管内流动，在某截面处气流的参数为 $p_1 = 6.9 \times 10^5$ Pa, $T_1 = 670$ K, $V_1 = 915$ m/s，求发生在状态 1 下的正激波波后的压力、温度和速度。
7. 扩压进气道前产生一道正激波，如图 4.34 示。测得进口截面处气流的速度 $V_2 = 260$ m/s，总温 $T^* = 400$ K，试求来流流速 V_1、静温 T_1 和 T_2，以及总压恢复系数 σ。
8. 安装在飞机上的总压管(皮托管)，当飞机在 15 000 m 高空飞行时，测出总压(指正激波后的总压)为 0.73×10^5 Pa，求飞机飞行速度。
9. 已知某完全气体 $p_1 = 6.895 \times 10^5$ Pa, $\rho_1 = 1.6$ kg/m³，经过正激波后，速度从 $V_1 = 456$ m/s 降低到 $V_2 = 152$ m/s。求 ρ_2/ρ_1、p_2/p_1、T_2/T_1 及该气体的 γ，激波前后的马赫数。

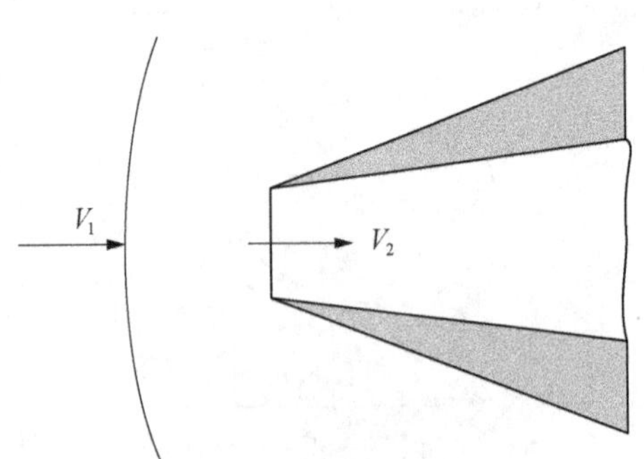

图 4.34 扩压进气道

10. 已知激波前的空气参数 $V_1 = 1\,000$ m/s, $t_1 = 20$℃, $p_1 = 0.5 \times 10^5$ Pa，激波角 $\beta = 30°$，求 δ、V_2、T_2、p_2 及 p_2^*。
11. $V_1 = 600$ m/s、$T_1 = 224$ K 的空气流过楔形体时产生 $\beta = 45°$ 的斜激波，求波后气流的速度及楔形体的顶角。

12. 已知 $Ma_1 = 2$, $p_1 = 1 \times 10^5$ Pa 的超声速空气遇内折壁折转 20°, 求

(1) 激波后静压 p_2、Ma_2 和总压恢复系数 σ;

(2) 若分两次折转,每次折转 10°, 求此时的总压恢复系数 σ'。(图 4.35)

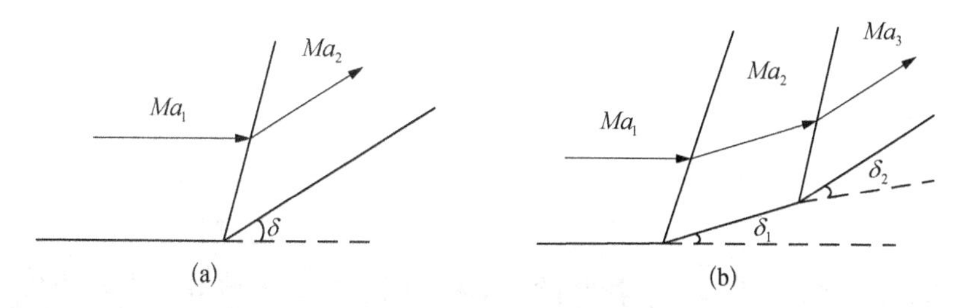

图 4.35　斜激波参数计算

第5章 变截面管流

在前四章中，讨论了有关气体流动的基本概念、基本方程、气体动力学函数、膨胀波和激波，现在就运用这些知识来分析和计算气体在管内的流动。

众所周知，涡轮喷气发动机是一个动力装置，推力的产生是发动机内部气体在流动过程中通过气体状态不断地变化来完成的。因此，从研究气体流动这个角度来看，涡轮喷气发动机是一个限制气体在其中流动的通道，当涡轮喷气发动机在一定的高度上，以某一转速稳定工作时，气体在发动机内的流动可以看作是一维定常管流，所以，研究一维定常管流对学习发动机原理及其他有关的课程具有重要的意义。

气体在涡轮喷气发动机这个管道中流动时，受到各种因素的影响。例如：在进气道和喷管中，管道的横截面积沿轴向是变化的，因此，气流受管道横截面积变化的影响；在燃烧室中，由于燃料燃烧而向气体加热，因此，气流受加热的影响；在压气机和涡轮内，气体与叶轮之间有功的交换，气流受机械功的影响；在整个通道内由于气流黏性而产生摩擦，因此，气流还受摩擦的影响。可见，在发动机内影响气体流动的因素有：截面积的变化、热量的交换、功的交换和黏性摩擦等。

这些因素对气体流动的影响，经常是同时存在的。但是，在进行理论分析时，要同时考虑所有因素的影响是困难的。实际上，在某种具体的情况下，并不是每种因素都起同样的作用，而是一些因素可能是主要的，而另一些因素可能是次要的。例如，燃气在发动机喷管内流动时，影响燃气流动的因素有：喷管横截面积的变化，气流与管壁之间有摩擦作用，燃气通过管壁向外界的散热等。但是，因为喷管的尺寸很大，气流的黏性摩擦作用主要是在紧贴壁面的附面层内，就整个流动而言，摩擦作用是很小的。再有，由于燃气的流动速度很大，燃气通过喷管时与管壁接触的时间很短，在没有特殊冷却的情况下，散失的热量与燃气所具有的总能量相比是很小的，因此，燃气在喷管中流动时，除上、下游压力外，主要是受喷管横截面积变化的影响。在讨论管流时，往往是先单独考虑主要因素的影响，再考虑其他的次要因素，并进行修正。

本章所讨论的变截面管流是指无黏性定比定压热容的完全气体在管道截面积沿轴线方向变化的管道内进行的一维定常可压绝能的流动。

喷气发动机的进气道、喷管及风洞中的流动都可近似地看作是这样的流动。本章的重点是讨论横截面积的变化对流动的影响，同时讨论收缩喷管和拉瓦尔喷管中的流动过程。

5.1 管道截面积与气流参数的关系

5.1.1 截面积变化对气流参数的影响

变截面管流是定熵绝能流,在流动过程中气流的总参数保持不变,根据这一特征及一维定常流动的基本方程,可以得到截面积变化对气流参数的影响。

对变截面管内的控制体施用各基本方程如下。

连续方程:

$$\frac{d\rho}{\rho}+\frac{dA}{A}+\frac{dV}{V}=0 \tag{5.1}$$

能量方程:

$$dh^{*}=dh+d\left(\frac{V^2}{2}\right)=c_p dT+VdV=0$$

$$\frac{dT}{T}+\frac{VdV}{c_p T}=0$$

将 $c_p=\frac{\gamma R}{\gamma-1}$, $Ma^2=\frac{V^2}{\gamma RT}$ 代入上式,得

$$\frac{dT}{T}+(\gamma-1)Ma^2\cdot\frac{dV}{V}=0 \tag{5.2}$$

伯努利方程:

$$\frac{dp}{\rho}+d\frac{V^2}{2}=0$$

上式除以 RT, 得

$$\frac{dp}{\rho RT}+\frac{VdV}{RT}=0$$

$$\frac{dp}{p}+\frac{\gamma V^2}{\gamma RT}\cdot\frac{dV}{V}=0$$

$$\frac{dp}{p}+\gamma Ma^2\cdot\frac{dV}{V}=0 \tag{5.3}$$

状态方程:

$$p=\rho RT$$

上式两边取对数再进行微分,得

$$\ln p = \ln \rho + \ln R + \ln T$$

$$\frac{\mathrm{d}p}{p} - \frac{\mathrm{d}\rho}{\rho} - \frac{\mathrm{d}T}{T} = 0 \tag{5.4}$$

马赫数方程:

$$Ma = \frac{V}{a} = \frac{V}{\sqrt{\gamma RT}}$$

上式两边取对数再进行微分,得

$$\ln Ma = \ln V - \frac{1}{2}(\ln \gamma + \ln R + \ln T)$$

$$\frac{\mathrm{d}Ma}{Ma} - \frac{\mathrm{d}V}{V} + \frac{1}{2} \cdot \frac{\mathrm{d}T}{T} = 0 \tag{5.5}$$

在式(5.1)~式(5.5)的五个方程中,包含六个变量:$\frac{\mathrm{d}\rho}{\rho}$、$\frac{\mathrm{d}p}{p}$、$\frac{\mathrm{d}V}{V}$、$\frac{\mathrm{d}T}{T}$、$\frac{\mathrm{d}Ma}{Ma}$和$\frac{\mathrm{d}A}{A}$,若将$\frac{\mathrm{d}A}{A}$看作独立变量,则可以从以上的方程组中解出其余五个变量与$\frac{\mathrm{d}A}{A}$的关系式:

$$\frac{\mathrm{d}V}{V} = -\frac{1}{1 - Ma^2} \cdot \frac{\mathrm{d}A}{A} \tag{5.6}$$

$$\frac{\mathrm{d}p}{p} = \frac{\gamma Ma^2}{1 - Ma^2} \cdot \frac{\mathrm{d}A}{A} \tag{5.7}$$

$$\frac{\mathrm{d}\rho}{\rho} = \frac{Ma^2}{1 - Ma^2} \cdot \frac{\mathrm{d}A}{A} \tag{5.8}$$

$$\frac{\mathrm{d}T}{T} = \frac{(\gamma - 1)Ma^2}{1 - Ma^2} \cdot \frac{\mathrm{d}A}{A} \tag{5.9}$$

$$\frac{\mathrm{d}Ma}{Ma} = -\frac{1 + \frac{\gamma - 1}{2}Ma^2}{1 - Ma^2} \cdot \frac{\mathrm{d}A}{A} \tag{5.10}$$

根据这些方程,截面积变化对气流参数的影响可以综合成表5.1。

由表5.1中可以看出以下规律。

在亚声速($Ma < 1$)气流中速度的变化与截面积变化的方向相反,而压力的变化与截面积的变化方向相同。所以在收缩形管道内($\mathrm{d}A < 0$),亚声速气流是加速的($\mathrm{d}V > 0$),同时压力降低($\mathrm{d}p < 0$);在扩张形管道内($\mathrm{d}A > 0$),亚声速气流是减速的($\mathrm{d}V < 0$),同时压力上升($\mathrm{d}p > 0$)。

在超声速($Ma > 1$)气流中速度的变化与截面积变化的方向相同,而压力的变化与截面积的变化方向相反。所以在收缩形管道内（$dA < 0$），超声速气流是减速的（$dV < 0$），同时压力上升（$dp > 0$）；在扩张形管道内（$dA > 0$），超声速气流是加速的（$dV > 0$），同时压力降低（$dp < 0$）。

表5.1 截面积变化对气流参数的影响

气流参数	$dA < 0$		$dA > 0$	
	$Ma < 1$	$Ma > 1$	$Ma < 1$	$Ma > 1$
V	↑	↓	↓	↑
p	↓	↑	↑	↓
T	↓	↑	↑	↓
ρ	↓	↑	↑	↓
Ma	↑	↓	↓	↑

管道横截面积的变化，对亚声速气流和超声速气流的影响刚好相反。之所以如此，其原因在于不同Ma时气流的压缩性不同。表5.1告诉我们，无论是亚声速气流还是超声速气流，密度ρ的变化与速度V的变化方向总是相反的：气流加速时，密度减小；气流减速时，密度增大。但是，对于不同Ma数的气流，两者变化的大小是不同的。表5.2列出了计算的一些数值。

表5.2 截面积变化对气流密度的影响

Ma	0.2	0.3	0.4	0.6	0.8	1.0	1.2	1.4
dV/V	1%	1%	1%	1%	1%	1%	1%	1%
$d\rho/\rho$	-0.04%	-0.09%	-0.16%	-0.36%	-0.64%	-1.0%	-1.44%	-1.96%
dA/A	-0.96%	-0.91%	-0.84%	-0.64%	-0.36%	0.0%	0.44%	0.96%

从表5.2可以看出：对于$Ma<0.3$的气流，速度变化1%时，密度变化仅0.09%，所以在Ma较小时（一般是$Ma<0.3$），可当作不可压流来处理；当Ma较大时，密度的变化也较大，这表明气流的压缩性随着Ma的增大而增大。但是，在亚声速气流中，密度的相对变化总小于速度的相对变化。这时连续方程中截面积的相对变化量是由较大的速度相对变化量和较小的密度相对变化量来满足的；对于超声速气流，密度的相对变化则比速度的相对变化大。

由于管道截面积的变化对亚声速流和超声速流的速度变化的影响相反，所以，单靠收缩管道或扩张管道都不可能实现亚声速流和超声速流之间的过渡。

亚声速气流在收缩形管道中，其速度和马赫数沿流动方向不断上升，而超声速气流在收缩形管道中，其速度和马赫数沿流动方向不断下降，两种流动都趋向$Ma = 1$的极限情况。也就是说，亚声速气流趋向于转变为超声速气流，而超声速气流趋向于转变为亚声速气流，这两种转变会不会实现？答案是肯定的，但有其条件，这个条件可以从式（5.6）中得到。

无论是马赫数小于 1 或者是马赫数大于 1 的气流，当 $Ma \to 1$ 时，为使 dV 具有有限量以符合实际情况，就要求 $dA \to 0$，也就是说，在截面积是最大或者是最小的地方，才能出现马赫数 $Ma = 1$ 的声速流动，但是，在收缩形管道中，截面积只能有最小值，因此，为使亚（超）声速气流转变为超（亚）声速气流，只有在最小截面处实现。

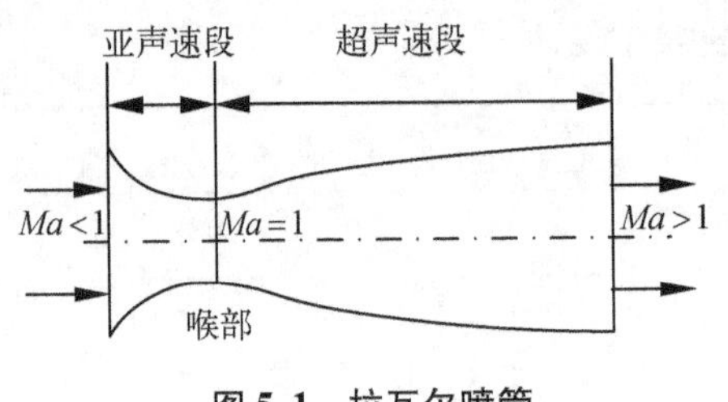

图 5.1　拉瓦尔喷管

为使亚声速气流变为超声速气流，管道形状就应该是先收缩后扩张的，如图 5.1 所示。

亚声速气流先在收缩段中加速，在最小截面处达到声速，然后在扩张段中继续加速成为超声速气流。通常把最小截面称为喉部，而这种收缩-扩张形管称为拉瓦尔喷管。

如果要使超声速气流定熵地减速为亚声速气流，也应该采用先收缩后扩张形的管道。超声速气流先在收缩段减速，到最小截面处变为声速，然后在扩张段继续减速为亚声速气流。这是按定熵流得出的结论，但在实际流动中，还要考虑摩擦的影响，以及超声速气流流动过程中生成激波将不满足定熵条件，这些都会对流动规律造成影响。

从表 5.2 可以看出：当 $Ma = 1$ 时，$\frac{dV}{V} = -\frac{d\rho}{\rho}$，即密度的相对变化量正好等于速度相对变化量的负值。这时，为了能够满足连续方程，截面积的相对变化量 $\frac{dA}{A} = 0$。即 $Ma = 1$ 时，$dA = 0$，我们把此截面称为临界截面。在此需要再次指出：不要把最小截面与临界截面相混淆，气流在变截面管道中流动时最小截面是对管道的几何形状而言的；临界截面是对气流的流动状态而言的。在最小截面处不一定出现临界状态，即气流速度不一定达到当地声速，所以最小截面不一定是临界截面。

一般，使气流加速的管道称作喷管，使气流减速的管道称作扩压器。图 5.2 示意地描述了这几种流动类型。

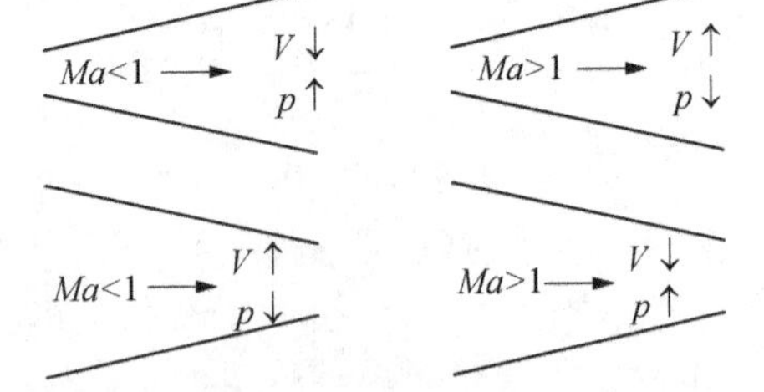

图 5.2　截面积变化对气流参数的影响

5.1.2　气流参数变化关系

根据一维定常定熵绝能流中总压和总温保持不变的特征及气体动力学函数可以得到变截面管流中气流参数的积分关系式。

面积比：由连续方程 $q_{m1} = q_{m2}$ 有

$$\frac{A_2}{A_1} = \frac{q(\lambda_1)}{q(\lambda_2)} \tag{5.11}$$

速度比：由总温保持不变，得

$$\frac{V_2}{V_1} = \frac{\lambda_2}{\lambda_1} \tag{5.12}$$

压力比：由总压保持不变及气动函数 $\pi(\lambda)$，得

$$\frac{p_2}{p_1}=\frac{\pi(\lambda_2)}{\pi(\lambda_1)} \tag{5.13}$$

温度比：由总温保持不变及气动函数 $\tau(\lambda)$，得

$$\frac{T_2}{T_1}=\frac{\tau(\lambda_2)}{\tau(\lambda_1)} \tag{5.14}$$

密度比：由总密度保持不变及气动函数 $\varepsilon(\lambda)$，得

$$\frac{\rho_2}{\rho_1}=\frac{\varepsilon(\lambda_2)}{\varepsilon(\lambda_1)} \tag{5.15}$$

由这些变截面管流中两个截面上流动参数之间的关系可以看出：对于已知两个截面的面积，若给定其中一个截面上的气流参数，就可以确定出另一个截面上的气流参数。

5.2 收缩喷管

使亚声速气流在截面积逐渐缩小的管道不断加速的管道称为收缩喷管。

注意：收缩喷管是对亚声速而言的，而对超声速气流进行加速的喷管则是扩张形的。

收缩喷管是涡轮喷气发动机的重要部件之一。在涡轮喷气发动机中，喷管进口处的燃气具有较高的总温和总压，在喷管进出口压差的作用下，高温高压燃气在喷管中膨胀，气体的部分焓转变为动能，到喷管出口处，燃气以较高的速度喷出，高速喷出的燃气使发动机产生很大的推力，而且，喷气速度越高发动机的推力越大。

当发动机在某一状态下工作时，收缩喷管中的流动可以认为是一维定常定熵绝能流动。在这种流动中，喷管各截面的总温和总压分别相同，且分别等于喷管进口截面上气流的总温和总压。

5.2.1 喷管出口截面处的气流参数

以下角标 e 表示收缩喷管出口截面处的气流参数，以下角标 0 表示收缩喷管进口截面处的气流参数。且有

$$T_0^*=T_e^*=T^*,\ p_0^*=p_e^*=p^*$$

在绝能流中，其能量方程为

$$h_0^*=h_e^*=h+\frac{V^2}{2}$$

考虑到 $h=c_pT$，则有

$$c_pT_0^*=c_pT_e+\frac{V_e^2}{2}$$

因此

$$V_e = \sqrt{2c_p(T_0^* - T_e)} = \sqrt{2c_p T_0^*\left(1 - \frac{T_e}{T_0^*}\right)}$$

在定熵流中，$\frac{T}{T^*} = \left(\frac{p}{p^*}\right)^{\frac{\gamma-1}{\gamma}}$ 以及 $c_p = \frac{\gamma R}{\gamma - 1}$，所以有

$$V_e = \sqrt{\frac{2\gamma R}{\gamma - 1}T_0^*\left[1 - \left(\frac{p_e}{p_0^*}\right)^{\frac{\gamma-1}{\gamma}}\right]} \tag{5.16}$$

式(5.16)表明：喷管出口截面处的气流速度主要取决于气流的总温 T^* 和出口截面的压力比 p_e/p_0^*，其次还与气体的种类（γ 值）有关。具体地说，总温越高，喷管出口截面上的气流速度越大；压力比越小，气流速度越大。

但是，亚声速气流在收缩喷管中，速度的增加是有限的，即在最小截面处（收缩喷管出口截面），速度最大只能等于当地的声速，也就是说，收缩喷管出口截面的马赫数 Ma_e 最大只能达到 1。相对应的压力比 p_e/p_0^* 就是临界压比，记作 β_{cr}。

对于空气：$\beta_{cr} = \pi(1) = 0.5283$。

对于燃气：$\beta_{cr} = \pi(1) = 0.5404$。

收缩喷管出口截面处的速度系数为

$$\lambda_e = \sqrt{\frac{\gamma + 1}{\gamma - 1}\left[1 - \left(\frac{p_e}{p_0^*}\right)^{\frac{\gamma-1}{\gamma}}\right]} \tag{5.17}$$

或者由气动函数 $\pi(\lambda)$ 查得 λ_e 及 Ma_e。

通过喷管的质量流量为

$$q_m = K\frac{p_e^*}{\sqrt{T_e^*}}A_e q(\lambda_e) \tag{5.18}$$

由式(5.18)可以看出：当收缩喷管的出口截面面积 A_e 及气体的总参数 T_e^*、p_e^* 确定后，通过收缩喷管的质量流量 q_m 仅是流函数 $q(\lambda_e)$ 的函数。而由式(5.17)可见，速度系数 λ_e 是压力比 p_e/p^* 的函数。当压力比 p_e/p^* 下降时，λ_e 随之增大，因而 $q(\lambda_e)$ 也随之增大，这时通过喷管的质量流量也相应地增大。当收缩喷管出口截面上气流的压力比 p_e/p^* 等于临界压比 β_{cr} 时，$\lambda_e = 1$，$q(\lambda_e) = 1$，故 q_m 达到最大值，即

$$q_{m,\max} = K\frac{p_e^*}{\sqrt{T_e^*}}A_e$$

5.2.2 收缩喷管在各种压比下的工作情况

现在我们利用上面得到的一些结果来分析收缩喷管在各种压力比下，喷管中气流的

压力、流速和流过喷管的气体的质量流量的变化情况。

为了讨论方便起见，参见如图5.3所示的一种收缩喷管的实验装置。喷管的进口气流来自大气，大气保持静止，且参数恒定，大气的压力和温度即为总压 p^* 和总温 T^*。喷管出口是一个通到抽气机的背压室，其中的压力（称为反压）可以用阀门来调节，喷管出口截面的压力可以进行测量。

假定开始时阀门关闭，这时 $p_b = p_e = p^*$，喷管内无气体流动，管内压力为常数，如图5.3中的(a)曲线①和图5.3(b)中的点①所示。

如果将阀门打开一点，使反压 p_b 略低于 p^*，这时，在上下游压差的作用下，容器内的气体就流过喷管自左向右流动。背压室内微小的压力减小，将以该地的声速向四面传播。由于这时喷管出口的气流速度远小于声速，所以压力减小的微弱扰动能传播到喷管的出口截面及进口截面的上游，使该处的压力减小一个值，并且有 $p_b = p_e$。这时喷管内压力的变化如图5.3中的(a)曲线②，相应的流量如图5.3(b)中的点②所示。

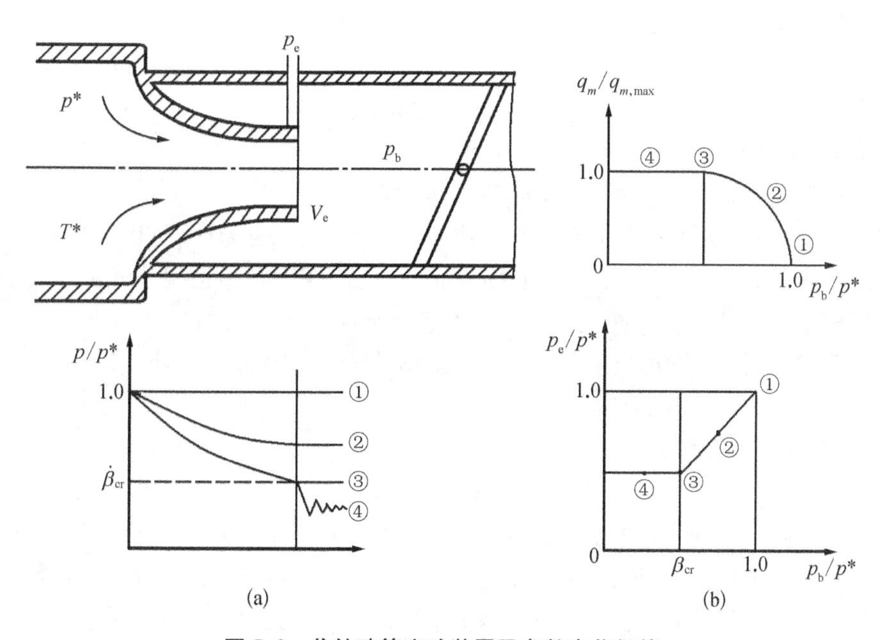

图5.3 收缩喷管实验装置及参数变化规律

若将阀门开大一点，由于下游背压室与抽气机的阻力减小，反压 p_b 就随之略为减小一些，使 p_b/p^* 再降低一点，同时喷管出口处的气压 p_e 随着 p_b 略为减小，而出口处的速度系数 λ_e（或马赫数 Ma_e）略有增大，通过喷管的质量流量也略有增大。

假使我们继续开大阀门，降低反压 p_b 和 p_e，一旦反压 p_b 降低到临界压力 p_{cr} 时，即 $p_b/p^* = \beta_{cr}$ 时，喷管出口处的气流速度 V_e 等于该处的声速 a_{cr}，即喷管出口气流马赫数 Ma_e 等于1，这时喷管内的压力分布和流量如图5.3(a)中的曲线③和图5.3(b)中的点③所示。

从这时起，若再降低反压 p_b 使 $p_b/p^* < \beta_{cr}$，就不会引起喷管出口截面上的压力 p_e 再

降低，p_e 将仍维持 p_{cr} 不变。这是因为，此时喷管出口截面上的气流速度已达到声速，背压室中的压力扰动不能在声速气流中向上游传播。在这种情况下，喷管内气流参数的变化与③相同，通过喷管的质量流量也保持不变，达到在 p^*、T^*、A_e 情况下的最大值。而气体流出喷管后，将继续在背压室中膨胀至压力等于反压 p_b 为止。$p_b < p_{cr}$ 时，气流参数变化的情况如图 5.3(a) 中的曲线④和图 5.3(b) 中的点④所示。

5.2.3 收缩喷管的三种工作状态

通过上述实验可以看出，收缩喷管有三种工作状态，它们是：亚临界工作状态、临界工作状态和超临界工作状态。

1. 亚临界工作状态

当 $p_b/p^* > \beta_{cr}$ 时，收缩喷管处于亚临界工作状态。

在亚临界状态时，喷管中的气流为亚声速。由于喷管出口处气流的压力等于外界的压力，气流在喷管中得到完全膨胀，在喷管外不能再膨胀，所以气体流出喷管后，其流管呈圆柱形。随着反压的降低，通过喷管的质量流量不断地增加。

为此我们定义：喷管出口反压大于气流的临界压力，喷管内和喷管出口处气流的速度全部为亚声速气流的工作状态称为亚临界工作状态。

2. 临界工作状态

当 $p_b/p^* = \beta_{cr}$ 时，收缩喷管处于临界工作状态。

在临界状态时，喷管中的气流为亚声速，出口处气流马赫数等于 1，出口处气流的压力等于外界的压力，而且都等于气流的临界压力，气流在喷管中也得到了完全的膨胀，在喷管外不再膨胀，所以气体流出喷管后，其流管呈圆柱形。

为此我们定义：喷管出口反压等于气流的临界压力，喷管出口处气流的速度等于声速，气流的工作状态称为临界工作状态。

3. 超临界工作状态

当 $p_b/p^* < \beta_{cr}$ 时，收缩喷管处于超临界工作状态。

在超临界状态时，喷管中的气流为亚声速，出口处气流马赫数等于 1，出口处气流的压力等于临界压力而大于外界的压力，气流在喷管中未得到完全膨胀，在喷管外将通过膨胀波继续膨胀。所以此状态又称为不完全膨胀状态。在此状态下，随着反压的降低，通过喷管的质量流量保持不变。

为此我们定义：喷管出口反压小于气流的临界压力，喷管出口处气流的速度为声速，气流的工作状态称为超临界工作状态。

注意，超临界不是超声速！

在此还要特别指出：在解决喷管的问题时，首先要判断喷管的工作状态！

例 5.1 某涡轮喷气发动机在地面试验时，测得发动机喷管（收缩喷管）进口处燃气的总压 $p^* = 2.3 \times 10^5$ Pa，总温 $T^* = 928.5$ K，燃气的 $\gamma = 1.33$，喷管出口面积 $A_e = 0.1675\ \text{m}^2$。试验时大气压 $p_0 = 0.987 \times 10^5$ Pa，求喷管出口截面上的气流速度 V_e 和压力 p_e 及通过喷管的燃气质量流量 q_m。

解：首先判断喷管的工作状态：

$$\frac{p_b}{p^*}=\frac{0.987\times10^5}{2.3\times10^5}=0.429$$

对于燃气，$\beta_{cr}=0.5404$，因此，$p_b/p^*<\beta_{cr}$，喷管处于超临界工作状态。

根据收缩喷管超临界工作状态的特点，在喷管出口截面上 $\lambda_e=Ma_e=1$，$p_e=p_{cr}=\beta_{cr}p^*$，所以有

$$p_e=0.5404\times2.3\times10^5=1.243\times10^5\ \text{Pa}$$

$$V_e=a_{cr}=\sqrt{\frac{2\gamma R}{\gamma+1}T^*}=\sqrt{\frac{2\times1.33\times287.4\times928.5}{1.33+1}}=552\ \text{m/s}$$

$$q_m=K\frac{p^*}{\sqrt{T^*}}A_e=0.0397\times\frac{2.3\times10^5}{\sqrt{928.5}}\times0.1675=50.2\ \text{kg/s}$$

5.2.4　收缩喷管的壅塞状态

对于变截面管流中若已知两个截面的面积，并给定其中一个截面上的气流参数，就可以确定出另一个截面上的气流参数。但是，这种流动能否实现，要受到两个因素的限制：一个限制因素是反压，另一个限制因素是壅塞现象。

壅塞现象与管道最小截面 A_{min} 处的流动达到临界状态有关。如图5.4所示的收缩喷管，当出口截面（即最小截面）上的气流速度等于当地声速时，若将出口截面由 A_e 缩小到 A'_e，使 A_e/A_1 减小到 A'_e/A_1，如图5.4中虚线所示。将会发生什么结果呢？通过喷管的质量流量会有什么变化呢？

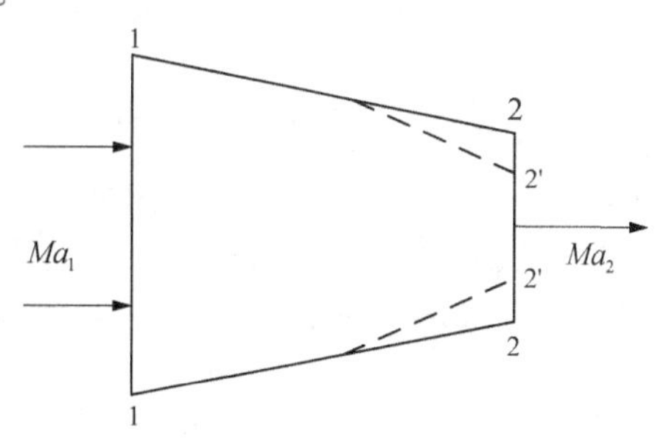

图5.4　壅塞现象

如前所述，$Ma=1$ 的临界状态只能发生在管道中的最小截面处。当收缩喷管出口的面积由 A_e 缩小为 A'_e 时，新的截面 $2'-2'$ 代替了原来的截面 $2-2$ 成为最小截面，此时 $2'-2'$ 处 $Ma=1$。通过原来截面 $2-2$ 的质量流量为

$$q_{m,\max}=K\frac{p_e^*}{\sqrt{T_e^*}}A_e=K\frac{p_1^*}{\sqrt{T_1^*}}A_1q(\lambda_1)$$

其中，A_1 是收缩喷管进口截面的面积，λ_1 是收缩喷管进口截面处的速度系数，与之对应的马赫数为 Ma_1，截面 $2'-2'$ 可以通过的质量流量为

$$q'_{m,\max}=K\frac{p_e^*}{\sqrt{T_e^*}}A'_e$$

显然，$q'_{m,\max}<q_{m,\max}$，即在不改变进口总压 p^* 和总温 T^* 的情况下，原来的质量流量 $q_{m,\max}$ 不能全部通过 $2'-2'$ 截面，也就是说，通过喷管的质量流量要减小，这就是壅塞现象。

质量流量的减小是通过在收缩喷管进口前产生溢流,降低进口气流马赫数 $Ma_1(\lambda_1)$,使新的 $q(\lambda'_1)$ 与 A'_e/A_1 相适应的办法来实现的。

由此可见,在 p^*、T^* 已确定的情况下,对于给定的 Ma_1,必有一个 $\left(\frac{A_{min}}{A_1}\right)_{Ma_1}$ 值与之相对应,当 $\frac{A'_{min}}{A_1}$ 小于这个对应值 $\left(\frac{A_{min}}{A_1}\right)_{Ma_1}$ 时,将引起管道进口前产生溢流,减小通过管道的质量流量,使 Ma_1 下降到 Ma'_1,以满足新的 Ma'_1 与新的 $\frac{A'_{min}}{A_1}$ 值相适应。

反压与壅塞现象有什么关系呢?

前面已经指出:收缩喷管中气流的流动状态完全取决于压力比 $\frac{p_b}{p^*}$。当 $\frac{p_b}{p^*}$ 降低到 β_{cr} 之后,若再降低反压 p_b 而使压比 $\frac{p_b}{p^*}$ 降低,则管内的流动状态,即管中的压力分布和马赫数的分布不再改变,出口截面(即最小截面)处的压力比 $\frac{p_e}{p^*}$ 仍等于 β_{cr},通过喷管的质量流量 q_m 不再因反压 p_b 的降低而增加,仍保持在与进口总压 p^*、进口总温 T^* 相对应的临界值 $K\frac{p^*}{\sqrt{T^*}}A_e$ 上,通常称这种现象为壅塞现象。最小截面上 $Ma = 1(\lambda = 1)$ 的状态为壅塞状态,它包括收缩喷管的临界状态和超临界状态。

综上所述,壅塞状态有下列三个特征:

(1) 最小截面处的气流马赫数 $Ma = 1$,即最小截面上的流动状态为临界状态。

(2) 在 p^*、T^* 已定的情况下,对于给定的 Ma_1,有一个最小的 $\left(\frac{A_{min}}{A_1}\right)_{Ma_1}$ 值与之相对应,当 $\frac{A'_{min}}{A_1}$ 小于这个对应值 $\left(\frac{A_{min}}{A_1}\right)_{Ma_1}$ 时,将引起管道进口截面前产生溢流,减小通过管道的质量流量,降低 Ma_1,使新的 Ma'_1 与新的 $\frac{A'_{min}}{A_1}$ 值与之相适应。

或者说,对于给定的 $\frac{A_{min}}{A_1}$ 值,管道进口处的 Ma_1 值不能超过使管道最小截面处达到临界状态时的进口对应马赫数,如果远前方来流的 Ma_1 值超过了这个界限值,就要在管道进口前产生溢流。

(3) 出口反压 p_b 的降低不再影响最小截面上游喷管内的流动状态。流过喷管的质量流量不再因反压 p_b 的降低而增加,仍维持在与进口总压 p^*、进口总温 T^* 相对应的临界值$\left(即最大可能的流量\ q_m = K\frac{p^*}{\sqrt{T^*}}A_{min}\right)$上。

5.2.5 黏性影响

喷管的作用是在进口和出口工作状态下最大限度地将燃气的焓转变为动能。虽然我们有理由假设喷管内燃气的膨胀是绝热的,但膨胀过程绝非是定熵的。由于气体黏性的影响,即便是很完善的喷管,工作时也有能量损失,其结果,实际喷管得到的射流的动能总小于按实际喷管工作时的进口压力和反压定熵膨胀计算出来的射流的动能。黏性对喷管工作的影响可用下列参数之一来考虑:总压恢复系数 σ_e、喷管效率 η_e、流量系数 C_e。

1. 总压恢复系数

由于黏性产生摩擦损失,这种损失表现为气流总压的下降,其下降的程度(即损失的大小)可以用总压恢复系数 σ_e 来度量。

总压恢复系数 σ_e 的定义为

$$\sigma_e = \frac{p_e^*}{p_0^*} \tag{5.19}$$

式中,p_e^* 为喷管出口截面处气流的总压;p_0^* 为喷管进口截面处气流的总压。

在定熵的情况下,若使喷管通过 q_m 的质量流量,那么,喷管进出口的面积比为 $\left(\frac{A_e}{A_0}\right)_s$,根据连续方程有

$$\left(\frac{A_e}{A_0}\right)_s = \frac{q(\lambda_0)}{q(\lambda_e)}$$

式中,下标“s”表示定熵。

考虑黏性后,希望喷管仍通过 q_m 的质量流量,则实际喷管进出口的面积比

$$\frac{A_e}{A_0} = \frac{p_0^*}{p_e^*} \times \frac{q(\lambda_0)}{q(\lambda_e)} = \frac{1}{\sigma_e} \times \frac{q(\lambda_0)}{q(\lambda_e)}$$

由于喷管的总压恢复系数 σ_e 总是小于1的,因此,实际喷管的面积比总是大于相应的定熵喷管的面积比,即

$$\frac{A_e}{A_0} > \left(\frac{A_e}{A_0}\right)_s$$

喷管的实际排气速度为

$$V_e = \sqrt{2c_p T_0^* \left[1 - \left(\frac{1}{\sigma_e \pi_e^*}\right)^{\frac{\gamma-1}{\gamma}}\right]}$$

2. 喷管效率

图5.5表示了发生在总压 p^* 和静压 p_e 之间的膨胀过程,其中 1 - e′ 为定熵的膨胀过程,1 - e 为实际的膨胀过程。由于假设喷管内的膨胀过程是绝热的,

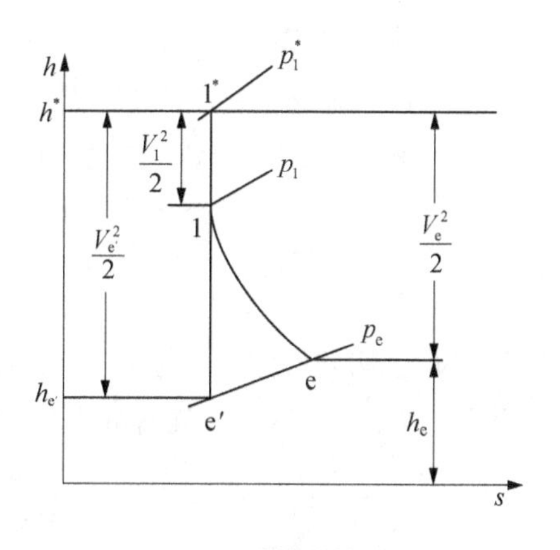

图5.5 喷管的焓熵图

所以总焓 h^* 保持不变。

绝能过程的能量方程为

$$h^* = h_{e'} + \frac{V_{e'}^2}{2} = h_e + \frac{V_e^2}{2} = 常数$$

式中，$V_{e'}$ 为定熵膨胀时喷管出口的气流速度；V_e 为实际膨胀时喷管出口的气流速度；$h_{e'}$ 为定熵膨胀时喷管出口的气流的焓；h_e 为实际膨胀时喷管出口的气流的焓；由此式可有

$$\frac{V_{e'}^2}{2} = h^* - h_{e'}$$

$$\frac{V_e^2}{2} = h^* - h_e$$

喷管效率的定义为

$$\eta_e = \left(\frac{V_e}{V_{e,s}}\right)^2 = \frac{h^* - h_e}{h^* - h_{e'}} \tag{5.20}$$

喷管效率 η 的值主要取决于附面层的性质。根据试验，$\eta_e = 0.94 \sim 0.99$。

喷管效率的平方根是速度系数，用符号 ϕ_e 表示，即

$$\phi_e = \sqrt{\eta_e} = \frac{V_e}{V_{e,s}}$$

速度系数 ϕ_e 考虑了喷管中非定熵膨胀的流动损失和出口气流不平行于轴线的方向损失。对于收缩喷管，一般 $\phi_e = 0.98 \sim 0.99$。

根据速度系数的定义，喷管出口的速度可以写成：

$$V_e = \phi_e \sqrt{2c_p T_1^* \left[1 - \left(\frac{1}{\pi_{e'}^*}\right)^{\frac{\gamma-1}{\gamma}}\right]}$$

3. 流量系数

喷管的流量系数定义为：从 p_0^* 膨胀到 p_e 时通过喷管的实际流量 $q_{m,e}$ 与按定熵流动计算出来的质量流量 $q'_{m,e}$ 之比，即

$$C_e = \frac{q_{m,e}}{q_{m,e'}} \tag{5.21}$$

C_e 考虑的影响因素不限于黏性，它还包括：三维流效应，附面层位移厚度引起的流动面积阻塞。因此，实际通过喷管的流量为

$$q_{m,e} = C_e q_{m,e'} = C_e K \frac{p^*}{\sqrt{T^*}} A_e q(\lambda_{e'})$$

5.3 拉瓦尔喷管

5.3.1 定熵流中的面积比公式

利用先收缩后扩张形的管道将气流从亚声速加速到超声速的方法，是瑞典工程师拉瓦尔首先发现的，所以这种收扩管称作拉瓦尔喷管。

面积比指的是拉瓦尔喷管中，管道任意一个截面的面积 A 与临界截面的面积 A_{cr} 之比。这个比值与面积为 A 处的气流马赫数 Ma（或速度系数 λ）的关系为

$$\frac{A_{cr}}{A} = q(Ma) = q(\lambda) \quad 或 \quad \frac{A}{A_{cr}} = \frac{1}{Ma}\left(\frac{1+\frac{\gamma-1}{2}Ma^2}{\frac{\gamma+1}{2}}\right)^{\frac{\gamma+1}{2(\gamma-1)}} \tag{5.22}$$

式(5.22)的应用条件是：定熵绝能流动，在喉部处达到临界状态 $Ma = 1$。对于空气，$\gamma = 1.40$，式(5.22)简化为

$$\frac{A}{A_{cr}} = \frac{(1+0.2Ma^2)^3}{1.728Ma} \tag{5.23}$$

按式(5.23)作曲线，如图5.6所示。

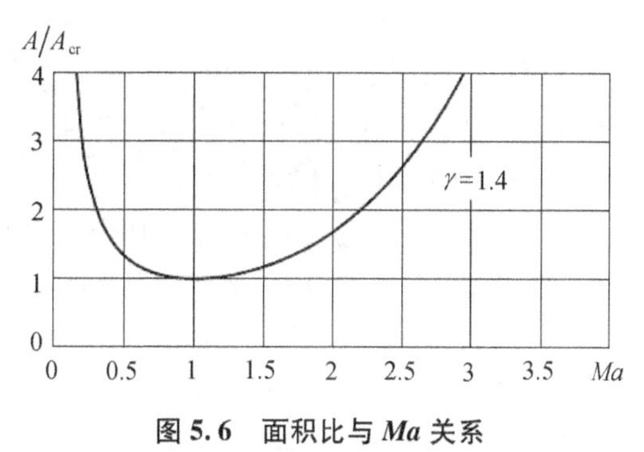

图5.6 面积比与 Ma 关系

由此图可以看出：每一个 Ma 数，对应着一个 $\frac{A}{A_{cr}}$ 的值，而每一个 $\frac{A}{A_{cr}}$ 的值，却有两个 Ma 数与之对应着，其中一个是亚声速的，另一个是超声速的。对此可以理解为：在拉瓦尔喷管内有两个截面具有同一个 $\frac{A}{A_{cr}}$ 的值，其中一个截面在拉瓦尔喷管的亚声速段，另一个截面在拉瓦尔喷管的超声速段。也可以理解为在拉瓦尔喷管的扩张段，对应于每一个 $\frac{A}{A_{cr}}$ 值的截面，气流可能有两个 Ma 数，一个是亚声速 $Ma < 1$，另一个是超声速 $Ma > 1$。

5.3.2 定熵流中的压力比公式

收缩喷管出口截面上的压比 $\frac{p_e}{p^*}$ 不能小于临界压比 β_{cr}。而拉瓦尔喷管与此不同，拉瓦尔喷管出口截面上的压比 $\frac{p_e}{p^*}$ 可以小于临界压比 β_{cr}。由于出口截面上的马赫数 Ma 或

速度系数 λ_e 是与面积比 $\frac{A_e}{A_{cr}}$ 对应的，即 $\frac{A_e}{A_{cr}}=\frac{1}{q(\lambda_e)}$，而压力比 $\frac{p_e}{p^*}$ 又是与 Ma 或速度系数 λ_e 对应的，即 $\frac{p_e}{p^*}=\pi(\lambda_e)$，因此压力比 $\frac{p_e}{p^*}$ 与面积比 $\frac{A_e}{A_{cr}}$ 也是对应的，即气动函数中的 $\pi(\lambda_e)$ 与 $q(\lambda_e)$ 的对应关系，其关系为

$$\frac{A_e}{A_{cr}}=\frac{1}{y(\lambda_e)}\frac{p^*}{p_e} \tag{5.24}$$

5.3.3 拉瓦尔喷管中的流动

面积比公式告诉我们：要建立一定 Ma 数的超声速气流，就必须有一定的管道面积比。但这仅仅是一个必要条件，具备了面积比的条件后，能否实现超声速流动，还要由气流本身的总压和一定的反压条件来决定。为了讨论方便，分下述三种情况。

（1）保持总压 p^* 不变，看反压 p_b 的变化对拉瓦尔喷管内流动所产生的影响；

（2）保持反压 p_b 不变，看总压 p^* 的变化对拉瓦尔喷管内流动所产生的影响；

（3）压比 p_b/p^* 的变化对拉瓦尔喷管内流动所产生的影响。

先讨论第一种情况。

1. 总压 p^* 不变，反压 p_b 的变化对拉瓦尔喷管内流动所产生的影响

1）流动情况

（1）$p_b=p^*$ 时，由于反压与总压相等，即 $p_b=p^*$，拉瓦尔喷管内各截面上的压力均相等，故喷管内的气体没有流动，沿喷管轴线的压力和马赫数的分布如图 5.7 上的曲线①表示，点①表示此时通过喷管的质量流量。

（2）p_b 稍小于 p^* 时，由于反压小于总压，在拉瓦尔喷管上下游压差的作用下，喷管内的气体流动，但流速较低，通过喷管的质量流量也较小。这时喷管内气流压力的变化是：在收缩段气流的压力不断下降，在喉部压力最低，但大于临界压力 p_{cr}，在扩张段气流的压力又不断地上升，在出口截面压力等于反压 p_b，如图 5.7 上的曲线②所示。喷管内气流马赫数的变化是：在收缩段不断上升，在喉部达到最大值，但小于 1，在扩张段又逐渐下降。所以在喉部以前是膨胀过程，而在喉部以后是压缩过程。在这种情况下，随着反压的下降，通过喷管的质量流量 q_m 不断增加，如图 5.7 上的点②所示。

（3）p_b 继续下降，当 p_b 下降到某一数值时，使喷管喉部的压比 p_t/p^* 达到临界压比 β_{cr}，这时喉部气流达到声速，即 $Ma_t=1$。但由于这时反压 p_b 的值大于喉部气流的压力，所以，气流在喉部后流入扩张段时，其压力又重新回升，到出口截面，气流的压力 p_e 等于反压 p_b，整个扩张段内仍为亚声速流动。由于在这种情况下喉部气流已达到声速，所以流量也达到临界值，从此以后，如果再降低反压，已不能影响喉部以上的整个收缩段内的流动，即流动已达到壅塞状态。这时的反压记作 p_{b1}，p_{b1} 是一个划界限的压力。图 5.7 上的曲线③表示这时的压力和马赫数的分布，点③表示这时通过喷管的质量流量。

（4）继续降低反压 p_b，喉部以后，气流加速到超声速，但是，最初不能使整个扩张段内的流动全为超声速，因为这时的反压仍然大于为获得全超声速所需的出口压力，所以，

由喉部往下游流动的超声速气流在高的反压的作用下，在扩张段的某个截面上形成一道正激波，激波的位置随反压的大小而变，反压越高，激波离喉部越近；反压越低，激波离喉部越远。超声速气流通过激波后突变为亚声速气流，压力突然升高，而后亚声速气流在扩张形管道内流动，马赫数逐渐减小，压力逐渐增高，到出口截面气流的压力等于反压，即 $p_e = p_b$。这时拉瓦尔喷管内气流压力和马赫数的分布如图 5.7 中的曲线④所示，通过喷管的质量流量仍为与 p^*、T^* 相应的临界值，如图 5.7 中的点④所示。

（5）随着反压 p_b 的降低，扩张段内的激波的位置向远离喉部的方向移动，当反压降到某一数值时，正激波的位置刚好在拉瓦尔喷管的出口处，这时喷管的扩张段已全部为超声速流动，超声速气流通过正激波后变为亚声速气流。出口截面气流的压力 p_e 恒等于反压 p_b，并将此反压记作 p_{b2}，p_{b2} 也是一个划界线的压力。这时拉瓦尔喷管内气流压力和马赫数的分布如图 5.7 中的曲线⑤所示，通过喷管的质量流量仍保持不变，如图 5.7 中的点⑤所示。

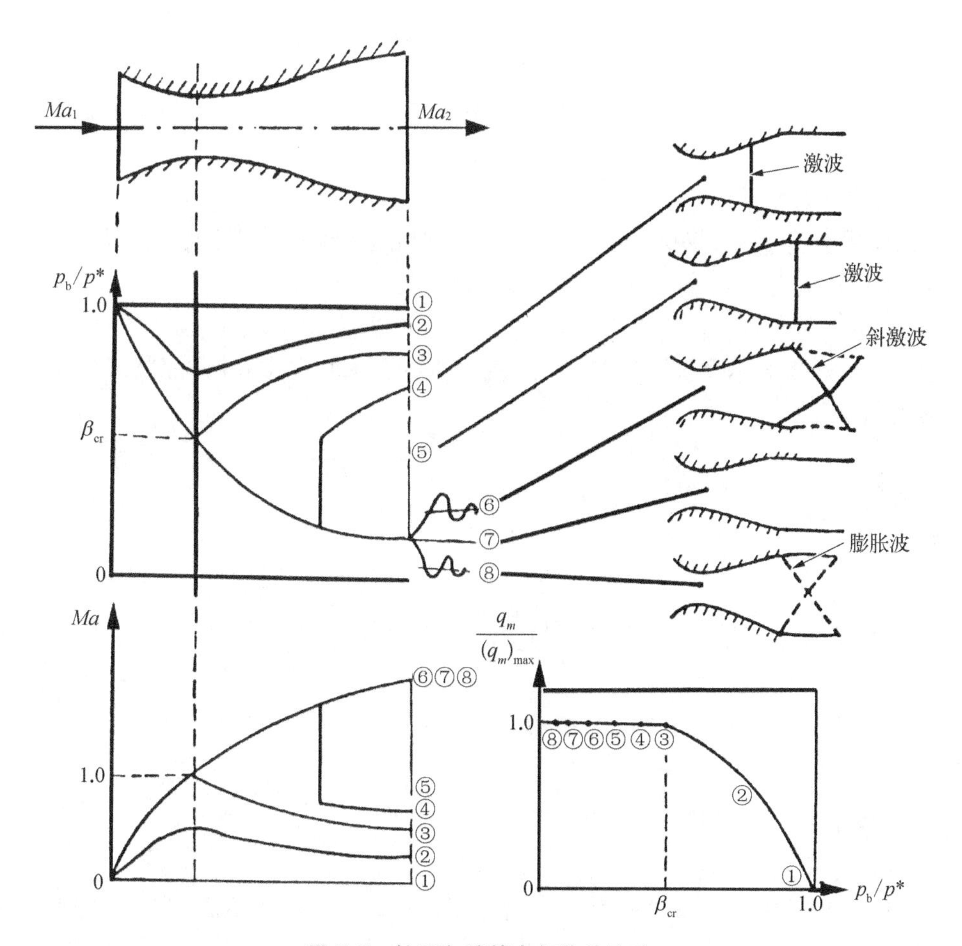

图 5.7　拉瓦尔喷管内气体的流动

（6）如果反压 p_b 再降低，激波移出管口，变为斜激波系，这时喷管内的整个流动已固定下来，不再随反压而变化。反压的变化只影响管外的波系。随着反压 p_b 的降低，激波强度变弱。这时喷管的扩张段仍全为超声速流动,喷管内外气流压力和马赫数的分布如图 5.7 中的曲线⑥所示,通过喷管的质量流量如图 5.7 中的点⑥所示。

(7) 当反压 p_b 下降到某一数值时,出口截面处气流的压力 p_e 恰好等于反压 p_b,出口处既不产生激波,也不产生膨胀波,这时的反压记作 p_{b3},p_{b3} 又是一个划界限的反压。

(8) 再降低反压,喷管出口截面处气流的压力大于反压,喷管外产生膨胀。

综上所述,可以看出在拉瓦尔喷管出口建立超声速流的条件有两个,这就是:要满足面积比公式(5.22)和压力比公式(5.24)。

2) 三个划界限的反压

从上述的流动情况可以看出,有三个划界限的反压,它们是

$$p_{b1} = p^* \pi(Ma_e)_{sub} \tag{5.25}$$

$$p_{b2} = p_{b3}\left[\frac{2\gamma}{\gamma+1}(Ma_e)^2_{sup} - \frac{\gamma-1}{\gamma+1}\right] \tag{5.26}$$

$$p_{b3} = p^* \pi(Ma_e)_{sup} \tag{5.27}$$

式中,$(Ma_e)_{sub}$ 为面积比公式中对应的亚声速马赫数;$(Ma_e)_{sup}$ 为面积比公式中对应的超声速马赫数。

3) 四种流动类型

三个划界限的反压,将拉瓦尔喷管内的流动划分为四种流动类型,它们是:

a) 亚声速流态

条件:$p^* > p_b > p_{b1}$。

特点:这时拉瓦尔喷管内全为亚声速流,同时 $\lambda_e < 1$。是完全膨胀状态。

参数计算:

$$V_e = \sqrt{\frac{2\gamma R}{\gamma-1}T_0^*\left[1-\left(\frac{p_b}{p_0^*}\right)^{\frac{\gamma-1}{\gamma}}\right]}$$

$$\lambda_e = \sqrt{\frac{\gamma+1}{\gamma-1}\left[1-\left(\frac{p_b}{p_0^*}\right)^{\frac{\gamma-1}{\gamma}}\right]}$$

$$q_m = K\frac{p_e^*}{\sqrt{T_e^*}}A_e q(\lambda_e)$$

b) 管内产生激波的流态

条件:$p_{b1} \geqslant p_b > p_{b2}$。

特点:这时喷管的喉部为临界状态,其下游一段为超声速气流,激波后为亚声速气流,所以,$\lambda_e < 1$。由于 $p_e = p_b$,所以这种流态也是完全膨胀状态。

该状态下,出口的气流参数可根据上述特点和气动函数进行计算。

c) 管外产生斜激波的流态

条件:$p_{b2} \geqslant p_b > p_{b3}$。

特点：这时喷管的扩张段全部为超声速气流，所以，$\lambda_e > 1$。由于 $p_e < p_b$，所以这种流态是过度膨胀状态。

d）管外产生膨胀波的流态

条件：$p_{b3} \geqslant p_b$。

特点：这时喷管的扩张段全部为超声速气流，所以，$\lambda_e > 1$。

由于 $p_e > p_b$，所以这种流态是未完全膨胀状态。

4）管内产生激波时激波位置的确定

在一维流的情况下，已知面积比 A_e/A_t 及进口气流总压 p^*、总温 T^* 和反压 p_b 时，出现在拉瓦尔喷管扩张段的激波的位置可以用下述的方法来确定：参见图5.8，假设 A_s 为激波所在位置的面积，根据出口截面上气流的压力等于反压这一条件，对临界截面，即喉部和出口截面应用连续方程：

$$K\frac{p_e}{\sqrt{T_e^*}}A_e y(Ma_e)_{sub} = K\frac{p_t^*}{\sqrt{T_t^*}}A_t$$

由于 $T_e^* = T_t^*$，$p_b = p_e$，所以

$$y(Ma_e)_{sub} = \frac{p^*}{p_b} \times \frac{A_t}{A_e}$$

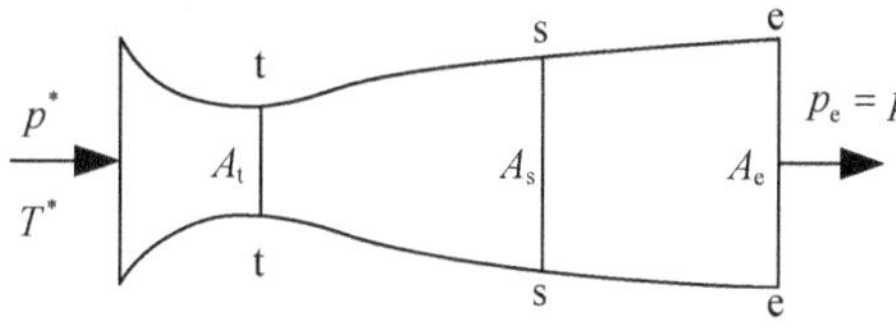

图5.8 管内激波位置的确定

由 $y(Ma_e)_{sub}$ 值查气动函数表得到 $(Ma_e)_{sub}$ 和 $(\lambda_e)_{sub}$，求得出口截面的气流马赫数 $(Ma_e)_{sub}$ 或 $(\lambda_e)_{sub}$ 后，再次应用连续方程：

$$K\frac{p_e^*}{\sqrt{T_e^*}}A_e q(Ma_e)_{sub} = K\frac{p_t^*}{\sqrt{T_t^*}}A_t$$

由此式计算激波造成的总压损失 σ：

$$\sigma = \frac{p_e^*}{p_t^*} = \frac{A_t}{A_e} \times \frac{1}{q(Ma_e)_{sub}}$$

正激波前后的总压比是由波前马赫数 Ma_s 唯一确定的，所以可由总压恢复系数 σ 的数值查正激波表就可以得到波前马赫数 Ma_s。然后再利用面积比公式：

$$\frac{A_s}{A_t} = \frac{1}{q(Ma_s)}$$

这就确定出了激波所在的位置 A_s。

例5.2 图5.9所示暂冲式超声速风洞，安定段的总压 $p^* = 15 \times 10^5$ Pa，$T^* = 500$ K，喷管的临界截面，即喉部的面积 $A_t = 0.015\ 12$ m^2，出口截面的面积 $A_e = 0.16$ m^2，求三个划界限的反压，若反压 $p_b = 3 \times 10^5$ Pa，问激波发生在哪个截面上？

解：面积比：

$$\frac{A_t}{A_e} = q(\lambda_e) = \frac{0.015\ 12}{0.16} = 0.094\ 5$$

查气动函数表,有 $(\lambda_e)_{sub} = 0.06$; $(Ma_e)_{sub} = 0.0548$; $\pi(\lambda_e)_{sub} = 0.9979$。由此得到第一个划界限的反压 p_{b1}:

$$p_{b1} = p^* \pi(\lambda_e)_{sub} = 15 \times 10^5 \times 0.9979 = 14.97 \times 10^5 \text{ Pa}$$

又从 $q(\lambda_e) = 0.0945$ 查气动函数表,有

$$(\lambda_e)_{sup} = 2.135,\ (Ma_e)_{sup} = 3.976,\ \pi(\lambda_e)_{sup} = 0.0069$$

于是得到第三个划界限的反压 p_{b3}:

$$p_{b3} = p^* \pi(\lambda_e)_{sup} = 15 \times 10^5 \times 0.0069 = 0.104 \times 10^5 \text{ Pa}$$

根据 $(Ma_e)_{sup} = 3.976$ 查正激波表,则有激波前后的压力比:

$$\frac{p_{b2}}{p_{b3}} = 18.3$$

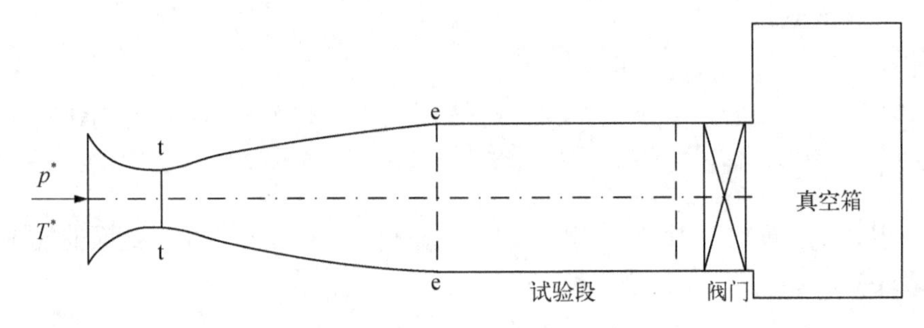

图 5.9　暂冲式超声速风洞

所以得到第二个划界限的反压 p_{b2}:

$$p_{b2} = 18.3 \times p_{b3} = 18.3 \times 0.104 \times 10^5 = 1.903 \times 10^5 \text{ Pa}$$

当

$14.97 \times 10^5 < p_b < 15.0 \times 10^5$ Pa, 喷管内全部都是亚声速气流;

$1.903 \times 10^5 < p_b < 14.97 \times 10^5$ Pa, 喷管扩张段产生一道正激波;

$0.104 \times 10^5 < p_b < 1.903 \times 10^5$ Pa, 气流在喷管出口处产生斜激波;

$0 < p_b < 0.104 \times 10^5$ Pa, 气流在喷管出口处产生膨胀波。

确定 $p_b = 3 \times 10^5$ Pa 时,喷管内产生激波的位置。

由流量关系式有

$$y(Ma_e)_{sub} = \frac{p^*}{p_b} \times \frac{A_t}{A_e} = \frac{15 \times 0.01512}{3 \times 0.16} = 0.4725$$

查气动函数表,有 $(\lambda_e)_{sub} = 0.295$, $\pi(\lambda_e)_{sub} = 0.9502$, 故

$$p_e^* = \frac{p_b}{\pi(\lambda_e)_{sub}} = \frac{3.0 \times 10^5}{0.9502} = 3.1572 \times 10^5 \text{ Pa}$$

激波前后的总压之比为

$$\sigma = \frac{p_e^*}{p^*} = \frac{3.157\,2}{15} = 0.210\,5$$

查正激波表,得到激波前后的气流马赫数,有

$$Ma_s = 3.505,\ \lambda_s = 2.065$$

查气动函数表,有

$$q(Ma_s) = 0.146\,7$$

$$A_s = \frac{A_1}{q(Ma_s)} = \frac{0.015\,12}{0.146\,7} = 0.103\ \text{m}^2$$

2. *反压和总温一定时不同来流总压下拉瓦尔喷管中的流动*

1）流动情况

以上讨论的是总压保持不变,改变反压时,压力对拉瓦尔喷管内气流的影响。如果反压不变,而总压改变的话,对拉瓦尔喷管的工作状态也可以做出类似的分析,找出三个划界线的总压,确定出四种工作状态的总压范围。

2）三个划界限的总压

首先根据给定的面积比 $\frac{A_t}{A_e}$ ——去查 $q(\lambda_e)$ 所对应的两个速度系数,一个是超声速的 $(\lambda_e)_{sup}$,一个是亚声速的 $(\lambda_e)_{sub}$。

然后根据 $\frac{p}{p^*} = \pi(\lambda)$ 去推算相应的总压 p^*

$$p_1^* = \frac{p_b}{\pi(\lambda_e)_{sub}} \tag{5.28}$$

$$p_3^* = \frac{p_b}{\pi(\lambda_e)_{sup}} \tag{5.29}$$

再根据超声速气流在拉瓦尔喷管的出口截面上产生一道正激波,波后静压恰好与 p_b 相等,从而可求出波前的静压 p_e,即

$$\frac{p_b}{p_e} = \frac{2\gamma}{\gamma+1}(Ma_e)_{sup}^2 - \frac{\gamma-1}{\gamma+1}$$

与 p_e 对应的总压就是又一个划界限的总压 p_2^*:

$$p_2^* = p_e/\pi(\lambda_e)_{sup} \tag{5.30}$$

3）四种流动类型

三个划界限的总压,将拉瓦尔喷管内的流动划分为四种流动类型,它们是

a）亚声速流态

条件是：$p^* < p_1^*$。

其特点是：拉瓦尔喷管内全为亚声速流。$p_e = p_b$，所以这种流态是完全膨胀状态。

b）管内产生激波的流态

条件是：$p_2^* > p^* \geqslant p_1^*$。

其特点是：喷管的喉部为临界状态，管内产生激波，波后为亚声速。$p_e = p_b$，这种流态也是完全膨胀状态。

c）管外产生斜激波的流态

条件是：$p_3^* > p^* \geqslant p_2^*$。

其特点是：喷管的扩张段全部为超声速气流。$p_e < p_b$，这种流态是过度膨胀状态。

d）管外产生膨胀波的流态

条件是：$p^* \geqslant p_3^*$。

其特点是：喷管的扩张段全部为超声速气流。$p_e > p_b$，这种流态是未完全膨胀状态。

需要注意的是：通过喷管的质量流量 q_m 总是随着总压 p^* 而变化的，这时，无论喷管工作状态怎样区分，质量流量不会有保持不变的情况。

3. 不同压比下拉瓦尔喷管中的流动

如果进口处气流的总压 p^* 和反压 p_b 同时改变，则可以找到三个划界限的压比 $\beta = \dfrac{p_b}{p^*}$，同样将拉瓦尔喷管内的流动分为四种工作状态。

1）三个划界限的压比

$$\beta_{b1} = \left(\frac{p_b}{p^*}\right)_{b1} = \pi(\lambda_e)_{sub} = \pi(Ma_e)_{sub} \tag{5.31}$$

$$\beta_{b2} = \left(\frac{p_b}{p^*}\right)_{b2} = \frac{\left[\dfrac{2\gamma}{\gamma+1}(Ma_e)_{sup}^2 - \dfrac{\gamma-1}{\gamma+1}\right]}{\left[1 + \dfrac{\gamma-1}{2}(Ma_e)_{sup}^2\right]^{\frac{\gamma}{\gamma-1}}} \tag{5.32}$$

$$\beta_{b3} = \left(\frac{p_b}{p^*}\right)_{b3} = \pi(\lambda_e)_{sup} = \pi(Ma_e)_{sup} \tag{5.33}$$

2）四种流动类型

三个划界限的压比，将拉瓦尔喷管内的流动划分为四种流动类型，它们是

a）亚声速流态

条件是：$1 > \beta_b > \beta_{b1}$。

其特点是：拉瓦尔喷管内全为亚声速流。$\beta_e = \beta_b$，这种流态是完全膨胀状态。

b）管内产生激波的流态

条件是：$\beta_{b1} \geqslant \beta_b > \beta_{b2}$。

其特点是：喷管的喉部为临界状态，管内产生激波，波后为亚声速。$\beta_e = \beta_b$，这种流态

也是完全膨胀状态。

c）管外产生斜激波的流态

条件是：$\beta_{b2} \geq \beta_b > \beta_{b3}$。

其特点是：喷管的扩张段全部为超声速气流。$\beta_e < \beta_b$，这种流态是过度膨胀状态。

d）管外产生膨胀波的流态

条件是：$\beta_{b3} \geq \beta_b$。

其特点是：喷管的扩张段全部为超声速气流。$\beta_e > \beta_b$，这种流态是未完全膨胀状态。

思　考　题

1. 亚声速气流在收缩型的管道中，流动参数是如何变化的？
2. 简述收缩喷管的三种工作状态。什么是壅塞，收缩喷管的壅塞有什么特征？
3. 拉瓦尔喷管中三个划界限的压力是如何确定的？四种流动状态各有什么特征？实现超声速流的条件是什么？
4. 什么是完全膨胀？什么是不完全膨胀？什么是过度膨胀？
5. 将亚声速气流变为超声速气流的条件是什么？

习　　题

1. 某种完全气体［$\gamma = 1.40$，$R = 166.5\ \mathrm{N \cdot m/(kg \cdot K)}$］以低速流入收缩喷管其压力为 6.9×10^5 Pa，温度为 262℃，排入压力为 1.013×10^5 Pa 的大气中，假设流动是绝热的，且无摩擦，质量流量为 0.45 kg/s，求：喷管出口截面处的速度、压力、面积。
2. 一台涡轮喷气发动机的喷管是收敛型的，其出口面积为 0.07 $\mathrm{m^2}$，喷管进口处的总温为 900 K，总压为 0.9×10^5 Pa，飞机飞行在 10 000 m 高空，流动过程是可逆的绝热过程，求：喷管出口处的速度、压力、温度和通过喷管的质量流量。
3. 一先收缩后扩张的管道，最小截面面积为出口面积一半，来流总压为 1.4×10^5 Pa，空气流入外界大气中。

   （1）大气压力为 1.0×10^5 Pa，试证明管内必产生一道激波，求出口截面处的总压及激波前后的马赫数和发生激波截面的面积；

   （2）大气压力为 1.0×10^4 Pa，试证明管外产生膨胀波，并求膨胀波之后的马赫数与气流的折转角。
4. 空气流经喷管做定熵绝能流动，已知喷管进口空气的压力为 $p_1 = 2.72 \times 10^5$ Pa，总温 $T_1^* = 784$ K，速度 $V_1 = 205$ m/s，出口处的压力为 $p_2 = 0.94 \times 10^5$ Pa，质量流量 $q_m = 40$ kg/s，求：

   （1）此喷管是什么形状的喷管？

   （2）出口处的 Ma_2、V_2、T_2、A_2；

   （3）临界截面的气流参数 V_{cr}、T_{cr}、p_{cr}、A_{cr}。

第 6 章
换热管流

本章着重讨论热量交换对气体流动的影响。有热交换的实际流动是很多的,例如,发动机燃烧室中由于燃料的燃烧,使气流获得大量的热能;又例如在高速风洞中,若气流中含有水分,那么在流速很高,温度很低时,水汽会凝结成水滴,放出潜热,对气流加热;再如向高温气流中喷水等都是有热交换的流动过程。当然,实际流动过程都不是换热一个因素在起作用,就燃烧室中气流情况而言,其中必然还有摩擦作用,还有由于喷油燃烧,不仅流量改变,而且气体的化学成分也发生变化。但是,由于燃料的流量比空气的流量小得多,因此,流量的变化可以略去不计。此外,由于燃烧室的长度不大,且流速低,摩擦作用是不显著的,也可以略去不计。因此,我们在本章将讨论定比热的完全气体单纯受热交换作用的流动情况,这些讨论虽然是近似的,但结论十分清晰,在工程上很有用。在讨论中,我们假设:

(1) 流动是一维定常的;

(2) 管道为等截面的直管;

(3) 无功交换及黏性摩擦作用;

(4) 气体的化学成分不变,且为定比定压热容的完全气体。

6.1 热交换对气流参数的影响

6.1.1 基本方程

在等截面的换热管中,取相距为 dx 的两个截面及管道内壁包围的空间为控制体,如图 6.1 所示,在 dx 长度上,单位质量的气体与外界的换热量为 δq。

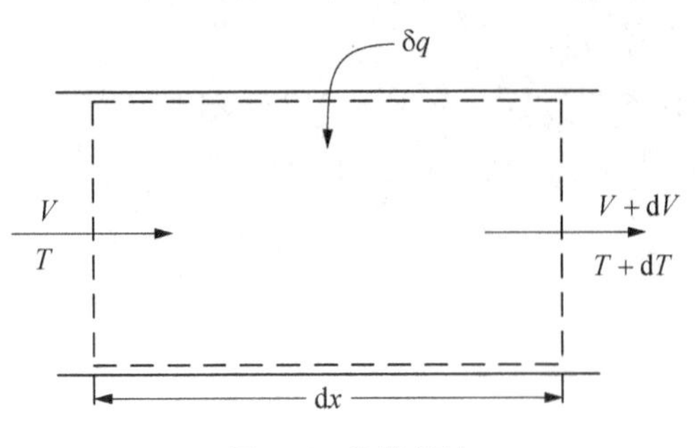

图 6.1 换热管流

对该控制体列出微分形式的基本方程为

连续方程:

$$\frac{d\rho}{\rho}+\frac{dA}{A}+\frac{dV}{V}=0$$

$$dA=0$$

$$\frac{d\rho}{\rho}+\frac{dV}{V}=0 \tag{6.1}$$

动量方程:

$$\Sigma F = q_m \mathrm{d}V$$

$$pA - (p + \mathrm{d}p)A = \rho AV\mathrm{d}V$$

$$\frac{\mathrm{d}p}{p} + \frac{\rho V\mathrm{d}V}{p} = 0$$

$$\frac{\mathrm{d}p}{p} + \frac{\gamma V\mathrm{d}V}{\gamma RT} = 0$$

$$\frac{\mathrm{d}p}{p} + \frac{\gamma V^2}{a^2} \cdot \frac{\mathrm{d}V}{V} = 0$$

$$\frac{\mathrm{d}p}{p} + \gamma Ma^2 \cdot \frac{\mathrm{d}V}{V} = 0 \tag{6.2}$$

能量方程:

$$\delta q = \mathrm{d}h + \mathrm{d}\frac{V^2}{2} + g\mathrm{d}z + \delta w_s$$

$$\delta q = \mathrm{d}h + \mathrm{d}\frac{V^2}{2} = \mathrm{d}h^*$$

$$c_p \mathrm{d}T + V\mathrm{d}V = c_p \mathrm{d}T^*$$

$$\frac{\mathrm{d}T^*}{T} = \frac{\mathrm{d}T}{T} + (\gamma - 1)Ma^2 \frac{\mathrm{d}V}{V}$$

因为

$$\frac{T^*}{T} = 1 + \frac{\gamma - 1}{2}Ma^2$$

所以

$$\frac{\mathrm{d}T^*}{T^*} = \frac{1}{1 + \frac{\gamma - 1}{2}Ma^2} \cdot \frac{\mathrm{d}T}{T} + \frac{(\gamma - 1)Ma^2}{1 + \frac{\gamma - 1}{2}Ma^2} \cdot \frac{\mathrm{d}V}{V} \tag{6.3}$$

状态方程:

$$\frac{p}{\rho} = RT$$

上式两边取对数再进行微分,得

$$\ln p = \ln \rho + \ln R + \ln T$$

$$\frac{\mathrm{d}p}{p} - \frac{\mathrm{d}\rho}{\rho} - \frac{\mathrm{d}T}{T} = 0 \tag{6.4}$$

马赫数方程：

$$Ma = \frac{V}{a} = \frac{V}{\sqrt{\gamma RT}}$$

上式两边取对数再进行微分，得

$$\ln Ma = \ln V - \frac{1}{2}(\ln \gamma + \ln R + \ln T)$$

$$\frac{\mathrm{d}Ma}{Ma} = \frac{\mathrm{d}V}{V} - \frac{1}{2} \cdot \frac{\mathrm{d}T}{T} \tag{6.5}$$

总压方程：

$$\frac{p^*}{p} = \left(1 + \frac{\gamma - 1}{2}Ma^2\right)^{\frac{\gamma}{\gamma-1}}$$

上式两边取对数再进行微分，得

$$\ln p^* = \ln p + \frac{\gamma}{\gamma - 1}\ln\left(1 + \frac{\gamma - 1}{2}Ma^2\right)$$

$$\frac{\mathrm{d}p^*}{p^*} = \frac{\mathrm{d}p}{p} + \frac{\gamma Ma^2}{1 + \frac{\gamma - 1}{2}Ma^2} \cdot \frac{\mathrm{d}Ma}{Ma} \tag{6.6}$$

热力学第二定律：

$$\mathrm{d}s = c_p \frac{\mathrm{d}T^*}{T^*} - R\frac{\mathrm{d}p^*}{p^*}$$

$$\frac{\mathrm{d}s}{c_p} = \frac{\mathrm{d}T^*}{T^*} - \frac{\gamma - 1}{\gamma} \cdot \frac{\mathrm{d}p^*}{p^*} \tag{6.7}$$

6.1.2 换热对气流参数的影响

从能量方程可以看出：总温的变化直接反映了热量交换的大小和方向，所以可以用总温的变化来反映热量交换的影响。因此，在式(6.1)~式(6.7)七个方程中，将 $\frac{\mathrm{d}T^*}{T^*}$ 作为独立变量，就可以找出其他气流参数与总温变化的关系，也就是和热量交换的关系。联立求解上述七个方程的方法是：由式(6.1)、式(6.2)和式(6.3)把 $\frac{\mathrm{d}\rho}{\rho}$、$\frac{\mathrm{d}p}{p}$ 和 $\frac{\mathrm{d}T}{T}$ 都表示成 $\frac{\mathrm{d}V}{V}$ 和 $\frac{\mathrm{d}T^*}{T^*}$ 的关系，然后代入式(6.4)，便可求出 $\frac{\mathrm{d}V}{V} = f\left(\frac{\mathrm{d}T^*}{T^*}\right)$，而后可以很方便地求出其他参数与 $\frac{\mathrm{d}T^*}{T^*}$ 的关系。求出的结果如下：

$$\frac{\mathrm{d}V}{V}=\frac{1+\frac{\gamma-1}{2}Ma^2}{1-Ma^2}\cdot\frac{\mathrm{d}T^*}{T^*} \tag{6.8}$$

$$\frac{\mathrm{d}\rho}{\rho}=-\frac{1+\frac{\gamma-1}{2}Ma^2}{1-Ma^2}\cdot\frac{\mathrm{d}T^*}{T^*} \tag{6.9}$$

$$\frac{\mathrm{d}p}{p}=-\frac{\gamma Ma^2\left(1+\frac{\gamma-1}{2}Ma^2\right)}{1-Ma^2}\cdot\frac{\mathrm{d}T^*}{T^*} \tag{6.10}$$

$$\frac{\mathrm{d}T}{T}=\frac{(1-\gamma Ma^2)\left(1+\frac{\gamma-1}{2}Ma^2\right)}{1-Ma^2}\cdot\frac{\mathrm{d}T^*}{T^*} \tag{6.11}$$

$$\frac{\mathrm{d}Ma}{Ma}=\frac{(1+\gamma Ma^2)\left(1+\frac{\gamma-1}{2}Ma^2\right)}{2(1-Ma^2)}\cdot\frac{\mathrm{d}T^*}{T^*} \tag{6.12}$$

$$\frac{\mathrm{d}p^*}{p^*}=-\frac{\gamma Ma^2}{2}\cdot\frac{\mathrm{d}T^*}{T^*} \tag{6.13}$$

$$\frac{\mathrm{d}s}{c_p}=\left(1+\frac{\gamma-1}{2}Ma^2\right)\frac{\mathrm{d}T^*}{T^*} \tag{6.14}$$

从式(6.8)~式(6.14)可以看出换热对气流参数的影响,列于表6.1中。

由此可以得出结论:加热或放热对气流的影响,在亚声速和超声速气流中恰好相反。即加热使亚声速气流加速,使超声速气流减速;放热时情况刚好相反。

为什么呢?我们可以用热力学的知识加以解释。

表6.1　换热对气流参数的影响

<table>
<tr><td rowspan="3">参数</td><td colspan="3">$\delta q>0$</td><td colspan="3">$\delta q<0$</td></tr>
<tr><td colspan="2">$Ma<1$</td><td>$Ma>1$</td><td colspan="2">$Ma<1$</td><td>$Ma>1$</td></tr>
<tr><td>$Ma<\frac{1}{\sqrt{\gamma}}$</td><td>$Ma>\frac{1}{\sqrt{\gamma}}$</td><td></td><td>$Ma<\frac{1}{\sqrt{\gamma}}$</td><td>$Ma>\frac{1}{\sqrt{\gamma}}$</td><td></td></tr>
<tr><td>T</td><td>↑</td><td>↓</td><td>↑</td><td>↓</td><td>↑</td><td>↓</td></tr>
<tr><td>p, ρ</td><td colspan="2">↓</td><td>↑</td><td colspan="2">↑</td><td>↓</td></tr>
<tr><td>Ma, V</td><td colspan="2">↑</td><td>↓</td><td colspan="2">↓</td><td>↑</td></tr>
<tr><td>T^*</td><td colspan="3">↑</td><td colspan="3">↓</td></tr>
<tr><td>p^*</td><td colspan="3">↓</td><td colspan="3">↑</td></tr>
<tr><td>s</td><td colspan="3">↑</td><td colspan="3">↓</td></tr>
</table>

由连续方程：

$$\frac{\mathrm{d}\rho}{\rho}+\frac{\mathrm{d}V}{V}=0$$

将 $\rho=-\mathrm{d}\rho\cdot\frac{V}{\mathrm{d}V}$ 代入动量方程：

$$\mathrm{d}p+\rho V\mathrm{d}V=0$$

得

$$\frac{\mathrm{d}p}{\mathrm{d}\rho}=V^2$$

此式说明：加热时，$\frac{\mathrm{d}p}{\mathrm{d}\rho}$ 等于气流速度的平方，而不等于声速的平方。因此，在换热管流中，状态变化过程不是定熵过程，而是多变过程，过程方程为

$$\frac{p}{\rho^n}=\text{常数}\ (n\ \text{为多变指数})$$

$$\frac{\mathrm{d}p}{\mathrm{d}\rho}=n\frac{p}{\rho}$$

对于完全气体有

$$\frac{p}{\rho}=RT$$

代入上式，则有

$$\frac{\mathrm{d}p}{\mathrm{d}\rho}=nRT=\frac{n}{\gamma}\gamma RT=\frac{n}{\gamma}a^2=V^2$$

故

$$n=\gamma Ma^2$$

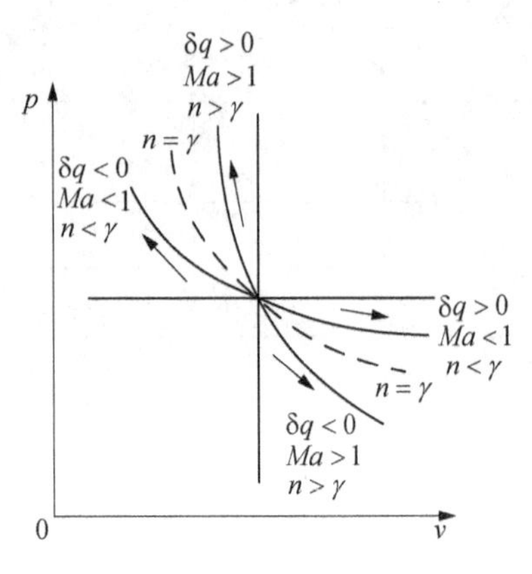

图 6.2　多变过程

此式说明，在换热管流中，随着 Ma 数的变化，多变指数 n 也是变化的。

当 $Ma<1$ 时，$n<\gamma$；

当 $Ma>1$ 时，$n>\gamma$；

当 $Ma=1$ 时，$n=\gamma$。

利用工程热力学知识，我们把多变过程的过程线画在 $p-v$ 图上，如图 6.2 所示。

（1）加热时，多变过程线在绝热线 $n=\gamma$ 以上。

当 $Ma<1$ 时，$n<\gamma$，其过程线位于定压线（$n=0$）和绝热线（$n=\gamma$）之间，以定容线 $n=\pm\infty$ 为分界，

右边为膨胀过程,左边是压缩过程,所以 $Ma<1$ 的加热过程是一个多变的膨胀过程。其过程线在定容线的右边。膨胀时,气流的压强、密度均下降,而流量为常数,所以流速上升。

当 $Ma>1$ 时, $n>\gamma$, 其过程线位于定容线 ($n=\pm\infty$) 和绝热线 ($n=\gamma$) 之间,即位于定容线的左边,是压缩过程。在多变过程中,气流的压强上升,密度亦上升,而由于流量不变,所以气流速度下降。

(2) 放热时,其多变过程线在绝热线 $n=\gamma$ 以下。

当 $Ma<1$ 时, $n<\gamma$, 过程线位于定容线左边,是压缩过程。在多变压缩过程中,气流的压强上升,密度亦上升,而由于流量不变,所以流速下降。

当 $Ma>1$ 时, $n>\gamma$, 过程线位于定容线右侧,是一个多变的膨胀过程。所以压强下降,密度亦下降,而流量不变,所以流速上升。

总之, $Ma<1$ 的加热过程是膨胀过程, $Ma>1$ 的加热过程是压缩过程, $Ma<1$ 的放热过程是压缩过程, $Ma>1$ 的放热过程是膨胀过程。所以换热作用对气流参数的影响,在亚声速和超声速两种流动情况下,恰好相反。

加热使亚声速气流马赫数增大,使超声速气流马赫数减小。放热使亚声速气流马赫数减小,使超声速气流马赫数增大。但是,单纯的加热不可能使亚声速气流变成超声速气流,也不能使超声速气流不经过激波而变成亚声速气流,加热使气流马赫数趋于1,放热使气流马赫数朝远离1的方向变化。

为什么? 这可以从表6.1中得到答案。如对亚声速气流加热,其马赫数增加,当马赫数增加到1后加热还可以使马赫数继续增大,则在超声速段加热作用仍是使气流马赫数增加,这与表6.1中的规律是相反的,表6.1告诉我们加热使超声速气流的马赫数下降。故单纯的加热不能使亚声速气流变为超声速气流。

那么,是否可以通过换热把亚声速气流变为超声速气流呢? 从理论上讲是可以的,这就是: 先对亚声速气流加热,使气流马赫数增加到1,然后立即使气流向外界放热,从而使气流变为超声速气流。我们把这种喷管称作"热力喷管"。

若是将亚声速气流先在等截面管道内加热使之达到声速,然后再利用扩张管使气流继续膨胀加速到超声速流,这种喷管称作"半热力喷管"。如图6.3所示,目前火箭或其他喷气发动机的尾喷管就是基于这种原理。

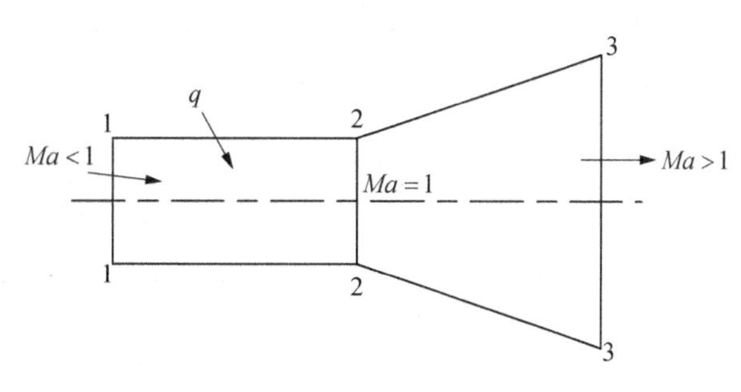

图6.3 半热力喷管

无论是亚声速气流还是超声速气流,加热总使气流的总压下降,所以说在加热的过程中产生了一种特有的阻力,称作热阻或称为加热损失。

从理论上讲气流向外界放热,可以使总压增大,但实际上不可能,因为总存在摩擦等不可逆因素。

6.1.3 瑞利线

瑞利线是在给定单位面积的冲量 $\frac{J}{A}$ 和密流 j 条件下的等截面管流的焓-熵曲线。瑞利线满足冲量方程、连续方程和状态方程。

冲量方程:

$$J = pA + \rho AV^2$$

$$\frac{J}{A} = p + \rho V^2 = 常数$$

连续方程:

$$q_m = \rho AV$$

$$\frac{q_m}{A} = j = \rho V = 常数$$

从连续方程和冲量方程中消去 V, 则有

$$p + \frac{j^2}{\rho} = 常数 \tag{6.15}$$

式(6.15)称为瑞利线方程。可将此方程画在 $h-s$ 图上,得到的曲线称作瑞利线。

瑞利线的求法是: 在 p_1、ρ_1、V_1 给定的情况下,单位面积的冲量 $\frac{J}{A}$ 和密流 j 均是给定的,因此,每给定一个新的 ρ 值,就可以根据瑞利线方程计算出一个相应的 p 值,根据气体热力性质表,就可以查得对应的焓值,同时也得到了相应的熵值,这样,在 $h-s$ 图上就可以作出一条曲线,这条曲线就称为瑞利线,如图 6.4 所示。

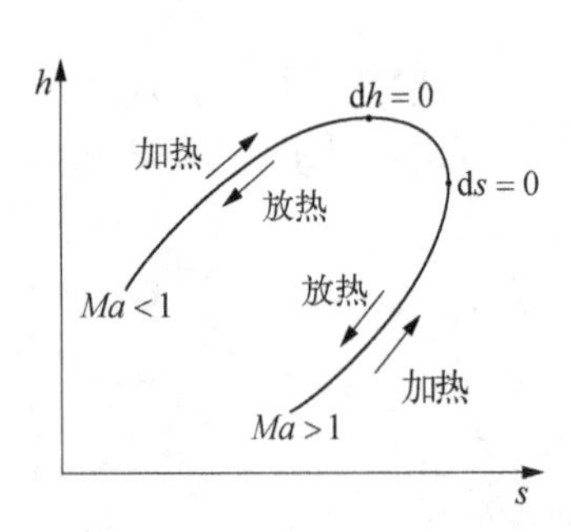

图 6.4 瑞利线

对于定比热的完全气体,根据式(6.11)和式(6.14)可以推导出微分形式的瑞利线方程:

$$\frac{\mathrm{d}s}{R} = \frac{\gamma}{\gamma - 1} \cdot \frac{1 - Ma^2}{1 - \gamma Ma^2} \cdot \frac{\mathrm{d}h}{h} \tag{6.16}$$

将此方程画在 $h-s$ 图上,就是瑞利线,如图 6.4 所示。

根据瑞利线的定义,在图 6.4 中,一条瑞利线上单位面积的冲量 $\frac{J}{A}$ 和密流 j 是相同的。

由式(6.16)可以看出:

(1) $Ma < 1$ 时,若 $\gamma Ma^2 < 1$, 则 $\mathrm{d}s$ 与 $\mathrm{d}h$ 同号,曲线斜率为正,即当 h 增加时, s 亦增加;若 $\gamma Ma^2 > 1$, 则 $\mathrm{d}s$ 与 $\mathrm{d}h$ 异号,曲线斜率为负,即当 h 减少时, s 增加; $Ma > 1$ 时, $\mathrm{d}s$ 与 $\mathrm{d}h$ 同号,曲线斜率为正,即当 h 增加时, s 亦增加; $Ma = 1$ 时, $\mathrm{d}s = 0$, 即 s 达到极大值。所

以，以 $Ma = 1$ 为临界点，将瑞利线分为两支；上支是 $Ma < 1$，下支是 $Ma > 1$。

（2）由工程热力学知识可知，在任何可逆过程中，根据熵的增减可以判断热交换的方向，即在可逆过程中，对气体加热，则熵增加，气体向外放热，则熵减少。因此 $Ma < 1$ 时，加热，使熵增加，气流参数沿瑞利线上支变化，当 Ma 数增加到1时，熵达到极大值。若加热可以使亚声速气流越过 $Ma = 1$ 的点变成超声速气流，则加热反而使熵下降，这是不可能的，所以单纯的加热过程，不可能使亚声速气流变为超声速气流。同理，$Ma > 1$ 时，加热使焓增加，熵亦增加，气流状态沿瑞利线下支变化，使 Ma 数趋近于1。当 $Ma = 1$ 时，熵达到最大值，若加热可以使超声速气流不经过激波而变为亚声速气流，则越过 $Ma = 1$ 的点后，加热使气流的熵减少，这是不可能的。所以，单纯的加热不能使超声速气流不经过激波而变为亚声速气流。

（3）由式（6.16）可以看出，当 $Ma = \dfrac{1}{\sqrt{\gamma}}$ 时，$\mathrm{d}h = 0$，即焓达到极大值，也就是说，对 $Ma = \dfrac{1}{\sqrt{\gamma}}$ 的气流加热时，气流动能的增加率等于加热率，因此，气流的焓不受影响。

（4）在亚声速气流中，$Ma < \dfrac{1}{\sqrt{\gamma}}$ 时，加热使气体的静温增高，马赫数增大，但是当 $Ma > \dfrac{1}{\sqrt{\gamma}}$ 之后再对气流继续加热，马赫数继续增大，但气流的静温 T 开始下降，这是等截面管道加热的特有现象。

这个物理现象可以这样来解释：亚声速气流在等截面管道内，经加热，密度迅速下降，为了保持流量不变，气流速度增加很快，相应的动能增加也很快，以致加给气流的全部热量都转化成动能，也满足不了动能增加的需要，还得将气体的一部分内能转化成动能，所以气流的温度下降。$\dfrac{1}{\sqrt{\gamma}} < Ma < 1$ 时的加热过程，是 $1 < n < \gamma$ 的多变过程，在这个范围内的多变过程，其能量转换关系正是如此。

6.1.4　换热管流的计算公式

1. 以 λ 为自变量的公式

如图6.5所示的换热管流，单位质量气体与外界交换的热量为 q，则截面1－1和截面2－2上气流参数之间的关系可表示如下：

由能量方程有

$$q = h_2^* - h_1^* = c_p(T_2^* - T_1^*)$$

1）总温比

根据动量方程，图6.5所示的控制体有

$$J_1 = J_2$$

由气体动力学函数中的冲量函数知道：

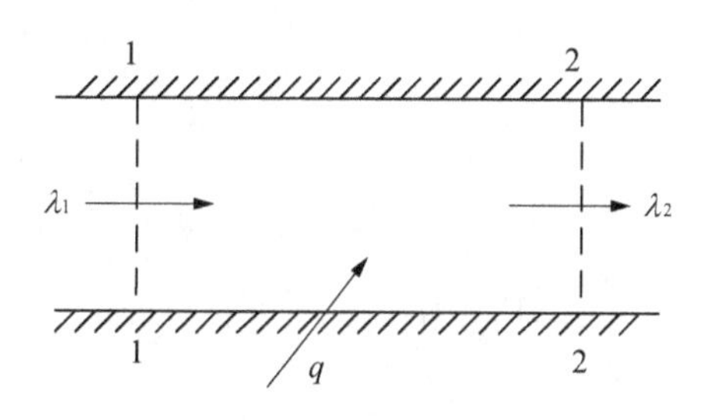

图6.5　换热管流

$$J=\frac{\gamma+1}{2\gamma}q_m a_{cr}z(\lambda)$$

而

$$a_{cr}=\sqrt{\frac{2\gamma}{\gamma+1}RT^*}$$

代入上式后,有

$$\frac{z(\lambda_1)}{z(\lambda_2)}=\sqrt{\frac{T_2^*}{T_1^*}}$$

或

$$\frac{T_2^*}{T_1^*}=\left[\frac{z(\lambda_1)}{z(\lambda_2)}\right]^2 \tag{6.17}$$

2）速度比

根据速度系数 λ 的定义有

$$\frac{V_2}{V_1}=\frac{\lambda_2 a_{cr2}}{\lambda_1 a_{cr1}}$$

将 $a_{cr}=\sqrt{\frac{2\gamma}{\gamma+1}RT^*}$ 代入上式,得

$$\frac{V_2}{V_1}=\frac{\lambda_2}{\lambda_1}\sqrt{\frac{T_2^*}{T_1^*}}=\frac{\lambda_2}{\lambda_1}\cdot\frac{z(\lambda_1)}{z(\lambda_2)} \tag{6.18}$$

3）密度比

由连续方程有

$$\frac{\rho_2}{\rho_1}=\frac{V_1}{V_2}=\frac{\lambda_1}{\lambda_2}\cdot\frac{z(\lambda_2)}{z(\lambda_1)} \tag{6.19}$$

4）温度比

由气体动力学函数 $\tau(\lambda)=\frac{T}{T^*}$ 有

$$\frac{T_2}{T_1}=\frac{T_2^*\tau(\lambda_2)}{T_1^*\tau(\lambda_1)}=\left[\frac{z(\lambda_1)}{z(\lambda_2)}\right]^2\cdot\frac{\tau(\lambda_2)}{\tau(\lambda_1)} \tag{6.20}$$

5）压强比

由用冲量函数 $\gamma(\lambda)$ 表示的冲量 $J=\frac{pA}{\gamma(\lambda)}$ 有

$$\frac{p_2}{p_1}=\frac{y(\lambda_2)}{y(\lambda_1)} \tag{6.21}$$

6）总压比

由用冲量函数$f(\lambda)$表示的冲量$J=p^*Af(\lambda)$有

$$\frac{p_2^*}{p_1^*}=\frac{f(\lambda_1)}{f(\lambda_2)} \tag{6.22}$$

利用上述各式，就可以进行换热管流的计算。

2. 以Ma为自变量的公式

换热管流前后参数的关系既可以用λ作为自变量进行表示，又可以用Ma作为自变量进行表示：

$$\frac{T_2^*}{T_1^*}=\left(\frac{Ma_2}{Ma_1}\right)^2\left(\frac{1+\gamma Ma_1^2}{1+\gamma Ma_2^2}\right)^2\frac{1+\frac{\gamma-1}{2}Ma_2^2}{1+\frac{\gamma-1}{2}Ma_1^2} \tag{6.23}$$

$$\frac{T_2}{T_1}=\left(\frac{Ma_2}{Ma_1}\right)^2\left(\frac{1+\gamma Ma_1^2}{1+\gamma Ma_2^2}\right)^2 \tag{6.24}$$

$$\frac{\rho_2}{\rho_1}=\frac{V_1}{V_2}=\left(\frac{Ma_1}{Ma_2}\right)^2\left(\frac{1+\gamma Ma_2^2}{1+\gamma Ma_1^2}\right) \tag{6.25}$$

$$\frac{p_2}{p_1}=\frac{1+\gamma Ma_1^2}{1+\gamma Ma_2^2} \tag{6.26}$$

$$\frac{p_2^*}{p_1^*}=\frac{1+\gamma Ma_1^2}{1+\gamma Ma_2^2}\left(\frac{1+\frac{\gamma-1}{2}Ma_2^2}{1+\frac{\gamma-1}{2}Ma_1^2}\right)^{\frac{\gamma}{\gamma-1}} \tag{6.27}$$

3. 换热管流的计算

根据上述公式和给定的进口气流参数及加热量q就可以进行换热管流的计算。

例6.1 某涡轮喷气发动机的燃烧室可近似地当作等截面加热管来计算，设气体在进口截面1处的速度$V_1=62.1\ \mathrm{m/s}$，温度$T_1=323\ \mathrm{K}$，压力$p_1=0.4\times10^5\ \mathrm{Pa}$，在燃烧室中气体吸热$q=1\,088\ \mathrm{kJ/kg}$。求出口截面上的气流参数。[燃气的$\gamma=1.33$，比定压热容$c_p=1.088\ \mathrm{kJ/(kg\cdot K)}$]

解：进口截面：

$$a_1=\sqrt{\gamma RT_1}=\sqrt{1.33\times287.4\times323}=351\ \mathrm{m/s}$$

$$Ma_1=\frac{V_1}{a_1}=\frac{62.1}{351}=0.176\,9\qquad \lambda_1=0.19$$

$$T_1^* = \frac{T_1}{\tau(\lambda_1)} = \frac{323}{0.994\,9} = 325\ \text{K}$$

$$p_1^* = \frac{p_1}{\pi(\lambda_1)} = \frac{0.4 \times 10^5}{0.979\,6} = 0.408 \times 10^5\ \text{Pa}$$

出口截面:

$$T_2^* = T_1^* + \frac{q}{c_p} = 325 + \frac{1\,088}{1.088} = 1\,325\ \text{K}$$

$$z(\lambda_2) = z(\lambda_1)\sqrt{\frac{T_1^*}{T_2^*}} = 5.453\,2 \times \sqrt{\frac{325}{1\,325}} = 2.7$$

$$\lambda_2 = 0.445 \quad Ma_2 = 0.418\,2$$

$$p_2^* = p_1^* \frac{f(\lambda_1)}{f(\lambda_2)} = 0.408 \times 10^5 \times \frac{1.020\,1}{1.099\,1} = 0.38 \times 10^5\ \text{Pa}$$

$$\sigma = \frac{p_2^*}{p_1^*} = \frac{0.38}{0.408} = 0.931$$

$$T_2 = T_2^* \tau(\lambda_2) = 1\,325 \times 0.972\,0 = 1\,288\ \text{K}$$

$$p_2 = p_2^* \pi(\lambda_2) = 0.38 \times 10^5 \times 0.891\,7 = 0.339 \times 10^5\ \text{Pa}$$

$$V_2 = Ma_2\sqrt{\gamma R T_2} = 0.418\,2 \times \sqrt{1.33 \times 287.4 \times 1\,288} = 293.4\ \text{m/s}$$

4. 换热管流数值表

前面讲过,加热使亚声速气流和超声速气流的马赫数(或速度系数)都趋近于1,这样我们就可以把进口截面的参数和临界截面的参数建立起关系,则有

$$\frac{T^*}{T_{\text{cr}}^*} = \frac{2(\gamma + 1)Ma^2}{(1 + \gamma Ma^2)^2}\left(1 + \frac{\gamma - 1}{2}Ma^2\right) \tag{6.28}$$

$$\frac{T}{T_{\text{cr}}} = \frac{(\gamma + 1)^2 Ma^2}{(1 + \gamma Ma^2)^2} \tag{6.29}$$

$$\frac{p}{p_{\text{cr}}} = \frac{\gamma + 1}{1 + \gamma Ma^2} \tag{6.30}$$

$$\frac{p^*}{p_{\text{cr}}^*} = \frac{\gamma + 1}{1 + \gamma Ma^2}\left(\frac{1 + \dfrac{\gamma - 1}{2}Ma^2}{\dfrac{\gamma + 1}{2}}\right)^{\frac{\gamma}{\gamma - 1}} \tag{6.31}$$

$$\frac{\rho}{\rho_{\text{cr}}} = \frac{1 + \gamma Ma^2}{(\gamma + 1)Ma^2} \tag{6.32}$$

$$\frac{V}{V_{cr}}=\frac{(\gamma+1)Ma^2}{1+\gamma Ma^2} \tag{6.33}$$

从式(6.28)~式(6.33)可以看出：$\frac{T^*}{T^*_{cr}}$、$\frac{T}{T_{cr}}$、$\frac{p}{p_{cr}}$、$\frac{p^*}{p^*_{cr}}$、$\frac{\rho}{\rho_{cr}}$、$\frac{V}{V_{cr}}$都仅是气流马赫数 Ma 和 γ 的函数，所以对于不同 γ 值的气体，可将这些函数制成表。用这些表，可以很方便地进行换热管流的计算。本书后的附录七就是 $\gamma=1.40$ 的等截面无摩擦换热管流数值表。

6.2 换热壅塞

和变截面管流类似，换热管流中的流动状态也要受换热壅塞的限制，换热壅塞与管道出口截面流动达到临界状态有关。

无论是亚声速气流还是超声速气流，对气流加热总是使气流 λ 数（或 Ma 数）向1趋近。对于给定的气流起始 $\lambda(Ma)$ 数，加热后的气流 $\lambda(Ma)$ 数由加热量唯一地确定，加热量越大，气流的 $\lambda(Ma)$ 数越接近于1，当加热量达到某个值时，气流在加热管的出口截面处速度系数 λ（或马赫数 Ma）等于1，这个加热量称为临界加热量，又称最大加热量，用符号 q_{max} 表示，对应的加热后的气流总温称为临界温度，用符号 T^*_{cr} 表示。根据出口 $\lambda=1$ 的条件，由式(6.17)有

$$\frac{T^*_{cr}}{T^*}=\left[\frac{z(\lambda)}{2}\right]^2 \tag{6.34}$$

而

$$\begin{aligned} q_{max} &= c_p(T^*_{cr}-T^*) \\ &= c_p T^*\left(\frac{T^*_{cr}}{T^*}-1\right) \\ &= c_p T^*\left\{\left[\frac{z(\lambda)}{2}\right]^2-1\right\} \end{aligned}$$

又因为 $z(\lambda)=\lambda+\frac{1}{\lambda}$，代入上式，则有

$$\frac{q_{max}}{c_pT^*}=\left(\frac{1-\lambda^2}{2\lambda}\right)^2 \tag{6.35}$$

或者用 Ma 数来表示，则有

$$\frac{q_{max}}{c_pT^*}=\frac{(1-Ma^2)^2}{2(\gamma+1)Ma^2\left(1+\frac{\gamma-1}{2}Ma^2\right)} \tag{6.36}$$

将式(6.35)画成图，如图6.6所示。

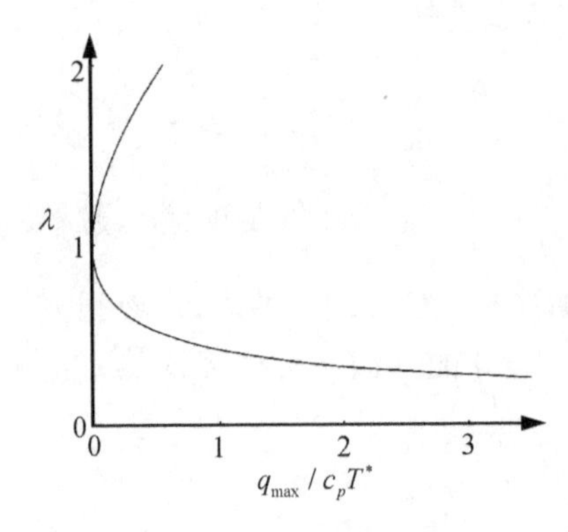

图 6.6　入口 λ 与最大加热量关系

由图 6.6 可以看出：在加热管流中，当加热量 q（或 $q_{max}/c_pT_1^*$）一定时，有一个最大的亚声速 λ_{1max} 值，或者有一个最小的超声速 λ_{1min} 值与之对应，使出口截面处的速度系数 $\lambda_2=1$。当进口截面的 $\lambda_1>\lambda_{1max}$（亚声速）或 $\lambda_1<\lambda_{1min}$（超声速）时，就要发生换热壅塞现象。同样，对于给定的进口速度系数 λ_1，有一个最大的加热量 q_{max}（或 $q_{max}/c_pT_1^*$）与之对应，使出口截面处的速度系数 $\lambda_2=1$。当实际加热量 $q>q_{max}$（或 $q/c_pT_1^*>q_{max}/c_pT_1^*$）时，也要发生换热壅塞现象。

和变截面管流类似，当换热管流出口截面流速等于当地声速时，换热管流内通过的质量流量也达到临界值。

6.2.1　亚声速壅塞

对于给定 λ_1 的亚声速气流，如果无量纲加热量 $q/c_pT_1^*$ 大于 λ_1 所对应的最大无量纲加热量 $(q_{max}/c_pT_1^*)_{\lambda_1}$，必然使气流的总压损失增大，总温也提高，而管道出口处气流的速度只能等于当地声速，所以允许通过的质量流量减小。这样一来，原来的流量就不能全部通过出口截面，必然在进口截面前产生溢流，使进口截面的速度系数由 λ_1 下降到 λ_1'，而 λ_1' 所对应的最大无量纲加热量正好等于实际的无量纲加热量，即 $(q_{max}/c_pT_1^*)_{\lambda_1'}=q/c_pT_1^*$。

6.2.2　超声速壅塞

对于给定 λ_1 的超声速气流，如果实际无量纲加热量 $q/c_pT_1^*$ 大于 λ_1 所对应的最大无量纲加热量 $(q_{max}/c_pT_1^*)_{\lambda_1}$，此时气流出口马赫数等于 1，分析超声速气流在换热管内的流动情况：

（1）不可能一直维持超声速流动；

（2）不可能由超声速减速为声速后，一直维持声速；

（3）不可能由超声速经过激波变成亚声速，再加速到出口为声速。

所以，经过分析，来流不可能以超声速流入加热管，必在进口截面之前产生激波，超声速气流先变成亚声速，亚声速气流再在进口截面发生溢流，使气流以比速度系数 $1/\lambda_1$ 还低的亚声速流进换热管，以满足对应的实际无量纲加热量 $q/c_pT_1^*$，并在出口处达到声速。

下面证明换热管中不可能出现激波这一结论。

1. 证明不可能在管内产生激波

如果在这样的情况下，管内产生激波又怎样呢？假设在管中 $s-s$ 截面处产生一道正激波，如图 6.7 所示。激波后为亚声速气流，经加热，在出口截面 2－2 处达到临界状态。

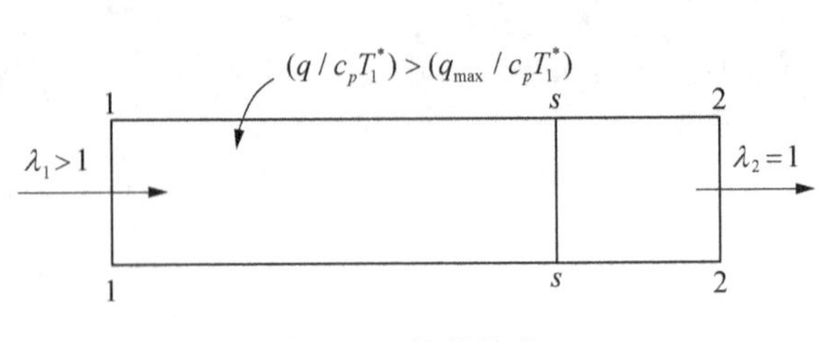

图 6.7　换热管流

根据上述情况有

$$\frac{z(\lambda_1)}{z(\lambda_s)}=\sqrt{\frac{T_s^*}{T_1^*}}$$

$$\lambda_s\lambda_s'=1$$

$$\frac{z(\lambda_s')}{2}=\sqrt{\frac{T_2^*}{T_s^{*\prime}}}$$

$$T_s^*=T_s^{*\prime}$$

$$z(\lambda)=\lambda+\frac{1}{\lambda}$$

由上述五个方程式,得

$$\frac{z(\lambda_1)}{2}=\sqrt{\frac{T_2^*}{T_1^*}}$$

$$\frac{q_{\max}}{c_pT_1^*}=\left(\frac{1-\lambda_1^2}{2\lambda_1}\right)^2$$

此式说明:把进口速度系数为 λ_1 的超声速气流经过加热在管内产生激波变成亚声速,而后经加热又加速至出口截面为声速所需要的无量纲加热量为 $(q_{\max}/c_pT_1^*)_{\lambda_1}$, $(q_{\max}/c_pT_1^*)_{\lambda_1}$ 小于 $q/c_pT_1^*$,这与我们所假设的实际上述流动所需要的无量纲加热量为 $q/c_pT_1^*$ 相矛盾,因此,不可能在管内产生激波。

2. 证明不可能在进口截面上产生激波

若进口截面速度系数为 λ_1 的超声速气流,经加热 $q/c_pT_1^*[>(q_{\max}/c_pT_1^*)_{\lambda_1}]$,在进口截面处产生一道正激波,则有

$$\frac{z(\lambda_s')}{2}=\sqrt{\frac{T_2^*}{T_s^{*\prime}}}$$

$$\lambda_1\lambda_s'=1$$

$$z(\lambda_s')=z(\lambda_1)$$

$$T_s^{*\prime}=T_1^*$$

所以有

$$\frac{z(\lambda_1)}{2}=\sqrt{\frac{T_2^*}{T_1^*}}$$

显然,满足上式所需的最大无量纲加热量 $(q_{\max}/c_pT_1^*)_{\lambda_1}$ 要小于实际的无量纲加热量

$q/c_pT_1^*$，所以，假设在进口截面上产生激波是不能成立的。

因此，根据式(6.35)就必须使进口处的速度系数进一步降低到 λ_1'，使 λ_1' 所对应的最大无量纲加热量 $(q_{\max}/c_pT_1^*)_{\lambda'}$ 正好等于实际的无量纲加热量 $q/c_pT_1^*$。显然，$\lambda_1' < \lambda_s'$，即 $\lambda_1' < (1/\lambda_1)$。要达到此目的，就要在进口截面之前产生脱体激波，波后亚声速气流通过膨胀进一步减速，直至进口截面的 λ 降到 λ_1'，使进入加热管的流量减少，产生溢流，以满足实际无量纲加热量的需求，如图 6.8 所示。

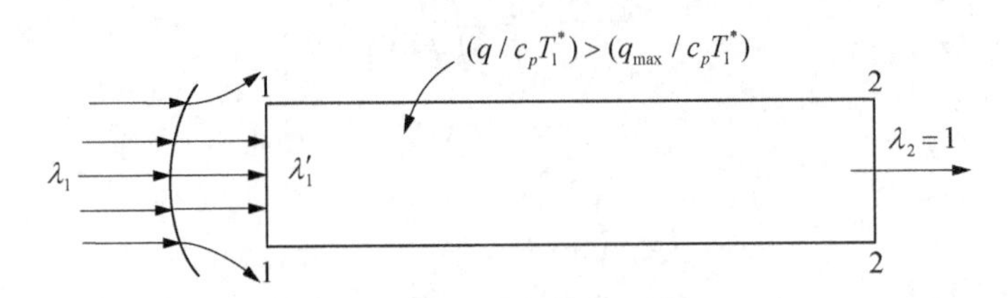

图 6.8　换热管流超声速壅塞

而且加热量越多，壅塞越严重，激波越往上游移动，波后气流通过膨胀继续降低速度系数的幅度就越大。如空气来流 $Ma_1 = 1.8$，所需的临界无量纲加热量 $(q_{\max}/c_pT_1^*)_{Ma_1} = 0.2$；当实际无量纲加热量 $q/c_pT_1^* = 0.4$ 时，在换热管之前产生脱体激波，波后 $Ma_s' = 0.6154$，再通过膨胀减速到换热管入口 $Ma_1' = 0.516$，才能满足实际加热量的要求。

将式(6.36)画成图，如图 6.9 和图 6.10 所示。在这两张图上可以看出，在亚声速区，可以有较大的加热量，但在进口马赫数 Ma 大于 0.4 以后，最大的无量纲加热量 $(q_{\max}/c_pT_1^*)$ 就小得多了。在超声速区，无量纲加热量 $(q_{\max}/c_pT_1^*)$ 显然要比亚声速区小得多。很容易证明，即使马赫数 Ma_1 趋向无限大时，无量纲加热量 $(q_{\max}/c_pT_1^*)$ 也不会大于 $1/(\gamma^2 - 1)$。对于 $\gamma = 1.40$ 的气体，$Ma_1 = \infty$ 时，$(q_{\max}/c_pT_1^*) = 1.0416$。

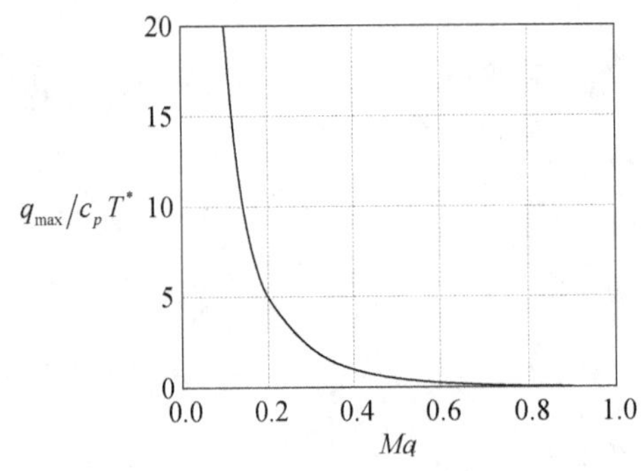

图 6.9　最大加热量与亚声速 *Ma* 关系

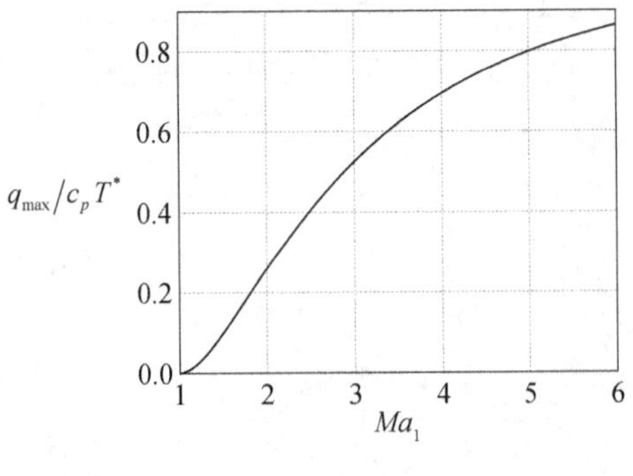

图 6.10　最大加热量与超声速 *Ma* 关系

例 6.2　$\gamma = 1.40$，$R = 287\ \text{J/(kg·K)}$ 的气体以 $Ma_1 = 1.4$ 流入等截面加热管，来流总温为 310 K，出口静压为 1.0×10^5 Pa，不考虑黏性影响，求当出口达到临界状态时所需要加热量，出口总压、总温、流速以及过程的熵变。

解：当出口达到临界状态时：

$$Ma_2 = 1,\ \pi(Ma_2) = 0.5283,\ f(Ma_2) = 1.2679$$

$$p_2^* = \frac{p_2}{\pi(Ma_2)} = \frac{1.0 \times 10^5}{0.5283} = 1.89 \times 10^5 \text{ Pa}$$

$$T_2^* = T_1^* \left[\frac{z(Ma_1)}{z(Ma_2)}\right]^2 = 310 \times \left(\frac{2.0692}{2}\right)^2 = 331.8 \text{ K}$$

$$c_p = \frac{\gamma R}{\gamma - 1} = \frac{1.4 \times 287}{1.4 - 1} = 1\,004.5 \text{ J/(kg·K)}$$

$$q_{\max} = c_p(T_2^* - T_1^*) = 1\,004.5 \times (331.8 - 310) = 21\,898 \text{ J/kg}$$

$$V_2 = a_{cr2} = \sqrt{\frac{2\gamma R T_2^*}{\gamma + 1}} = \sqrt{\frac{2 \times 1.4 \times 287 \times 331.8}{1.4 + 1}} = 333.3 \text{ m/s}$$

换热管流,冲量保持不变,所以

$$p_1^* = \frac{p_2^* f(Ma_2)}{f(Ma_1)} = \frac{1.89 \times 10^5 \times 1.2679}{1.1765} = 2.04 \times 10^5 \text{ Pa}$$

$$\Delta s = c_p \ln\frac{T_2^*}{T_1^*} - R\ln\frac{p_2^*}{p_1^*} = 1\,004.5 \times \ln\frac{331.8}{310} - 287 \times \ln\frac{1.89}{2.04} = 90 \text{ J/(kg·K)}$$

思 考 题

1. 亚声速气流和超声速气流在等截面加热管中流动参数如何变化?
2. 什么是热力喷管和半热力喷管?
3. 从换热管流的多变过程线上可以得到什么结论?
4. 什么是瑞利线,从瑞利线上可以看出什么?
5. 临界加热量的定义,以及其由什么条件决定?
6. 换热壅塞的特征是什么?

习 题

1. 空气无摩擦地流经内径为 0.3 m 的圆管,在圆管进口处静温为 300 K,静压为 0.2 MPa,马赫数为 0.2,试计算:
   (1) 出口达到临界状态所需的传热量;
   (2) 该状态下出口的静温、总温、静压、总压、速度和流量。
2. 在等截面管内,燃料在空气中燃烧,空气流的 $Ma = 2.0$,静温为 263 K,静压为 0.08 MPa,试计算总温的最大可能增量以及相应的温度和总压。
3. 空气以静压 0.055 16 MPa 离开冲压喷气发动机的亚声速扩压器,以静温 333.3 K 与平均速度 73.15 m/s 进入等截面燃烧室,在其中通过与喷入的液体燃料混合燃烧,吸收 1 395.5 kJ/kg 热量。假设工质燃烧前后具有空气的热力学性质,并忽略摩擦。计算:

(1) 燃烧后总温;

(2) 燃烧后马赫数;

(3) 最终静温、静压及流速;

(4) 滞止压力的损失;

(5) 熵的变化。

4. 空气流入半热力喷管,如图 6.11 所示。1 - 1 截面处的气流总温为 289 K,总压 2.0 MPa,流速 62.2 m/s,通过喷管的质量流量为 9 kg/s,按设计情况流入 0.103 MPa 的大气中,求所需要的加热后气流的总温 T_2^*,2 - 2 截面处的速度 V_2、直径 D_2 及 3 - 3 截面处的流速 V_3、直径 D_3。

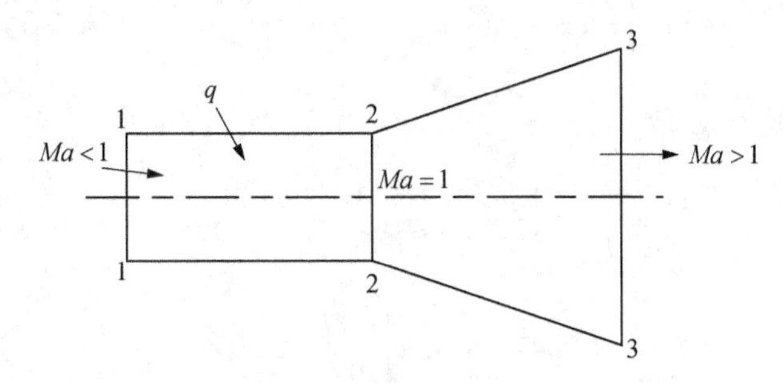

图 6.11　半热力喷管

第7章
摩擦管流

在实际管流中，由于流体内部或流体与管壁之间存在黏性，会产生阻止流体做相对运动的阻力，即黏性力或内摩擦力。这种由于黏性所产生的摩擦效应，会引起流体属性的变化，并造成流体做功能力下降。在一些情况下，摩擦作用可能并不显著，用定常定熵理想流动的模型来分析，可以得到比较接近实际的结果。在另一些情况下，摩擦作用可能是引起流体流动属性变化的主要因素，例如，用长管道输送石油、天然气时，管道中的摩擦效应，将是非常重要的问题。本章重点讨论等截面可压缩摩擦管流和不可压缩黏性管流的流动情况。

7.1 等截面可压缩摩擦管流

在航空上，气流速度快，很多问题都属于大雷诺数下的流动问题，雷诺数反映了气体流动中惯性力与摩擦力之比，随着雷诺数趋于无穷大，流动就无限接近于无黏性流动。对于实际问题，靠近物体表面的气流速度梯度很大的这一层是很薄的，黏性摩擦影响区域局限在较薄的附面层内，这个区域之外的主流区可以看成无黏性理想流动。这节着重分析壁面附近很薄的黏性流体层内的摩擦作用对气体整体流动的影响，为此假设：

流动是一维定常的；管道是等截面的；气体在流动过程中与外界没有机械功的交换；气体为定比热的完全气体；如果管道比较短，而气流速度又很大，气体与固体壁面之间的热交换影响可以忽略不计，黏性摩擦力可以看成是气体与固体壁面之间的相互作用力，我们把这种流动称为一维定常绝热的摩擦管流。

7.1.1 摩擦对气体参数的影响

1. 基本方程

在等截面绝热摩擦管流中取图7.1所示的虚线部分无限小控制体，轴向长度为 $\mathrm{d}x$，进口截面的气体参数为 V、p、ρ、T；出口截面的气流参数为 $V+\mathrm{d}V$、$p+\mathrm{d}p$、$\rho+\mathrm{d}\rho$、$T+\mathrm{d}T$。

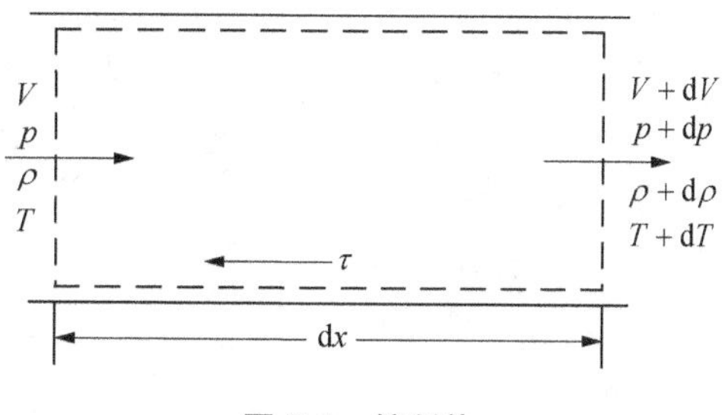

图7.1 控制体

对此控制体施用各基本方程。

连续方程：

$$\frac{d\rho}{\rho}+\frac{dA}{A}+\frac{dV}{V}=0$$

$$\frac{d\rho}{\rho}+\frac{dV}{V}=0 \tag{7.1}$$

动量方程：

$$\sum F=q_m dV$$

$$pA-(p+dp)A-\tau dA_\tau=\rho AVdV$$

$$-Adp-\tau dA_\tau=\rho AVdV$$

式中，τ 为摩擦应力，单位为 N/m^2；A_τ 为摩擦力作用的面积，又称润湿面积，单位为 m^2。

通常用摩擦系数 f 来表示摩擦阻力，其定义为

$$f=\frac{\tau}{\frac{1}{2}\rho V^2}$$

而

$$dA_\tau=\pi Ddx$$

式中，D 为管道直径，单位为 m。

考虑到 $p=\rho RT$, $Ma=\frac{V}{a}$, $a^2=\gamma RT$, 这样，可以把动量方程改写成：

$$-\frac{Adp}{Ap}-\frac{\tau dA_\tau}{Ap}=\frac{\rho AVdV}{Ap}$$

$$-\frac{dp}{p}-\frac{f\cdot\frac{1}{2}\rho V^2\cdot\pi Ddx}{\frac{\pi D^2}{4}p}=\frac{\rho VdV}{p}$$

$$-\frac{dp}{p}-\frac{V^2}{2RT}\cdot 4f\frac{dx}{D}=\frac{VdV}{RT}$$

$$-\frac{dp}{p}-\frac{\gamma V^2}{2a^2}\cdot 4f\frac{dx}{D}=\frac{\gamma VdV}{a^2}$$

$$\frac{dp}{p}+\gamma Ma^2\frac{dV}{V}+\frac{\gamma Ma^2}{2}\cdot 4f\frac{dx}{D}=0 \tag{7.2}$$

能量方程：

$$dh^*=dh+d\left(\frac{V^2}{2}\right)=c_p dT+d\left(\frac{V^2}{2}\right)=0$$

各项除以 c_pT，并考虑到 $c_p = \frac{\gamma}{\gamma - 1}R$，$Ma = \frac{V}{a}$，$a^2 = \gamma RT$，则能量方程可以改写成：

$$\frac{\mathrm{d}T}{T} + \frac{V\mathrm{d}V}{c_pT} = 0$$

$$\frac{\mathrm{d}T}{T} + \frac{V\mathrm{d}V}{\frac{\gamma R}{\gamma - 1}T} = 0$$

$$\frac{\mathrm{d}T}{T} + (\gamma - 1)Ma^2\frac{\mathrm{d}V}{V} = 0 \tag{7.3}$$

状态方程：

$$p = \rho RT$$

上式两边取对数再进行微分，得

$$\ln p = \ln \rho + \ln R + \ln T$$

$$\frac{\mathrm{d}p}{p} - \frac{\mathrm{d}\rho}{\rho} - \frac{\mathrm{d}T}{T} = 0 \tag{7.4}$$

马赫数方程：

$$Ma = \frac{V}{a} = \frac{V}{\sqrt{\gamma RT}}$$

上式两边取对数再进行微分，得

$$\ln Ma = \ln V - \frac{1}{2}(\ln \gamma + \ln R + \ln T)$$

$$\frac{\mathrm{d}Ma}{Ma} - \frac{\mathrm{d}V}{V} + \frac{1}{2}\cdot\frac{\mathrm{d}T}{T} = 0 \tag{7.5}$$

总压方程：

气流总压与静压的关系为

$$p^* = p\left(1 + \frac{\gamma - 1}{2}Ma^2\right)^{\frac{\gamma}{\gamma - 1}}$$

上式两边取对数再进行微分，得

$$\ln p^* = \ln p + \frac{\gamma}{\gamma - 1}\ln\left(1 + \frac{\gamma - 1}{2}Ma^2\right)$$

其微分形式为

$$\frac{\mathrm{d}p^*}{p^*} = \frac{\mathrm{d}p}{p} + \frac{\gamma Ma^2}{1 + \frac{\gamma - 1}{2}Ma^2}\frac{\mathrm{d}Ma}{Ma} \tag{7.6}$$

熵方程：
根据熵和总压的关系，有

$$\mathrm{d}s = c_p \frac{\mathrm{d}T^*}{T^*} - R\frac{\mathrm{d}p^*}{p^*}$$

$$\frac{\mathrm{d}s}{c_p} = -\frac{R\mathrm{d}p^*}{c_p p^*}$$

$$\frac{\mathrm{d}s}{c_p} = -\frac{\gamma - 1}{\gamma}\frac{\mathrm{d}p^*}{p^*} \tag{7.7}$$

冲量方程：
根据冲量的定义 $J = pA + q_m V$，有

$$\ln J = \ln p\left(A + \frac{\rho AV \cdot V}{p}\right)$$

$$\ln J = \ln p + \ln A\left(1 + \frac{V^2}{RT}\right)$$

$$\ln J = \ln p + \ln A + \ln(1 + \gamma Ma^2)$$

$$\frac{\mathrm{d}J}{J} = \frac{\mathrm{d}p}{p} + \frac{2\gamma Ma}{1 + \gamma Ma^2} \cdot \mathrm{d}Ma$$

$$\frac{\mathrm{d}J}{J} = \frac{\mathrm{d}p}{p} + \frac{2\gamma Ma^2}{1 + \gamma Ma^2}\frac{\mathrm{d}Ma}{Ma} \tag{7.8}$$

2. 摩擦对气流参数的影响

在上述式(7.1)~式(7.8)八个联立方程中有九个微分变量，它们是：$\frac{\mathrm{d}p}{p}$、$\frac{\mathrm{d}\rho}{\rho}$、$\frac{\mathrm{d}T}{T}$、$\frac{\mathrm{d}V}{V}$、$\frac{\mathrm{d}Ma}{Ma}$、$\frac{\mathrm{d}p^*}{p^*}$、$\frac{\mathrm{d}s}{c_p}$、$\frac{\mathrm{d}J}{J}$ 和 $4f\frac{\mathrm{d}x}{D}$。引起气流参数变化的物理原因是黏性摩擦效应，因此，我们选取 $4f\frac{\mathrm{d}x}{D}$ 作为独立变量，其余八个变量可以利用上述八个方程由 $4f\frac{\mathrm{d}x}{D}$ 表示出来。解的方法是：由式(7.1)~式(7.3)把 $\frac{\mathrm{d}p}{p}$、$\frac{\mathrm{d}\rho}{\rho}$、$\frac{\mathrm{d}T}{T}$ 都表示成 $\frac{\mathrm{d}V}{V}$ 和 $4f\frac{\mathrm{d}x}{D}$ 的关系，然后代入式(7.4)，便可求出 $\frac{\mathrm{d}V}{V} = f\left(4f\frac{\mathrm{d}x}{D}\right)$，而后可以很方便地求出其他变量与 $4f\frac{\mathrm{d}x}{D}$ 的关系，结果如下：

$$\frac{\mathrm{d}V}{V}=\frac{\gamma Ma^2}{2(1-Ma^2)}4f\frac{\mathrm{d}x}{D} \tag{7.9}$$

$$\frac{\mathrm{d}\rho}{\rho}=-\frac{\gamma Ma^2}{2(1-Ma^2)}4f\frac{\mathrm{d}x}{D} \tag{7.10}$$

$$\frac{\mathrm{d}p}{p}=-\frac{\gamma Ma^2[1+(\gamma-1)Ma^2]}{2(1-Ma^2)}4f\frac{\mathrm{d}x}{D} \tag{7.11}$$

$$\frac{\mathrm{d}T}{T}=-\frac{(\gamma-1)\gamma Ma^4}{2(1-Ma^2)}4f\frac{\mathrm{d}x}{D} \tag{7.12}$$

$$\frac{\mathrm{d}Ma}{Ma}=\frac{\gamma Ma^2\left(1+\frac{\gamma-1}{2}Ma^2\right)}{2(1-Ma^2)}4f\frac{\mathrm{d}x}{D} \tag{7.13}$$

$$\frac{\mathrm{d}p^*}{p^*}=-\frac{\gamma Ma^2}{2}4f\frac{\mathrm{d}x}{D} \tag{7.14}$$

$$\frac{\mathrm{d}s}{c_p}=\frac{\gamma-1}{2}Ma^2 4f\frac{\mathrm{d}x}{D} \tag{7.15}$$

$$\frac{\mathrm{d}J}{J}=-\frac{\gamma Ma^2}{2(1+Ma^2)}4f\frac{\mathrm{d}x}{D} \tag{7.16}$$

从上述各式可以看出摩擦管流中各参数沿管长方向的变化趋势，将其列于表7.1中。

表7.1 等截面绝热摩擦管流中各参数沿管长方向的变化趋势

参　数	$Ma<1$	$Ma>1$
V、Ma	↑	↓
p、ρ、T、h	↓	↑
s	↑	
p^*	↓	
J	↓	

由此可以得出下列结论：

（1）不论管内流动是亚声速还是超声速，黏性摩擦作用造成的损失使气流的总压下降，降低了气流的做功能力。在喷气发动机上，黏性摩擦使发动机的效率降低，减小了可能获得的推力。

（2）不论流动是亚声速还是超声速，黏性摩擦作用引起熵产，根据热力学第二定律，在绝热的条件下，气体的熵必定增加。所以，这是一个不可逆的过程。

（3）气体受到黏性摩擦力作用，伴随产生摩擦热，运动就会受到力学特性和热学特性影响。等截面可压缩摩擦管流微元段可以分解成以下两个子过程。

第一个过程只从动量变化角度考虑摩擦力对不可压缩气体的作用,不考虑热学特性。摩擦力对气体做负功,气体动能减少,转化为摩擦热(作为第二阶段考虑因素),速度下降,温度、压力不变,管道形状应是扩张形。

第二个过程从可压缩气体的热学特性考虑,该过程是一个加热(摩擦热)和收缩(恢复初始管道截面积)的过程,在加热和收缩管的共同作用下,亚声速气体温度、压力下降并加速,超声速气体温度、压力上升并减速。

这两个过程力学特性、热学特性共同作用的结果导致亚声速气体加速、超声速气体减速。

(4) 无论进口是亚声速流还是超声速流,黏性摩擦作用的结果,都使气流的马赫数 Ma 趋近于 1,最终达到临界状态,即 $Ma=1$;但单纯的黏性摩擦作用不可能将亚声速气流加速成超声速气流,也不可能将超声速气流不经过激波而减速成亚声速气流。为什么?可以从表 7.1 中得到答案:如亚声速气流在摩擦管中加速到声速后,还可以加速到超声速,则在超声速段内黏性摩擦作用仍是使气流加速,这与表 7.1 中的规律是相反的,故不可能,即亚声速气流不能只靠摩擦变为超声速气流。这个特点可以用范诺线进行解释。

3. 范诺线

范诺线是指:给定总焓 h^* 和密流 j 下的等截面管流的焓-熵曲线。

范诺线满足能量方程,连续方程和状态方程。即

$$h^* = h + \frac{V^2}{2} = \text{常数}$$

$$j = \rho\nu = \text{常数}$$

由上述两个方程中消去 V 后则有

$$h = h^* - \frac{j^2}{2\rho^2} \tag{7.17}$$

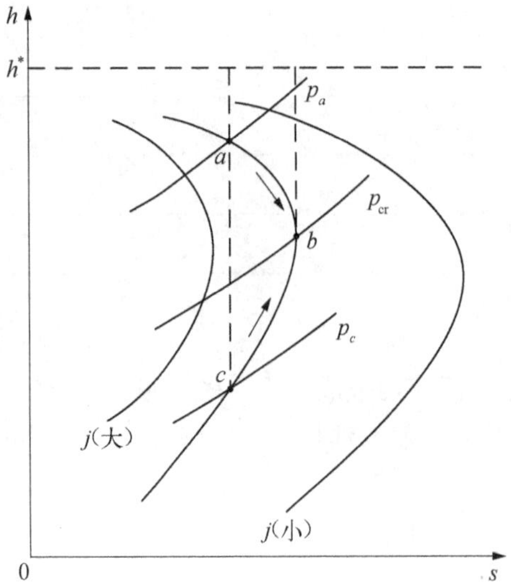

图 7.2 范诺线

式(7.17)称为范诺线方程。

将此方程画在焓-熵图上就可以得到范诺线,具体做法是:由于已知总焓和密流,因此对每个给定的密度 ρ 值,就可以根据范诺线方程计算出一个焓 h 值,再根据气体热力性质,由 ρ、h 的值,得到相应的熵 s 值。这样在焓-熵图上就可以画出一条线,就是范诺线,如图 7.2 所示。

根据式(7.12)和式(7.15)可以得到微分形式的范诺线方程:

$$\mathrm{d}s = \frac{R}{\gamma - 1}\left(1 - \frac{1}{Ma^2}\right)\frac{\mathrm{d}h}{h} \tag{7.18}$$

图 7.2 中的三条范诺线具有相同的总焓 h^*,但密流 j 不同,左面范诺线的密流较大。

由式(7.18)可以看出：

当 $Ma<1$ 时，dh 与 ds 异号，在 $h-s$ 图上斜率为负值。因此，范诺线的上半支对应于亚声速流；

当 $Ma>1$ 时，dh 与 ds 同号，在 $h-s$ 图上斜率为正值。因此，范诺线的下半支对应于超声速流；

当 $Ma=1$ 时，$dh=0$，为图中的 b 点，即 b 点的熵最大。

根据热力学第二定律，对于绝热的黏性流动，其熵不能减小，而总是增大，即 $ds>0$，一直增加到某一最大值即 $ds=0$。因此，范诺线的上半支对应于亚声速流，变化的方向必定是趋向右方，而绝不可能趋向左方，且其极限情况是 $Ma=1$。

因此，若管道中某一截面处的流动是亚声速时(图7.2中的 a 点)，则摩擦作用必使气流马赫数增大，焓值减小，熵增加，即从 a 点向 b 点变化，直到 b 点为止。若到达 b 点后，气流可以继续沿范诺线变化，即气流马赫数继续增大而变为超声速气流，则其熵要减小，这是违反热力学第二定律的。因此，单纯的摩擦作用不能使亚声速气流变为超声速气流。反之，若管中某一截面处的流动是超声速的(图7.2中的 c 点)，则在黏性摩擦的作用下，使气流马赫数减小，焓值增加，熵增加，即从 c 点向 b 点移动，直到 b 点为止。若到达 b 点后，气流可以继续沿范诺线变化，即气流变为亚声速，则其熵要减小，这同样是违反热力学第二定律的。因此，单纯的摩擦作用也不可能使超声速气流不经过激波而变为亚声速气流。

4. 摩擦管流的计算公式

在摩擦管中，任取两个截面1和2，如图7.3所示，它们之间的距离为 L，管径为 D，下面推导这两个截面气流参数间的关系。

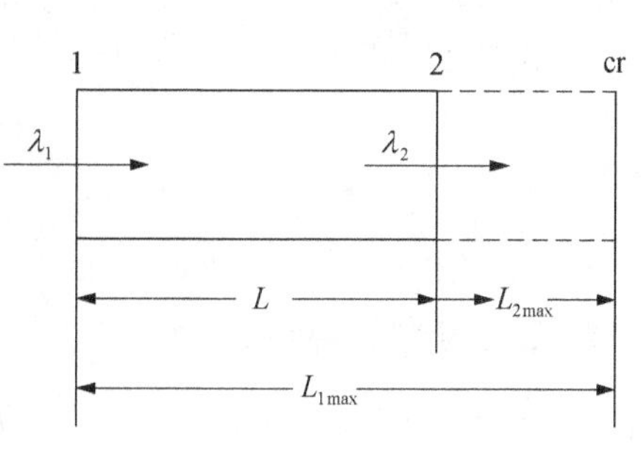

图7.3 摩擦管流

1) 速度分布

把式(7.9)改写为速度系数 λ 的形式，则有

$$\left(\frac{1}{\lambda^2}-1\right)\frac{d\lambda}{\lambda}=\frac{\gamma}{\gamma+1}4f\frac{dx}{D}$$

由 $x_1=0$ ($\lambda=\lambda_1$) 到 $x_2=L$ ($\lambda=\lambda_2$) 积分，则有

$$\int_0^L\frac{\gamma}{\gamma+1}4f\frac{dx}{D}=\int_{\lambda_1}^{\lambda_2}\left(\frac{1}{\lambda^2}-1\right)\frac{d\lambda}{\lambda}$$

$$\int_0^L\frac{2\gamma}{\gamma+1}4f\frac{dx}{D}=\left(\frac{1}{\lambda_1^2}-\frac{1}{\lambda_2^2}\right)-\ln\frac{\lambda_2^2}{\lambda_1^2}$$

令 $\bar{f}=\frac{1}{L}\int_0^L f dx$，即按长度平均的摩擦系数，则有

$$\left(\frac{1}{\lambda_1^2}-\frac{1}{\lambda_2^2}\right)-\ln\frac{\lambda_2^2}{\lambda_1^2}=\frac{2\gamma}{\gamma+1}4\bar{f}\frac{L}{D} \tag{7.19}$$

所以知道了 $\lambda_1(Ma_1)$、$\bar{f}$、D、L，就可以利用式(7.19)计算出 $\lambda_2(Ma_2)$。$4\bar{f}\frac{L}{D}$ 称为摩擦

管流中的折合管长。

若以 L_{max} 表示进口气流速度 $\lambda_1(Ma_1)$ 达到 $\lambda_2 = 1$ 时对应的管长,则有

$$\left(\frac{1}{\lambda_1^2} - 1\right) + \ln \lambda_1^2 = \frac{2\gamma}{\gamma + 1} 4\bar{f}\frac{L_{max}}{D} \tag{7.20}$$

式中,$4\bar{f}\frac{L_{max}}{D}$ 称为摩擦管流的临界折合长度。

由式(7.20)可以看出:当摩擦管流的进口速度系数 λ_1(或马赫数 Ma_1)一定时,就有一个相应的管道的最大长度 L_{max}(或说有一个相应的临界折合长度);而当摩擦管道长度一定时(或者说摩擦管的折合管长一定时)就有一个最大的亚声速 $\lambda_{1,max}$ 值,或者有一个最小的超声速 $\lambda_{1,min}$ 与之对应,使出口处的速度系数 $\lambda_2 = 1$。

2)气流参数的计算

a)密度比

由连续方程得到:

$$\frac{\rho_2}{\rho_1} = \frac{V_1}{V_2} = \frac{\lambda_1}{\lambda_2} \tag{7.21}$$

b)温度比

由能量方程得到:

$$\frac{T_2}{T_1} = \frac{\tau(\lambda_2)}{\tau(\lambda_1)} \tag{7.22}$$

c)压强比

由状态方程得到:

$$\frac{p_2}{p_1} = \frac{\lambda_1}{\lambda_2} \cdot \frac{\tau(\lambda_2)}{\tau(\lambda_1)} \tag{7.23}$$

或由流量公式得

$$\frac{p_2}{p_1} = \frac{y(\lambda_1)}{y(\lambda_2)} \tag{7.24}$$

d)总压比

由流量公式得到:

$$\frac{p_2^*}{p_1^*} = \frac{q(\lambda_1)}{q(\lambda_2)} \tag{7.25}$$

e)冲量比

由冲量公式得到:

$$\frac{J_2}{J_1} = \frac{p_2^*}{p_1^*}\frac{f(\lambda_2)}{f(\lambda_1)} = \frac{q(\lambda_1)f(\lambda_2)}{q(\lambda_2)f(\lambda_1)} = \frac{z(\lambda_2)}{z(\lambda_1)} \tag{7.26}$$

f）熵增

由熵方程得到：

$$\frac{s_2 - s_1}{R} = \ln\frac{p_1^*}{p_2^*} = \ln\frac{q(\lambda_2)}{q(\lambda_1)} \tag{7.27}$$

利用上述公式，就可以进行摩擦管流的计算。其关键就是要求出出口截面的速度系数 λ_2。

3）以 Ma 数为自变量的公式

由式(7.13)有

$$4f\frac{\mathrm{d}x}{D} = \frac{1 - Ma^2}{\gamma Ma^4\left(1 + \dfrac{\gamma - 1}{2}Ma^2\right)}\mathrm{d}Ma^2$$

沿管长对上式积分，则有

$$4\bar{f}\frac{L}{D} = \frac{Ma_2^2 - Ma_1^2}{\gamma Ma_1^2 Ma_2^2} + \frac{\gamma + 1}{2\gamma}\ln\left[\frac{Ma_1^2\left(1 + \dfrac{\gamma - 1}{2}Ma_2^2\right)}{Ma_2^2\left(1 + \dfrac{\gamma - 1}{2}Ma_1^2\right)}\right] \tag{7.28}$$

$$\frac{\rho_2}{\rho_1} = \frac{V_1}{V_2} = \frac{Ma_1}{Ma_2}\left(\frac{1 + \dfrac{\gamma - 1}{2}Ma_2^2}{1 + \dfrac{\gamma - 1}{2}Ma_1^2}\right)^{\frac{1}{2}} \tag{7.29}$$

$$\frac{T_2}{T_1} = \frac{1 + \dfrac{\gamma - 1}{2}Ma_1^2}{1 + \dfrac{\gamma - 1}{2}Ma_2^2} \tag{7.30}$$

$$\frac{p_2}{p_1} = \frac{Ma_1}{Ma_2}\left(\frac{1 + \dfrac{\gamma - 1}{2}Ma_1^2}{1 + \dfrac{\gamma - 1}{2}Ma_2^2}\right)^{\frac{1}{2}} \tag{7.31}$$

$$\frac{p_2^*}{p_1^*} = \frac{Ma_1}{Ma_2}\left(\frac{1 + \dfrac{\gamma - 1}{2}Ma_2^2}{1 + \dfrac{\gamma - 1}{2}Ma_1^2}\right)^{\frac{\gamma+1}{2(\gamma-1)}} \tag{7.32}$$

$$\frac{s_2 - s_1}{R} = \ln\left[\frac{Ma_2}{Ma_1}\left(\frac{1 + \dfrac{\gamma - 1}{2}Ma_1^2}{1 + \dfrac{\gamma - 1}{2}Ma_2^2}\right)^{\frac{\gamma+1}{2(\gamma-1)}}\right] \tag{7.33}$$

4）摩擦管流的计算

正如前面指出的，摩擦管流的计算，其关键是要计算出口截面的速度系数 λ_2 或马赫数 Ma_2。但是，计算是很麻烦的。

为了简化计算，一般都设想管道有一个临界截面，然后把进口截面上的气流参数和需要计算的出口截面上的参数，都和临界截面建立关系，如图 7.3 所示，在出口 2 截面之后假想还有一段虚线所示的管道，使气流马赫数 Ma 变到 1。在每个 $Ma(\lambda)$ 数下，都对应一个临界截面的管长，即 L_{max}，这时式(7.28)写成：

$$4\bar{f}\frac{L_{max}}{D}=\frac{1-Ma^2}{\gamma Ma^2}+\frac{\gamma+1}{2\gamma}\ln\frac{(\gamma+1)Ma^2}{2\left(1+\frac{\gamma-1}{2}Ma^2\right)} \tag{7.34}$$

这时，

$$\frac{\rho}{\rho_{cr}}=\frac{a_{cr}}{V}=\frac{1}{\lambda}$$

$$\frac{\rho}{\rho_{cr}}=\frac{1}{Ma}\left[\frac{2\left(1+\frac{\gamma-1}{2}Ma^2\right)}{\gamma+1}\right]^{\frac{1}{2}} \tag{7.35}$$

$$\frac{T}{T_{cr}}=\frac{\tau(\lambda)}{\tau(1)}$$

$$\frac{T}{T_{cr}}=\frac{\gamma+1}{2}\cdot\frac{1}{1+\frac{\gamma-1}{2}Ma^2} \tag{7.36}$$

$$\frac{p}{p_{cr}}=\frac{1}{\lambda}\cdot\frac{\tau(\lambda)}{\tau(1)}=\frac{y(1)}{y(\lambda)}$$

$$\frac{p}{p_{cr}}=\frac{1}{Ma}\left(\frac{\gamma+1}{2}\frac{1}{1+\frac{\gamma-1}{2}Ma^2}\right)^{\frac{1}{2}} \tag{7.37}$$

$$\frac{p^*}{p^*_{cr}}=\frac{1}{q(\lambda)}$$

$$\frac{p^*}{p^*_{cr}}=\frac{1}{Ma}\left[\frac{2}{\gamma+1}\left(1+\frac{\gamma-1}{2}Ma^2\right)\right]^{\frac{\gamma+1}{2(\gamma-1)}} \tag{7.38}$$

$$\frac{J}{J_{cr}}=\frac{z(\lambda)}{2}$$

$$\frac{J}{J_{cr}}=\frac{1+\gamma Ma^2}{Ma\left[2(\gamma+1)\left(1+\frac{\gamma-1}{2}Ma^2\right)\right]^{\frac{1}{2}}} \tag{7.39}$$

实际上，管道出口气流马赫数不一定等于1，也就是说管长L不一定等于$L_{\max}$，而往往小于$L_{\max}$。在此情况下，可以按进口马赫数Ma_1计算出$\left(4\bar{f}\frac{L_{\max}}{D}\right)_{Ma_1}$，再计算实际折合管长$4\bar{f}\frac{L}{D}$，而对应出口截面$Ma_2$的临界折合管长$\left(4\bar{f}\frac{L_{\max}}{D}\right)_{Ma_2}$为

$$\left(4\bar{f}\frac{L_{\max}}{D}\right)_{Ma_2}=\left(4\bar{f}\frac{L_{\max}}{D}\right)_{Ma_1}-\left(4\bar{f}\frac{L}{D}\right) \tag{7.40}$$

根据此值，再利用式(7.34)计算出口截面的Ma_2值，就可以计算其他参数。

5）摩擦管流数值表

从式(7.34)~式(7.39)可以看出：$4\bar{f}\frac{L_{\max}}{D}$、$\frac{\rho}{\rho_{cr}}$、$\frac{T}{T_{cr}}$、$\frac{p}{p_{cr}}$、$\frac{p^*}{p^*_{cr}}$都仅是气流$Ma$数和定熵指数$\gamma$的函数。所以对于不同$\gamma$值的气体，可将这些函数制成数值表，用这些表，可以很方便地进行摩擦管流的计算。书后附录八是$\gamma=1.40$的摩擦管流数值表。

例7.1 空气沿内径为$D=0.1$ m的直圆管中流动，欲使气流马赫数$Ma_1=0.5$加速到$Ma_2=0.9$(已知气流的平均摩擦系数$\bar{f}=0.005$)，求管道的长度L。

解：把空气从$Ma_1=0.5$加速到$Ma=1.0$，查附录八有

$$\left(4\bar{f}\frac{L_{\max}}{D}\right)_{0.5}=1.0691$$

把空气从$Ma_2=0.9$加速到$Ma=1.0$，查附录八有

$$\left(4\bar{f}\frac{L_{\max}}{D}\right)_{0.9}=0.0145$$

因此

$$\begin{aligned}4\bar{f}\frac{L}{D}&=\left(4\bar{f}\frac{L_{\max}}{D}\right)_{0.5}-\left(4\bar{f}\frac{L_{\max}}{D}\right)_{0.9}\\&=1.0691-0.0145\\&=1.0546\end{aligned}$$

所以

$$L=\frac{D\times1.0546}{4\bar{f}}=\frac{0.1\times1.0546}{4\times0.005}=5.273\text{ m}$$

7.1.2 摩擦壅塞

和变截面管流、换热管流一样，摩擦管流中的流动状态也要受摩擦壅塞的限制。摩擦壅塞与管道出口截面出现临界状态有关。

从图7.4可以看出：摩擦管流中，当管长 L $\left(\text{或是折合管长 } 4\bar{f}\dfrac{L}{D}\right)$ 一定时，有一个最大的亚声速 $\lambda_{1\max}$ 值，或者有一个最小的超声速 $\lambda_{1\min}$ 值与之对应，使出口截面的速度系数 $\lambda_2 = 1$。当进口截面的 $\lambda_1 > \lambda_{1\max}$（亚声速）或 $\lambda_1 < \lambda_{1\min}$（超声速），就要发生摩擦壅塞现象。同样，对于给定的进口速度系数 λ_1，有一个最大的管长 $L_{\max}$ $\left(\text{即临界折合管长 } 4\bar{f}\dfrac{L_{\max}}{D}\right)$ 与之对应，使出口截面处的速度系数 $\lambda_2 = 1$。当实际管长 $L > L_{\max}$ $\left[\text{即}\left(4\bar{f}\dfrac{L}{D}\right) > \left(4\bar{f}\dfrac{L_{\max}}{D}\right)\right]$ 时，也要发生摩擦壅塞现象。

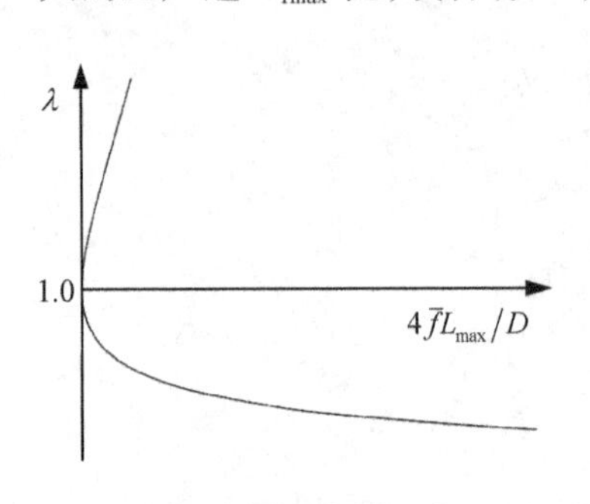

图7.4 临界折合管长与入口λ对应关系

和变截面管流中最小截面处的流速等于声速时流量达到临界值的情况相类似，当摩擦管流出口截面流速等于声速时，摩擦管内的管流也达到临界值。

1. 亚声速壅塞

如图7.5所示，$\lambda_1 < 1$ 的气流由于摩擦作用在出口截面 $2a$ 处已达到临界状态。若进口气流参数不变，仅把管子再加长一段，图中的 $L_{\max} \to L$ 和 $2b$ 截面。那么在截面 $2a$ 以后的流动如何进行呢？

第一，它不可能是超声速流。因为一旦达到超声速，摩擦作用会使它减速而恢复到等于声速。

第二，它也不可能是亚声速。因为如果降到亚声速，摩擦作用又会使它加速而恢复到等于声速。

第三，它更不可能维持等声速流动。因为摩擦作用的存在，必定要引起气流参数的变化。

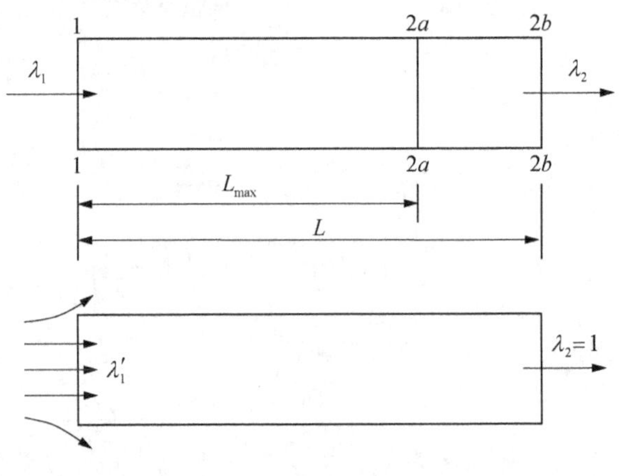

图7.5 亚声速壅塞

因为在 $2a$ 截面处，达到了临界状态，即 $\lambda_{2a} = 1$，这时通过管道的流量 $q_m = K\dfrac{p_{2a}^*}{\sqrt{T_{2a}^*}}A_{2a}$。根据前面的分析，在新的管长下，出口截面 $2b$ 处的速度系数 λ_{2b} 最大也只能等于1。这时通过摩擦管的质量流量 $q_m' = K\dfrac{p_{2b}^*}{\sqrt{T_{2b}^*}}A_{2b}$。由于 $A_{2b} = A_{2a}$，$T_{2b}^* = T_{2a}^*$，而 p^* 由于摩擦作用沿管长不断下降，即 $p_{2b}^* < p_{2a}^*$，所以 $q_m' < q_m$。即截面 $2b$ 上所允许通过的质量流量小于 $2a$ 截面上的质量流量。这样一来，原来的流量不能全部通过出口截面，必有一部分溢流管外，即在管道的进口界面前产生溢流，由于进口参数 p_1、T_1、ρ_1 保持不变，就只有

减小进口速度，即减小进口的速度系数 λ_1，达到减小流量的要求，使 2b 截面处的速度系数 $\lambda_{2b}=1$。

从物理上看，由于 $L > L_{max}$，则在临界截面下游允许通过的流量减小，这样，有一部分气体堆积在临界界面之前，由于气体堆积，必使压强提高，给气流造成扰动，由于 $\lambda < 1$，所以扰动可以一直传到进口截面，使进口处气流的速度系数由 λ_1 降低到 λ_1'，使得 λ_1' 所对应得最大管长正好等于实际管长。

2. 超声速壅塞

对于 $\lambda_1 > 1$ 的气流，当 $L > L_{max}$ $\left(即\ 4\bar{f}\frac{L}{D} > 4\bar{f}\frac{L_{max}}{D}\right)$ 时，也会出现壅塞现象。这时，在管内出现正激波，如图 7.6 所示。

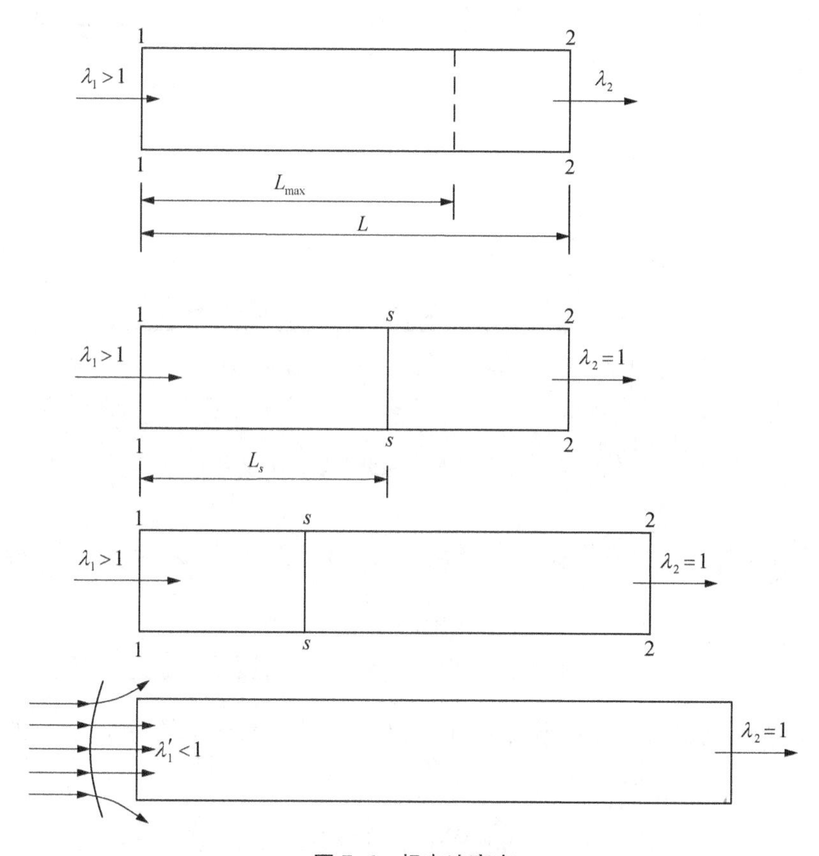

图 7.6 超声速壅塞

超声速气流穿过正激波后变为亚声速气流，然后在摩擦的作用下加速，到达出口截面时，刚好达到 $\lambda_2=1$。这时进口截面上的 λ_1 没有变，通过管道的质量流量 q_m 也没有变。而激波的位置 L_s 与 $L-L_{max}$ 的值有关。

如果进口处的 λ_1 固定不变，管道越长，正激波的位置越向上游移动，管长达到某一限度时，激波移到进口截面外成为脱体激波，并发生溢流，如图 7.6 所示。此时流量及进口速度都将减小。如果在摩擦管的上游串接一个拉瓦尔喷管，则激波可能推进到喷管的扩张段，这时，激波后的气流为亚声速，使摩擦管进口处的 $\lambda_1 < 1$。当然，如果摩擦管非常长，也可以使前面的拉瓦尔喷管中的流动完全变为亚声速流。

图 7.7 表示拉瓦尔喷管连接一等截面的摩擦管道。

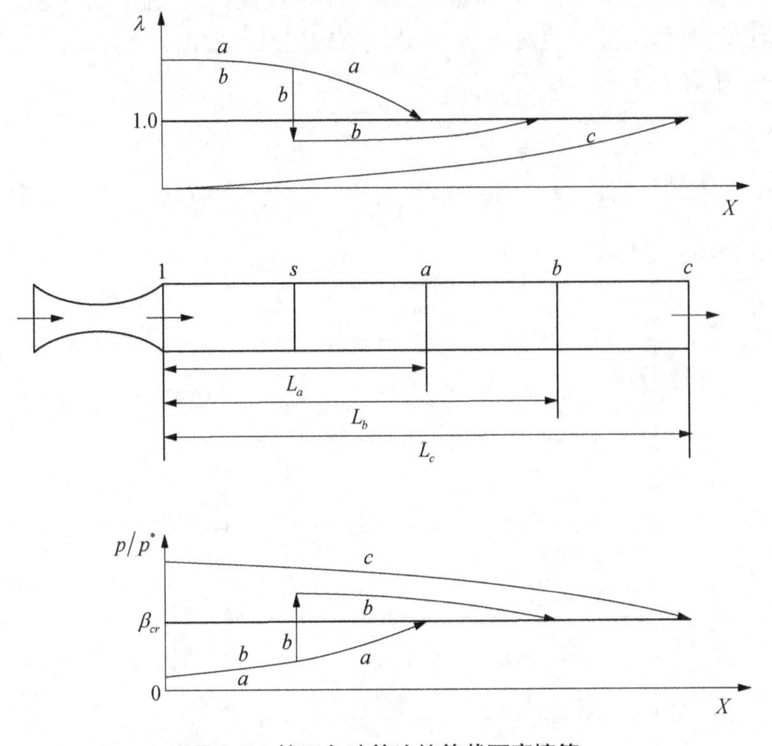

图 7.7　拉瓦尔喷管连接等截面摩擦管

(1) 当管长为 L_a 时，沿管长 λ 数下降，到出口截面 a 处，$\lambda_a = 1$，而压强比 $\frac{p}{p^*}$ 由 $\pi(\lambda_1)$ 沿管长逐渐上升到 β_{cr}。如图 7.7 中的 $a-a$ 线所示。

(2) $L_b > L_a$ 时，在 L_a 段内的 $s-s$ 截面上出现正激波，波后气流为亚声速，而后气流在摩擦作用下加速，到出口截面 b 处 $\lambda_b = 1$。这时管内速度系数 λ 及压强比 $\frac{p}{p^*}$ 的变化规律如图 7.7 中 $b-b-b$ 线所示。

正激波的位置如何确定呢？其原则是：出口截面处气流达到临界状态。

设激波所在位置 $s-s$ 处的管长为 L_s，由式(7.19)有

$$\left(\frac{1}{\lambda_1^2} - \frac{1}{\lambda_s^2}\right) - \ln\frac{\lambda_s^2}{\lambda_1^2} = \frac{2\gamma}{\gamma+1}4\bar{f}\frac{L_s}{D} \tag{7.41}$$

再对 $s-s$ 截面到出口截面运用式(7.19)，则有

$$(\lambda_s^2 - 1) - \ln\lambda_s^2 = \frac{2\gamma}{\gamma+1}4\bar{f}\frac{L - L_s}{D} \tag{7.42}$$

式中，λ_s，λ'_s 分别为正激波前后的速度系数。根据正激波的普朗特方程有

$$\lambda_s \cdot \lambda'_s = 1 \tag{7.43}$$

联立求解上述式(7.41)~式(7.43)三个方程，就可以求出 L_s。

(3) $L_c > L_b > L_a$，随着管道长度的增加，正激波的位置向上游移动，而当管长增加到 L_c 时，正激波刚好出现在拉瓦尔管出口(也就是摩擦管的进口)截面上。这时摩擦管进口截面上的速度系数 $\lambda_1 < 1$，亚声速气流的 λ 数沿管长增加，到出口截面 $c-c$ 处 $\lambda_c = 1$。而压强比 $\frac{p}{p^*}$ 沿管长的变化如图 7.7 中曲线 c 所示。

那么 L_c 为何值时正激波刚好出现在摩擦管的进口截面上呢？求解步骤是：

① 根据面积公式，求出拉瓦尔喷管出口处的气流马赫数 $Ma_e(>1)$，同时也就可以求出与之对应的速度系数 λ_e；

② 利用正激波的普朗特方程式求出激波后的速度系数，即摩擦管的进口速度系数 λ_1；

③ 利用式(7.19)求出与 λ_1 对应的最大管长 L_{max}，此 L_{max} 就等于 L_c。

(4) $L > L_c$，则激波向拉瓦尔喷管内扩张段内移动。如果继续增加管长，则正激波将接近喉部而消失。这时只有喉部和出口截面上出现声速流，其余部分均为亚声速流。这时摩擦管的长度也可以根据面积比公式和式(7.19)求出。

综上所述，和变截面管流的壅塞状态相类似，摩擦壅塞状态也有三个特征：

① 出口截面处的气流速度系数 λ（或者说气流马赫数 Ma）等于1，即出口截面上的流动状态为临界状态。

② 对于给定的管道进口速度系数 λ_1 存在一个最大的折合管长，即临界折合管长 $4\bar{f}\frac{L_{max}}{D}$，当实际的折合管长 $4\bar{f}\frac{L}{D}$ 大于此值时，则将引起通过管道的质量流量下降或在管内产生激波，这种现象称作摩擦壅塞。也可以说，对于给定的折合管长 $4\bar{f}\frac{L}{D}$ 在管内不存在激波的条件下，管道进口处的速度系数 λ 值不能超过当管道出口处流动达到临界状态时相应的数值，如果前方来流的速度系数 λ_∞ 超过了上述界限值，或者要在管道进口前产生溢流(对于超声速流同时产生激波)，或者在管内产生激波。

③ 流过管道的质量流量不再因 p_b 的下降而增加，维持在与进口总压 p^*，进口总温 T^* 相对应的临界值(即最大可能的流量)上。

例 7.2 给定进入直圆管的空气流的 $\lambda_1 = 1.75$，$\bar{f} = 0.0012$，$\frac{L}{D} = 107$，问会不会发生壅塞？如发生壅塞气流会起怎样的变化？

解：

$$\lambda_1 = 1.75$$

由气动函数表查得

$$Ma_1 = 2.2831$$

由有摩擦的等截面绝热流函数表查得

$$4\bar{f}\frac{L_{max}}{D}=0.382\,0$$

由给定的已知条件计算出实际折合管长：

$$4\bar{f}\frac{L}{D}=4\times0.001\,2\times107=0.513\,6$$

所以

$$4\bar{f}\frac{L}{D}>4\bar{f}\frac{L_{max}}{D}$$

故有壅塞。

激波会不会发生在进口以外呢？可以按进口处产生激波计算出波后亚声速气流对应的临界折合管长，以得出结论。

因为

$$\lambda_1=1.75$$

根据正激波的普朗特方程有

$$\lambda'_1=\frac{1}{\lambda_1}=\frac{1}{1.75}=0.571\,4$$

又由气动函数表有

$$Ma'_1=0.536\,4$$

查有摩擦得等截面绝热流函数表，有

$$4\bar{f}\frac{L_{max}}{D}=0.820\,81$$

此值大于实际折合管长，所以激波不会发生在管道进口以前，而只能发生在管内的 $s-s$ 截面上。设 $s-s$ 截面距进口截面的距离为 L_s，波前速度系数为 λ_s，则可列出下列两个方程：

$$\left(\frac{1}{\lambda_1^2}-\frac{1}{\lambda_s^2}\right)-\ln\frac{\lambda_s^2}{\lambda_1^2}=\frac{2\gamma}{\gamma+1}4\bar{f}\frac{L_s}{D}$$

$$(\lambda_s^2-1)-\ln\lambda_s^2=\frac{2\gamma}{\gamma+1}4\bar{f}\frac{L-L_s}{D}$$

上述两个方程，每给出一个 λ_s，则可求出一个相应的 $\frac{L_s}{D}$，并将数值列于表 7.2 中。

表 7.2 求解数值表

λ_s	$(L_s/D)_1$	$(L_s/D)_2$
1.50	33.5	28.6
1.49	35.3	31.5
1.48	36.3	34.4
1.47	37.9	37.3
1.46	39.2	40.1

将此表 7.2 的数据作图,两条曲线的交点就是所求的 λ_s 和 $\dfrac{L_s}{D}$ 的值,如图 7.8 所示。

所以 $\lambda_s = 1.466$, $\dfrac{L_s}{D} = 38.5$。

激波后的亚声速气流在摩擦作用下,速度系数增大,在出口处速度系数等于 1。

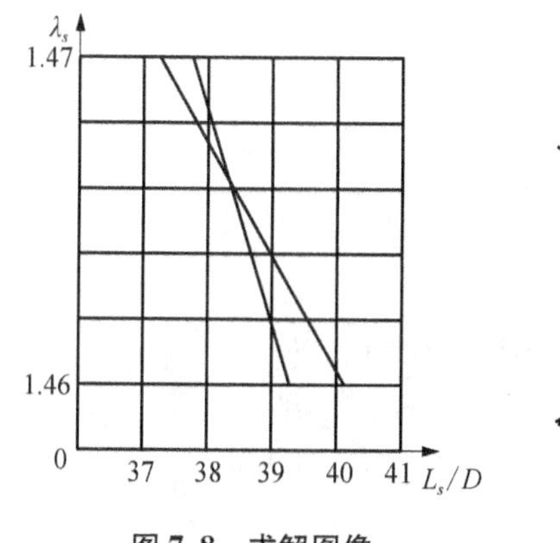

图 7.8 求解图像

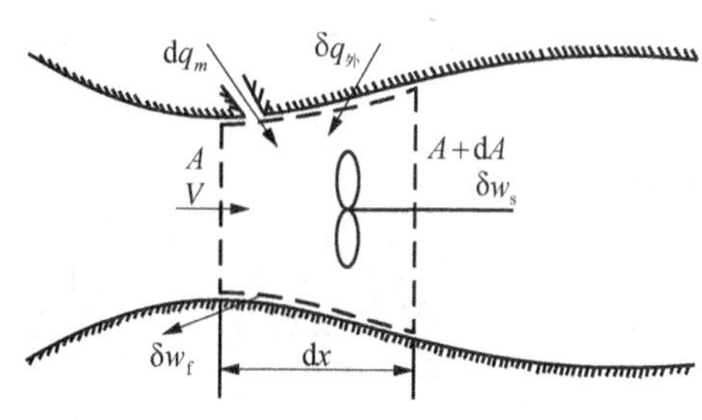

图 7.9 多种因素作用管流

7.1.3 多种因素同时起作用的管流

气体在流动中,会受到截面积变化、摩擦、热交换、做功、流量变化等五种因素的影响,如果五种因素都不能忽略,则必须推导出上述五种因素同时起作用的基本方程。气体流动情况如图 7.9 所示,控制体用虚线标出。

基本方程如下。

连续方程:

$$\frac{dq_m}{q_m} = \frac{d\rho}{\rho} + \frac{dV}{V} + \frac{dA}{A} \tag{7.44}$$

伯努利方程:

$$\frac{dp}{\rho} = -VdV - \delta w_s - \delta w_f \tag{7.45}$$

能量方程：

$$\delta q = \mathrm{d}h + \mathrm{d}\left(\frac{V^2}{2}\right) + \delta w_{\mathrm{s}} \tag{7.46}$$

状态方程：

$$\mathrm{d}p = \mathrm{d}(\rho RT) = R(\rho \mathrm{d}T + T\mathrm{d}\rho) \tag{7.47}$$

由式(7.44)与式(7.47)中消去 $\frac{\mathrm{d}\rho}{\rho}$，得

$$\frac{\mathrm{d}p}{\rho} = R\mathrm{d}T + RT\left(\frac{\mathrm{d}q_m}{q_m} - \frac{\mathrm{d}V}{V} - \frac{\mathrm{d}A}{A}\right) \tag{7.48}$$

将式(7.48)与式(7.45)中的 $\frac{\mathrm{d}p}{\rho}$ 消去，得

$$-V\mathrm{d}V - \delta w_{\mathrm{s}} - \delta w_{\mathrm{f}} = R\mathrm{d}T + RT\left(\frac{\mathrm{d}q_m}{q_m} - \frac{\mathrm{d}V}{V} - \frac{\mathrm{d}A}{A}\right) \tag{7.49}$$

再将式(7.46)改写为

$$\mathrm{d}T = \frac{\gamma - 1}{\gamma R}\delta q - \frac{\gamma - 1}{\gamma} \cdot \frac{V\mathrm{d}V}{R} - \frac{\gamma - 1}{\gamma} \cdot \frac{\delta w_{\mathrm{s}}}{R} \tag{7.50}$$

把式(7.50)代入式(7.49)，得

$$-V\mathrm{d}V - \delta w_{\mathrm{s}} - \delta w_{\mathrm{f}} = \frac{\gamma - 1}{\gamma}(\delta q - V\mathrm{d}V - \delta w_{\mathrm{s}}) + RT\left(\frac{\mathrm{d}q_m}{q_m} - \frac{\mathrm{d}V}{V} - \frac{\mathrm{d}A}{A}\right) \tag{7.51}$$

式(7.44)两边除以 RT，再整理，可得

$$(Ma^2 - 1)\frac{\mathrm{d}V}{V} = \frac{\mathrm{d}A}{A} - \frac{\mathrm{d}q_m}{q_m} - \frac{\delta w_{\mathrm{s}}}{a^2} - \frac{\gamma \delta w_{\mathrm{f}}}{a^2} - \frac{\gamma - 1}{a^2}\delta q \tag{7.52}$$

式(7.52)就是用微分形式表达的五种因素同时起作用管流的基本方程。方程表明：

(1) 速度的变化率取决于截面积、流量、做功、耗散功和传热量；

(2) 任意一项单独的物理作用对气流的影响，在亚声速和超声速两种情况下，效果是相反的，例如，管道截面积减小、增加流量、气体向外做功、有耗散功和加热，则使亚声速气流加速，或使超声速气流减速；

(3) 要使亚声速气流加速，达到声速后再继续加速，公式左侧符号改变，必须相应的改变公式右侧的符号，即改变作用因素的作用方向，也可以说，某一物理作用向一个方向进行时，只能使气流速度达到声速，超过声速是不可能的。

7.2 不可压缩黏性管流

工程上常常可见通过管路对不可压缩流体进行输运，传递能量，例如自来水管路、输油管路、液压管路等，不可压缩黏性流体运动时要遇到阻力，克服阻力就会产生能量损失。不可压缩黏性流体运动的阻力和能量损失通常分为两种，一种是由于流体的黏性形成阻碍流体运动的摩擦力，称为沿程阻力，流体克服沿程阻力所消耗的机械能，称为沿程损失；另一种是黏性流体流经各种局部障碍装置如阀门、弯头、变截面管等时，由于过流断面变化，流动方向改变，速度重新分布，流体质点间进行动量交换而产生的阻力，称为局部阻力，流体克服局部阻力所消耗的机械能，称为局部损失。本节重点讨论一维定常不可压缩黏性流动的损失问题。

7.2.1 沿程损失

1. 管内层流流动沿程损失

对于半径为 r 的直圆管，在管道入口处，流体初始速度是均匀分布的，为 V_0，附面层厚度等于零，随着流动距离的增大，附面层逐渐增厚，到某一距离 L 处，附面层外缘达到管道中心，将管长 L 称为进口段。在 L 截面下游，流体速度的分布情况不再变化，这样的流动状态，称为流动已充分发展，在充分发展的管内层流流动中取出一个半径为 r，长度为 dx 的控制体，如图 7.10 所示。

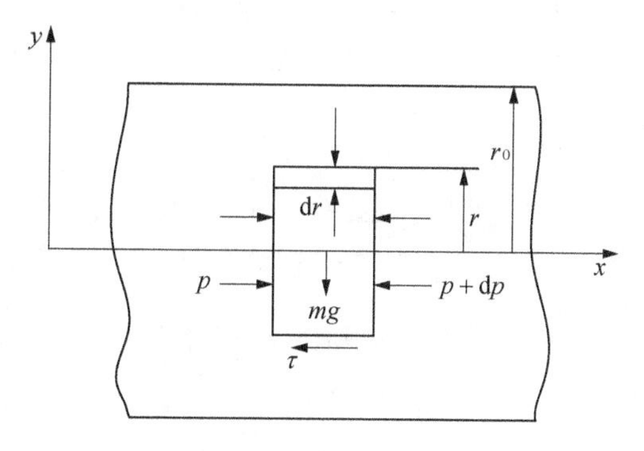

图 7.10 管内层流流动

控制体的左端，流体的压力为 p，右端流体的压力为 $p+\mathrm{d}p$，外侧表面上的摩擦应力为 τ，忽略质量力，由于流动是定常的，而且是充分发展的层流流动，因此，在 x 方向的作用力应该平衡，即

$$p\pi r^2 - (p + \mathrm{d}p)\pi r^2 - 2\tau\pi r\mathrm{d}x = 0$$

整理后有

$$\frac{\mathrm{d}p}{\mathrm{d}x} = -\frac{2\tau}{r} \tag{7.53}$$

1）速度分布

根据牛顿内摩擦定律：

$$\tau = -\mu\frac{\mathrm{d}V}{\mathrm{d}r}$$

代入式(7.53)并化简，得到：

$$\frac{\mathrm{d}p}{\mathrm{d}x}=2\mu\frac{1}{r}\frac{\mathrm{d}V}{\mathrm{d}r}$$

由于压力 p 只是 x 的函数,而且流动对于 x 轴是对称的,而 V 又只是 r 的函数,所以上式左端只是 x 的函数,右端只是 r 的函数,因此,只有等式两端都等于常数时,上式才成立。

$\frac{\mathrm{d}p}{\mathrm{d}x}$ 为沿单位管长的压力变化值。即 $\frac{\mathrm{d}p}{\mathrm{d}x}=$ 常数 $=-\frac{\Delta p}{L}$。这里的 $\Delta p=p_1-p_2$,是管长为 L 段内的压力降。从而上式可改写为

$$\frac{\mathrm{d}V}{\mathrm{d}r}=-\frac{\Delta pr}{2\mu L}$$

边界条件是:当 $r=r_0$ 时,$V=0$,对上式进行积分,则有速度分布为

$$V=\frac{\Delta p}{4\mu L}(r_0^2-r^2) \tag{7.54}$$

式(7.54)说明:圆管中充分发展的层流流动的速度分布呈抛物线形,如图 7.11 所示。

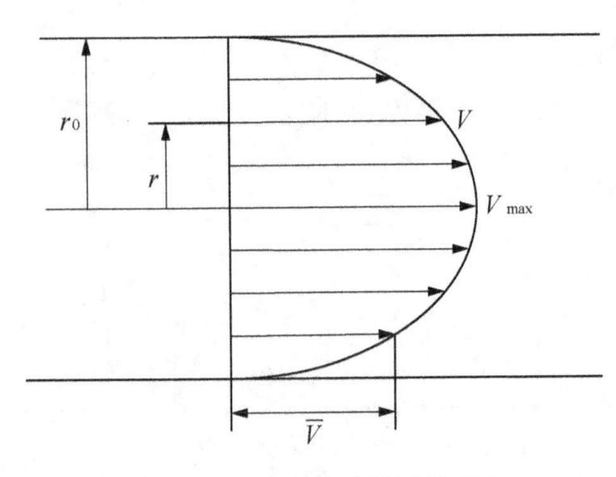

图 7.11 层流流动的速度分布

显然,圆管中心处的速度最大,其值为

$$V_{\max}=\frac{\Delta p}{4\mu L}r_0^2 \tag{7.55}$$

任意半径 r 处的速度 V 可以写成:

$$V=V_{\max}\left[1-\left(\frac{r}{r_0}\right)^2\right] \tag{7.56}$$

体积流量 q_V 为

$$q_V=\int_0^{r_0}2\pi rV\mathrm{d}r=\int_0^{r_0}2\pi rV_{\max}\left[1-\left(\frac{r}{r_0}\right)^2\right]\mathrm{d}r=\frac{\Delta p}{\mu L}\times\frac{\pi r_0^4}{8} \tag{7.57}$$

式(7.57)表明:在充分发展的层流流动中,通过任一截面的体积流量与半径的四次方成正比,与管两端的压力差成正比,而与管长和流体的黏性系数成反比。

式(7.57)还可以改写成:

$$\mu=\frac{p_1-p_2}{L}\times\frac{\pi r_0^4}{8q_V} \tag{7.58}$$

利用式(7.58)可以精确地测定流体的动力黏性系数 μ。只要让被测流体流过一根已知的水平直管,保证其中是定常的层流流动,测出通过管内的体积流量 q_V 及 L 管长上的压力降 p_1-p_2,就可以确定流体的 μ 值。测量时应注意在所测量的 L 管段上,流动应是充分发展的层流流动。

圆管中任一截面上的平均速度为

$$\bar{V}=\frac{q_v}{\pi r_0^2}=\frac{\Delta p}{\mu L}\frac{r_0^2}{8}=\frac{1}{2}V_{\max} \tag{7.59}$$

即平均速度等于管中心处流速的一半。

2）沿程损失的计算

对于不可压缩流体,在等截面管道中流动时,从连续方程可知,沿 x 轴方向各截面上的平均速度不变。工程上,常用总压下降表示沿程损失。

$$\Delta p^*=p_1^*-p_2^*=\left(p_1+\frac{1}{2}\rho\bar{V}^2\right)-\left(p_2+\frac{1}{2}\rho\bar{V}^2\right)=\Delta p$$

由式(7.55)有

$$\Delta p=\frac{4\mu L}{r_0^2}V_{\max}=\frac{8\mu L}{r_0^2}\bar{V}=\frac{64\mu}{\rho\bar{V}D}\frac{L}{D}\frac{1}{2}\rho\bar{V}^2 \tag{7.60}$$

且

$$f=\frac{\tau}{\frac{1}{2}\rho\bar{V}^2}$$

由式(7.53)有

$$\Delta p=4\tau\frac{L}{D}$$

所以

$$\Delta p=4f\frac{L}{D}\frac{1}{2}\rho\bar{V}^2 \tag{7.61}$$

比较式(7.60)和式(7.61),则有

$$4f=\frac{64\mu}{\rho\bar{V}D}$$

又因为

$$Re=\frac{\rho\bar{V}D}{\mu}$$

所以

$$4f=\frac{64}{Re}$$

令 $\lambda=4f$(λ 称为沿程损失系数)则

$$\lambda=\frac{64}{Re} \tag{7.62}$$

沿程损失系数 λ 不是常数,在层流状态下,它和雷诺数 Re 成反比。从物理意义上考

虑，Re 越小，意味着黏性力越大，故沿程损失系数越大，沿程损失也大。

沿程损失的计算公式为

$$\Delta p = \lambda \frac{L}{D} \frac{1}{2} \rho \overline{V}^2 \tag{7.63}$$

由式(7.63)可看出：平均速度越大，管道越长，管径越小，则沿程损失越大。

2. 管内湍流流动沿程损失

湍流流动中，任意点上的速度、压力等参数的大小和方向都在随着时间迅速变化，因此湍流是非定常流动，研究非定常流动是十分困难的，目前只是在实验的基础上，提出一定的假设，对湍流流动的规律进行分析研究，得到一些半经验半理论的结果。

1）湍流流动的三个区域

实验观察表明，湍流流动可分为三个区域(图 7.12)：一是层流底层；二是过渡区；三是湍流核心区。层流底层是紧贴固体壁面的很薄的流体层，由于壁面的限制，紧靠壁面附近流体微团不可能有横向的混杂运动，因此，在壁面附近流体微团的运动就不大容易混乱，而仍然属于层流流动状态。

距离壁面越远，壁面的影响越小，流体微团混杂的能力也越强，经过一段过渡区域以后，发展为完全的湍流。因此，在湍流中，其层流底层内的沿程损失是由黏性摩擦产生的，而在湍流区内，产生沿程损失的原因有两方面，既有黏性摩擦的因素，又有流体微团横向迁移和脉动的因素。

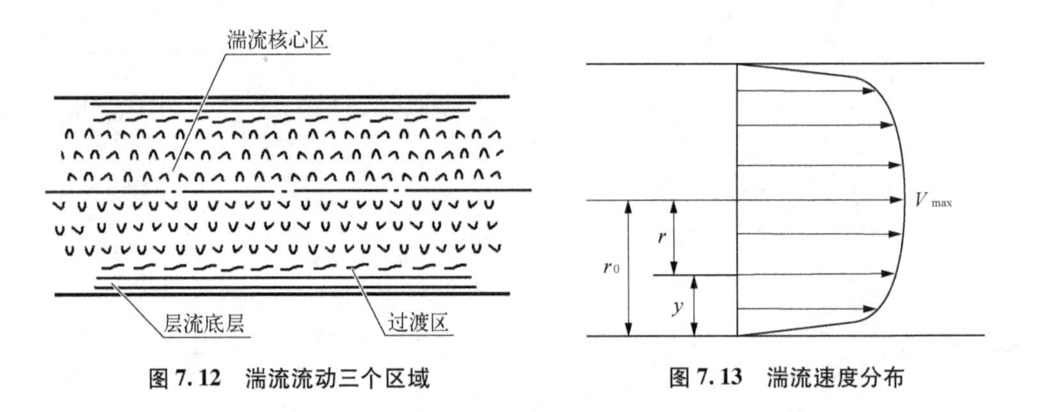

图 7.12　湍流流动三个区域

图 7.13　湍流速度分布

2）速度分布

在充分发展的湍流中，由于存在有微团相互混杂的现象，使得同一截面上各点处的时均速度的差别较小，即速度分布比较均匀，如图 7.13 所示。

尼古拉茨对管内的湍流进行过大量的实验研究，其结果表明，Re 越大，速度分布越均匀。根据尼古拉茨的实验数据，总结出光滑圆管中充分发展的湍流的速度分布的一个经验公式，即

$$\frac{V}{V_{max}} = \left(\frac{y}{r_0}\right)^{\frac{1}{n}} \tag{7.64}$$

式中，r_0 为圆管半径；$y = r_0 - r$；n 为与 Re 有关的参数。

式(7.64)是假设层流底层及过渡区厚度可以忽略不计时，按整个管截面都被湍流核心区所占据而得到的湍流速度分布规律。

当 $2\,300 \leqslant Re \leqslant 4 \times 10^3$ 时，$n = 6$；

当 $4 \times 10^3 < Re \leqslant 1.1 \times 10^5$ 时，$n = 7$；

当 $1.1 \times 10^5 < Re \leqslant 3.2 \times 10^6$ 时，$n = 10$。

如果只需要一个简单的湍流速度分布关系式，可以近似地取 $n = 7$，这个结果称为七分之一次方分布规律。

3）沿程损失的计算

管内充分发展的湍流的沿程损失计算公式和充分发展的层流的沿程损失计算公式在形式上完全一样，即

$$\Delta p = \lambda \frac{L}{D} \frac{1}{2} \rho \bar{V}^2$$

大量的实验表明：湍流中的沿程损失系数 λ 与 Re 有关，还与管壁的粗糙情况有关。对于光滑管，沿程损失系数 λ 仅与 Re 有关。通常采用下列几种经验公式：

布拉修斯公式：$\lambda = 0.316 Re^{-\frac{1}{4}}$，适用于 $Re \leqslant 10^5$；

尼古拉茨公式：$\lambda = 0.003\,2 + 0.221 Re^{-0.237}$，适用于 $Re > 10^5$；

普朗特-尼古拉茨公式：$\dfrac{1}{\sqrt{\lambda}} = 2\lg(Re\sqrt{\lambda}) - 0.8$，适用于 $Re > 3.4 \times 10^6$。

对于粗糙管用管壁凹凸的平均高度 Δ 与管道直径 d 的比值 $\dfrac{\Delta}{d}$ 称为管壁的相对粗糙度，用符号 $\bar{\Delta}$ 表示，如图 7.14 所示。

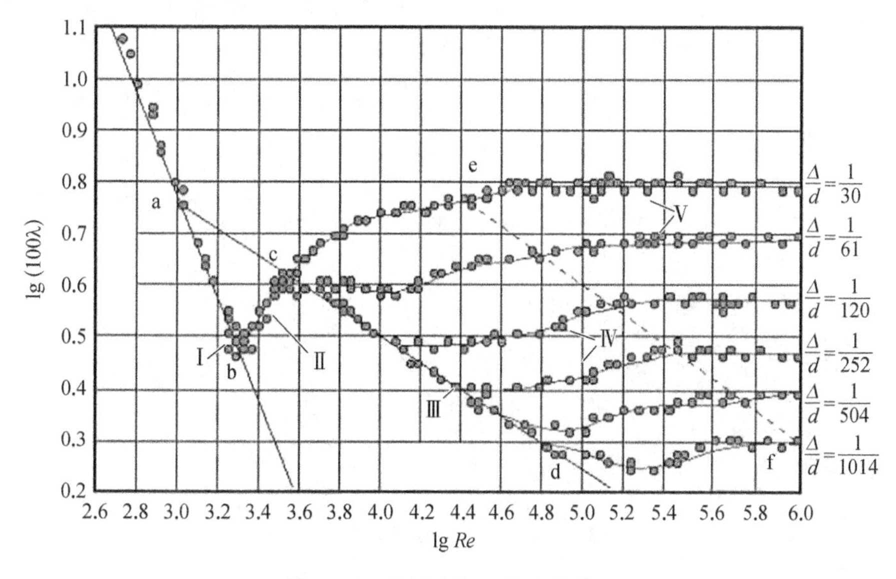

图 7.14 粗糙度与阻力系数关系

工程上遇到的管流问题,一般分为两类:一类是定管长、直径和流量,要求计算压力降,以确定管道入口处应取多大的压力和所需的功率。解这类问题比较简单,其步骤是:首先由给定的条件计算 Re,判定流动状态,选定有关公式计算 λ 和 Δp,再计算所需的功率。

另一类是定管长、直径和压力降,要求计算流量。解这类问题比较麻烦,因为预先不知道流动状态,不能先准确算出沿程损失系数,只能用试算法逐步逼近。

7.2.2 局部损失

前面讨论了不可压缩流体在直管中流动沿程损失的计算问题。而在实际的管路系统中往往是由许多一段段的直管,通过一定的方式连接起来的,从而使管道的尺寸和走向都会急剧地变化,由此产生的机械能损失称为局部损失。由于在这些局部区域流体的运动比较复杂,影响因素较多,所以对于大多数情况下的局部损失只能通过实验来确定,只有极少数情况下的局部损失可以进行理论计算。

1. 突然扩张管

图 7.15 表示管道截面积突然扩张的流动情况。平均速度的流线在小管中是平直的,经过一个扩张段后,到 2-2 截面上流线又恢复到平直状态。扩张段的距离很短,沿程摩擦阻力可以忽略不计。

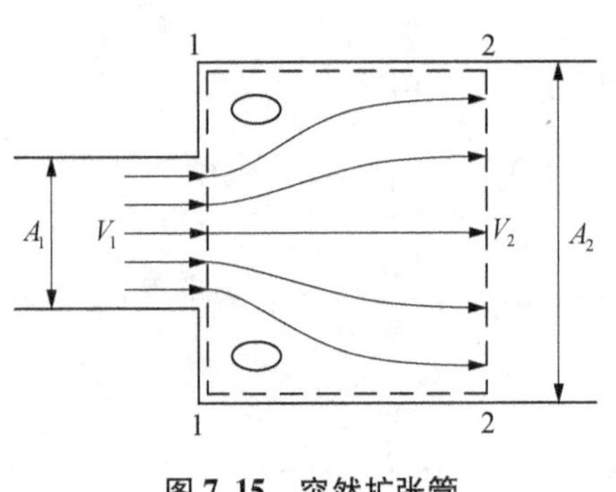

图 7.15 突然扩张管

取 1-1、2-2 截面为控制面。设小管的截面积为 A_1,平均速度为 V_1,且假设 1-1 截面上的压力全部为 p_1。这一假设是极为重要的,很多工程问题都用得着这一假设,即在平行流(包括流入大空间内)的横截面上,静压可视为常数。突然扩张的流动之所以可以得出理论解,就在于有这一假设。这一假设与实验结果很符合。2-2 截面上的参数为 A_2、V_2、p_2。

突然扩大处的局部损失用两截面之间的总压之差来表示,即

$$\Delta p^* = p_1^* - p_2^* = \left(p_1 + \frac{\rho V_1^2}{2}\right) - \left(p_2 + \frac{\rho V_2^2}{2}\right)$$

对上述控制体施用基本方程,则有

连续方程:

$$A_1 V_1 = A_2 V_2$$

动量方程:

$$(p_1 - p_2)A_2 = q_m(V_2 - V_1)$$

应用动量方程,考虑到 $q_m = \rho A V$,则有

$$\left(p_1+\frac{\rho V_1^2}{2}\right)-\left(p_2+\frac{\rho V_2^2}{2}\right)=\frac{\rho(V_1-V_2)^2}{2}$$

$$\Delta p^*=\frac{\rho(V_1-V_2)^2}{2}$$

代入连续方程,则有

$$\Delta p^*=\left(\frac{A_2}{A_1}-1\right)^2\frac{\rho V_2^2}{2}$$

或

$$\Delta p^*=\xi\frac{\rho V_2^2}{2} \tag{7.65}$$

式中,

$$\xi=\left(\frac{A_2}{A_1}-1\right)^2 \tag{7.66}$$

式中,ξ 称为局部损失系数。式(7.66)说明:在突然扩张处,局部损失系数的大小与管道的面积比有关,而与流动的雷诺数 Re 无关。这个公式与实验结果很符合。对于两个大小不同的突然扩张管,只要是几何相似,即 A_2/A_1 相同,则局部损失系数 ξ 值也一定相同。

当然,式(7.65)也可以写成:

$$\Delta p^*=\xi'\frac{\rho V_1^2}{2} \tag{7.67}$$

式中,

$$\xi'=\left(1-\frac{A_1}{A_2}\right)^2 \tag{7.68}$$

2. 突然收缩管

突然收缩管内的流动如图7.16所示。在这种情况下,局部损失系数不像突然扩张管那样,可以用分析法求得,需要根据实验求得。

对于不可压缩流体,实验结果为

$$\xi=0.5\left(1-\frac{A_2}{A_1}\right) \tag{7.69}$$

在特殊情况下,$A_2/A_1\to 0$,即流体从一个很大的储箱进入管道且进口处具有尖锐的边缘时,其局部损失系数 $\xi=0.5$;若将进口处的边缘改圆以后,$\xi=0.2$;入口极匀滑时,$\xi=0.05$。

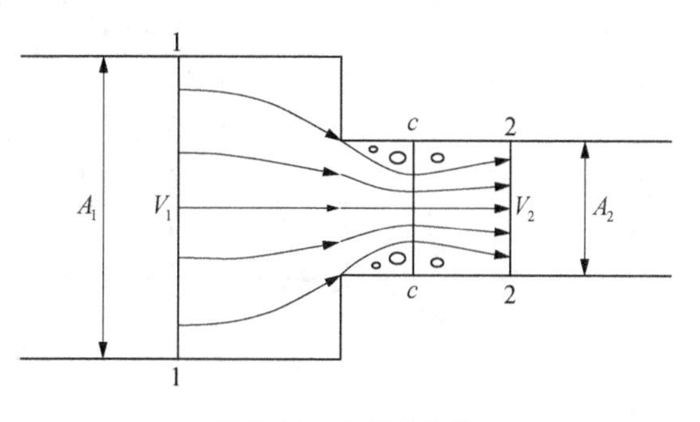

图7.16 突然收缩管

3. 弯管

在弯管流动中，管道截面上的速度分布急剧变化，弯管外侧压力大，速度小，内侧压力小，速度大，速度梯度较大，黏性作用显著，且在减速增压过程中，有可能出现边界层的分离，形成漩涡，造成损失。管道直径 d 和弯管曲率半径 R 之比、弯管的转折角 α 都对损失有影响。弯管的局部损失系数见表 7.3 所示。

表 7.3　弯管局部损失系数

(图：R, 90°, d)	$\alpha=90°$	d/R	0.2	0.4	0.6	0.8	1.0	1.2	1.4	1.6
		$\xi_{90°}$	0.132	0.138	0.158	0.206	0.294	0.440	0.660	0.976
(图：R, α, d)	$\xi=K\xi_{90°}$	α	20°	40°	60°	90°	120°	140°	160°	180°
		K	0.47	0.60	0.82	1.00	1.16	1.25	1.33	1.41

4. 扩压器的局部损失

扩压器的局部损失是由摩擦损失和分离损失二者组成的。分离损失是由于附面层与扩压器壁面分离而产生的。它取决于扩压器的张角 α，当扩压器的张角 α 很小时，扩压器的局部损失不大，但随着张角 α 的加大，损失上升。其原因是：随张角 α 的增加，分离区从最初形成的地区——扩压器出口处，逐渐前移，角度很大之后，整个扩压器都被分离的乱涡所占据。

扩压器中的局部损失可以用突然扩张管的局部损失来表示，即定义

$$K=\frac{\xi}{\xi_1} \tag{7.70}$$

式中，K 为软化系数；ξ 为扩压器的局部损失系数；ξ_1 为突扩管的局部损失系数。故有

$$\Delta p^*=K\xi_1\frac{\rho V_2^2}{2} \tag{7.71}$$

实验证明：软化系数 K 仅是扩压器张角 α 的函数。图 7.17 上给出了圆锥形直壁扩

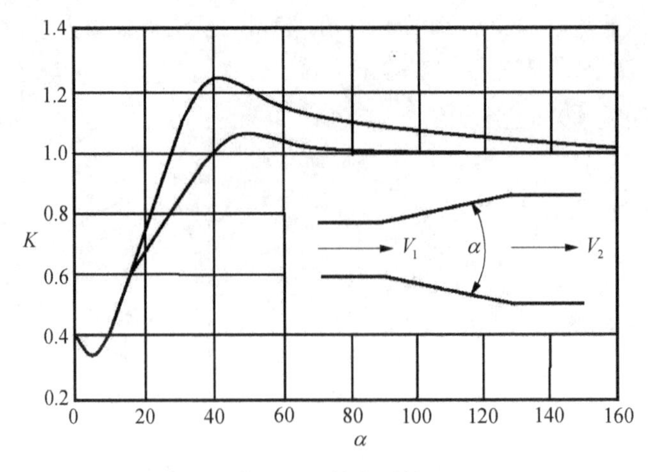

图 7.17　软化系数

压器的软化系数 K 与张角 α 之间的变化关系。

从图 7.17 中可以看出：

当 α 较小时，软化系数 $K < 1.0$，即 $\xi < \xi_1$；

当 $\alpha \geqslant 40°$ 时，$K > 1.0$，即 $\xi > \xi_1$；

当 $\alpha = 60°$ 时，K 达到最大值，这时 $K = 1.2$。

所以，扩压器的张角 $\alpha = 40° \sim 60°$ 是不合适的，还不如采用突然扩张管更好。

7.2.3　减少流动损失的措施

1. 截面变化

在管道截面积突然变化的地方，流线的重新布置很剧烈，导致局部阻力较大。为了减少这部分损失，在气流通道中应尽量避免截面发生突然的变化，在截面积有较大变化的地方，采用锥形过渡，如图 7.18 所示。

实验证明：最有利的张角 $\alpha = 6° \sim 10°$，这时，扩大段的局部损失系数为

$$\xi = (0.1 \sim 0.15)\left[\left(\frac{A_2}{A_1}\right)^2 - 1\right]$$

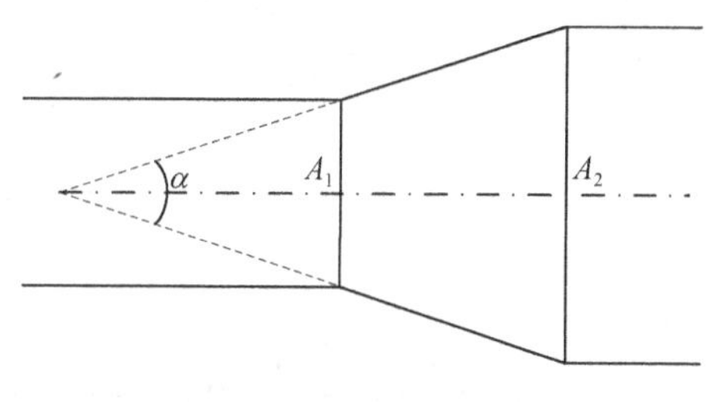

图 7.18　锥形过渡管道

2. 弯管

对于弯管，为了减少局部损失，常在拐弯处采用导流叶片，如图 7.19 所示。

实验指出：没装导流片的直角弯头的局部损失系数 $\xi = 1.10$；装了由薄钢板制成的导流片后，$\xi = 0.40$；当导流片呈流线月牙形时，$\xi = 0.25$。可见，装导流片，并选择合理的叶片形状，对减小局部损失有显著的效果。

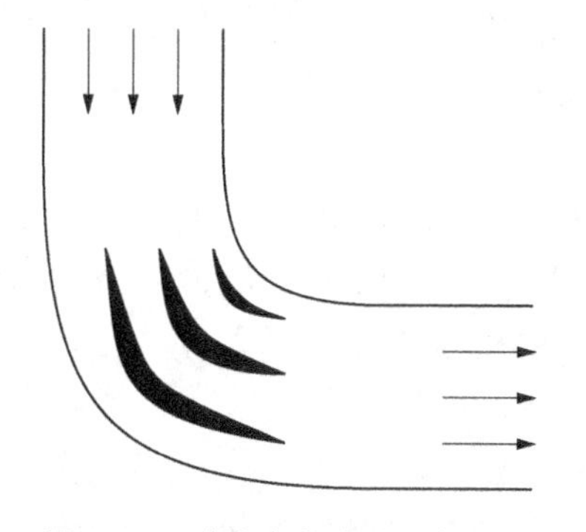

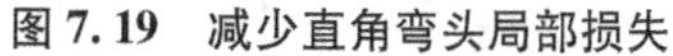

图 7.19　减少直角弯头局部损失

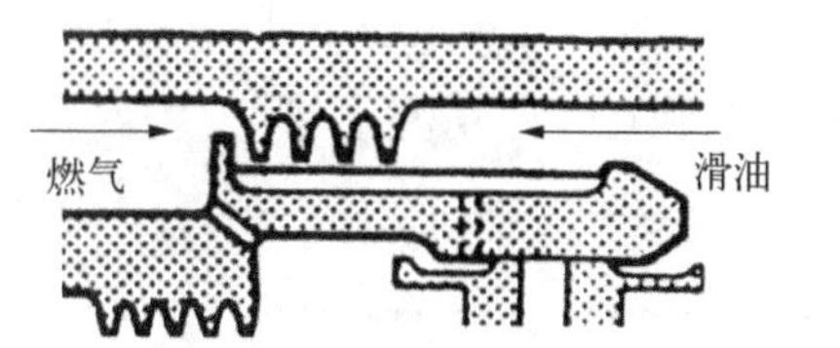

图 7.20　滑油旋转腔道封严装置

7.2.4　局部损失的利用

局部损失可以被利用来为一定的目的服务，密封装置就是一个例子。在航空发动机上为了防止燃烧室出来的高温、高压燃气漏入轴承腔，需要将燃气和轴承的滑油腔隔开，这时可采用图 7.20 所示的密封装置，燃气每经过一个密封齿，压力就降低一次，经过几个

齿以后,压力就降低到与滑油腔内的压力相接近,这样,由于最后一个齿腔前后的压力差很小,所以流入滑油腔的燃气就很少,起到了密封的作用。

7.3 附面层分离及流动控制

7.3.1 附面层厚度

1. 附面层厚度

在1.2节中已经学过附面层的概念。

附面层厚度与附面层内的流动状态有关,实验表明:在一般情况下,气流从物体前缘起形成层流附面层,附面层逐渐增厚,而后由某处开始,层流状态被破坏,呈现出过渡的脉动流动状态,然后逐渐变成湍流附面层,湍流附面层又逐渐扩展增厚,如图7.21左图所示。从层流转变为湍流的过渡区域称为转捩段。但是,为了研究问题方便起见,常将转捩段的长度假设为零,此时,转捩段变为转捩点,如图7.21右图所示。

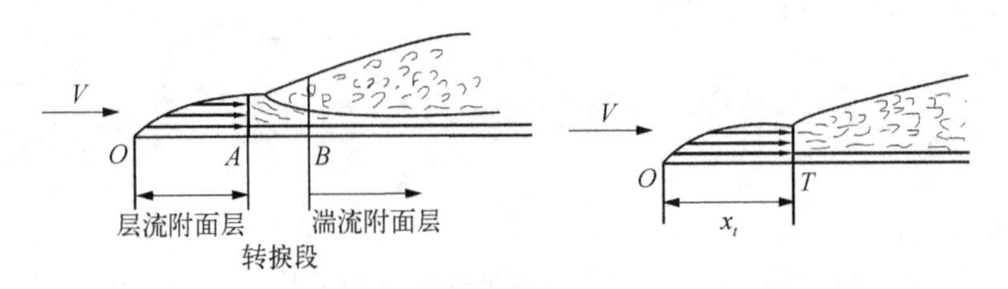

图7.21 层流附面层厚度问题

层流附面层和湍流附面层的特性是不同的,因此,在附面层的计算中,必须首先确定转捩点位置 x_t,然后再对层流区和湍流区采用不同的计算方法。但是,这样规定的附面层厚度不利于对附面层进行解析计算,为此,在附面层计算中,常用到两种较严格规定的附面层厚度,一个是位移厚度 δ^*,另一个是动量损失厚度 δ^{**}。

2. 位移厚度 δ^*(流量损失厚度)

所谓的位移厚度是指在理想流动(即不存在附面层)的情况下,流速均等于主流速度 V_0 时,流过 δ^* 的流量和在实际情况下(即有附面层),由于黏性而使流速减低时整个流场减小的流量相等,如图7.22所示。即两块画有阴影线的面积1和2彼此相等。或者说,附面层内流动受黏性的作用,流速减慢,所占的通道加宽,全部黏性流所占的通道比非黏性流动时应占的通道多加的那部分就是位移厚度。

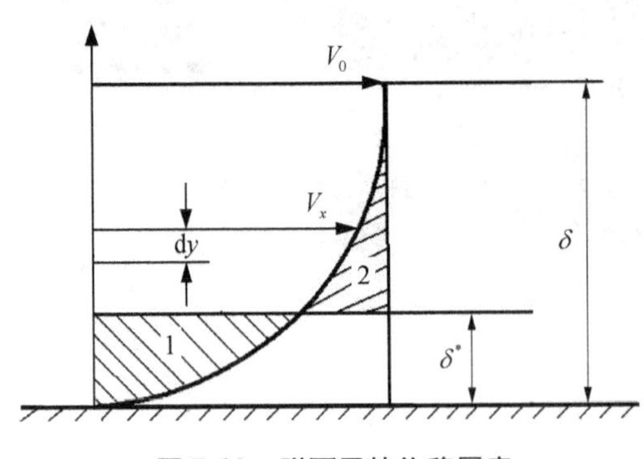

图7.22 附面层的位移厚度

理想情况下,流过 δ^* 厚度的流量为

$$q_m = \int_0^{\delta^*} \rho_0 V_0 \mathrm{d}y = \rho_0 V_0 \delta^*$$

由于黏性而使流速减低从而减小的流量为

$$q'_m = \int_0^\delta (\rho_0 V_0 - \rho V_x)\,\mathrm{d}y$$

于是：

$$\rho_0 V_0 \delta^* = \int_0^\delta (\rho_0 V_0 - \rho V_x)\,\mathrm{d}y$$

$$\delta^* = \int_0^\delta \left(1 - \frac{\rho V_x}{\rho_0 V_0}\right)\mathrm{d}y \tag{7.72}$$

对于不可压流：

$$\delta^* = \int_0^\delta \left(1 - \frac{V_x}{V_0}\right)\mathrm{d}y \tag{7.73}$$

位移厚度的概念对于流道的设计具有重要的意义。例如，在设计喷管时，通常先将管内的流动看成无黏性流，求出理想型线，然后考虑黏性的影响，把理想型线各点都增加当地的位移厚度，如图7.23所示。图中虚线是理想型线，实线是作了附面层修正之后的实际型线。

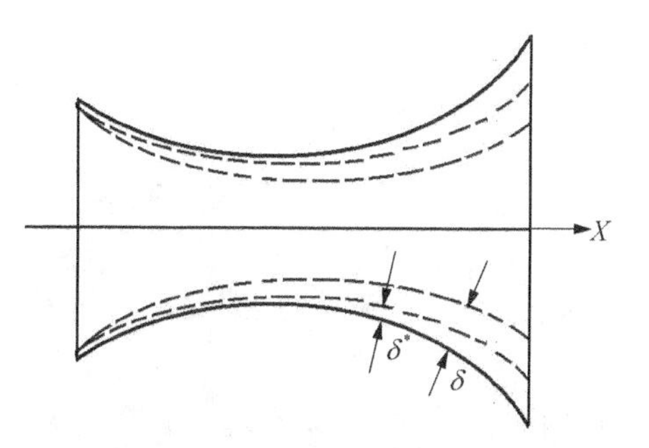

图7.23　位移厚度在流道中的示意图

3. *动量损失厚度* δ^{**}

附面层内的黏性摩擦不仅影响到流量，也影响到动量，为此提出动量损失厚度。动量损失厚度 δ^{**} 的定义与位移厚度 δ^* 的定义相似，即理想情况下通过厚度 δ^{**} 的流体的动量等于实际情况下整个流场中实际流量与速度减小量的乘积，即

$$\rho_0 {V_0}^2 \delta^{**} = \int_0^\delta \rho V_x (V_0 - V_x)\,\mathrm{d}y$$

$$\delta^{**} = \int_0^\delta \frac{\rho V_x}{\rho_0 V_0}\left(1 - \frac{V_x}{V_0}\right)\mathrm{d}y \tag{7.74}$$

对于不可压流：

$$\delta^{**} = \int_0^\delta \frac{V_x}{V_0}\left(1 - \frac{V_x}{V_0}\right)\mathrm{d}y \tag{7.75}$$

现在有三个特征厚度：δ、δ^*、δ^{**}，按大小排列次序是：$\delta > \delta^* > \delta^{**}$。位移厚度和动量损失厚度与附面层内的速度分布和附面层厚度有关，通常用比值 $H = \delta^*/\delta^{**}$ 表示附面层内速度分布形状的参数，H 称为形状因子。H 越大说明附面层内的速度分布越呈现凹形状，如图7.24(a)所示；H 越小，速度分布越饱满，如图7.24(b)所示。

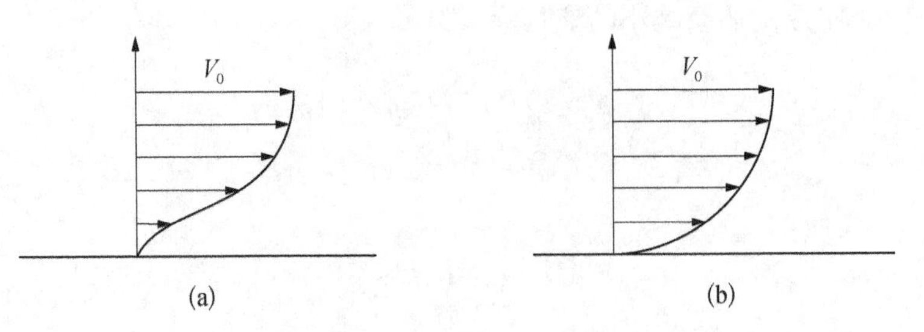

图 7.24　附面层速度分布

7.3.2　附面层的分离

流体沿物体壁面流动的过程中,附面层厚度逐渐加大,由于摩擦使壁面附近流体的动能较主流区更为减少。如果再加上流动中存在正的压力梯度,则流体速度衰减更快,直到靠近壁面处流体停止流动,甚至出现倒流,而主流则脱离壁面流动,这种现象称作附面层分离。发生分离现象时,附面层受到破坏,从分离点开始,直向下游出现逆流旋涡,压力急剧下降,形成极不规则的湍流区,能量损失非常大。图 7.25 表示了流体绕曲壁流动的情况,自 O 至 M 点,物体壁面迫使附面层外边界上的气流加速 $\left(即\dfrac{\mathrm{d}V_x}{\mathrm{d}x} > 0\right)$,压力下降 $\left(即\dfrac{\mathrm{d}p}{\mathrm{d}x} < 0\right)$;至 M 点,流速达到最大,即 $\left(\dfrac{\mathrm{d}V_x}{\mathrm{d}x} = 0\right)$,而压力最低 $\left(即\dfrac{\mathrm{d}p}{\mathrm{d}x} = 0\right)$;自 M 点以后,物体壁面曲线下降,使附面层外边界上的气流减速 $\left(即\dfrac{\mathrm{d}V_x}{\mathrm{d}x} < 0\right)$,压力增加 $\left(即\dfrac{\mathrm{d}p}{\mathrm{d}x} > 0\right)$。

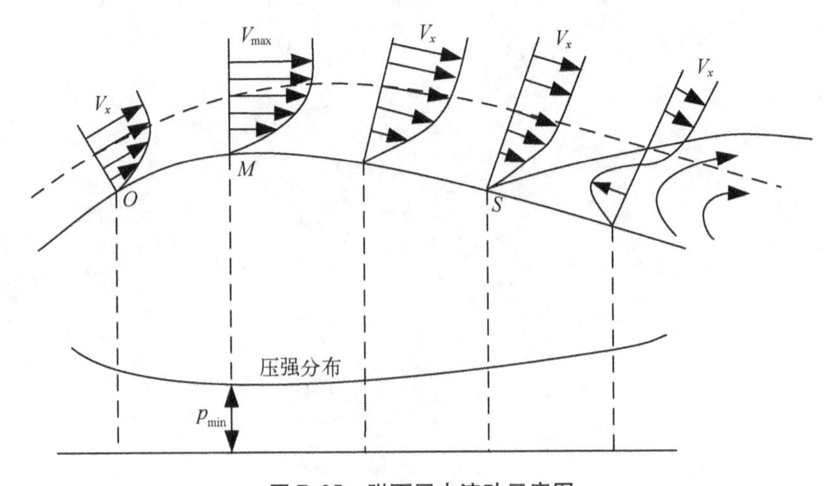

图 7.25　附面层内流动示意图

由于附面层中的压力是决定于附面层外边界的主流压力所以附面层内压力随 x 而升降,绕曲壁附面层内的流动可以分为三种情况:

(1) M 点以前,不包括 M 点。在这个区域内,附面层外边界上主流速度逐渐增加,压力降低,附面层内流动是加速、减压,即 $\frac{dV_x}{dx} > 0$, $\frac{dp}{dx} < 0$。这说明在此区域内附面层的速度分布曲线在 x 轴方向呈凸形,流体微团沿曲壁流动尽管为了克服摩擦阻力要消耗一部分动能,但不会发生分离现象。

(2) 在 M 点,附面层外边界上主流速度最大,压力最低,所以附面层内的压力梯度 $\frac{dp}{dx}$ 等于零。

(3) M 点以后,不包括 M 点。在这个区域内,附面层外边界上的主流速度是逐渐减小,压力逐渐增高,所以附面层内沿曲壁的流动是减速、增压的,即 $\frac{dV_x}{dx} < 0$, $\frac{dp}{dx} > 0$。

附面层内流体的流动是减速扩压,在靠近壁面处流体因克服相当大的摩擦阻力而消耗的动能较多,因此,在 M 点以后的一段距离内,靠近壁面处流体速度由于双重阻滞作用而很快减小,即 $\left(\frac{dV_x}{dy}\right)_{y=0} > 0$,但沿 x 方向 $\left(\frac{dV_x}{dy}\right)_{y=0}$ 逐渐减小,至 S 点处,靠近壁面处的流体层实际上已停止前进,速度分布曲线呈尖锐形状,在壁面处 $\left(\frac{dV_x}{dy}\right)_{y=0} = 0$,$S$ 点称为分离点。S 点以后,在正压力梯度的作用下,壁面附近的流体作逆向运动,即倒流,因而形成附面层的分离现象,分离使附面层急剧增厚。分离点 S 以后的速度分布呈环扣形,在壁面处 $\left(\frac{dV_x}{dy}\right)_{y=0} < 0$,因而形成一个旋涡区,气流的一部分机械能将在涡流运动中由于摩擦而不可逆转地变成流体的内能,造成很大的总压损失。

在航空发动机中,如果气流流过压气机叶片时,产生附面层分离现象,会使压气机的效率急剧下降,甚至会引起压气机喘振,发动机可能熄火或损坏零件,造成严重事故。

7.3.3 附面层的控制

在发动机里,附面层分离会使气体的一部分机械能损失,气体绕物体的阻力急剧增加,发动机各部件效率降低,有时甚至产生不稳定流动,以致造成发动机的损坏,因此,在设计时应尽量避免大范围内的附面层分离,预防和推迟附面层分离是工程设计中应关注的问题,附面层分离是流体质点在运动中由于黏性摩擦和逆向压差的共同作用所造成的,有许多方法可以控制和防止附面层分离,这里介绍几种有效的方法。

1. 高速气流喷入附面层

附面层分离的原因之一是黏性,使得附面层内的气体速度降低,动能减少,因此防止附面层分离的方法之一是向附面层内注入高速气流,使得附面层内的流体质点重新获得能量,方法是在物体内部设置气源,将高速射流从附面层将要分离之处喷入,使其避免分离。

2. 附面层的吸入

在附面层容易分离的物面上设置狭缝,通过吸气装置把靠近物体表面的低能气流吸入物体内，使附面层厚度变薄，靠近物体表面处的气流具有较大的流速，可以有效地消除附面层分离。

3. 安装涡流发生器

湍流附面层比层流附面层的速度分布较饱满，在物体壁面附近，流体质点的动能较大，能够承受较大的逆压梯度，因此湍流附面层比层流附面层不易分离，由此可见，如果在有逆压梯度的通道里或物面上安装一些涡流发生器，使附面层提前变成湍流，可有效防止或推迟分离。

4. 合理的翼型设计

发动机叶片的外形设计成流线型，且让最低压力点尽量移向物体的尾缘，可使附面层长久维持，推迟其分离。如航空工业中所采用的层流翼型即属此种设计，其最大厚度位于靠后的位置，使绕流的降压区加长，升压区则尽量地移到翼型的尾部。这样做不只使附面层分离推迟，而且可使附面层中层流到湍流的转捩点后移，层流边界层中的黏性摩擦力比湍流的要小得多，因此这种做法使黏性摩擦阻力和压差阻力都大大减小。

思考题

1. 亚声速气流在等截面的摩擦管道中，流动参数是如何变化的？
2. 什么是范诺线？由范诺线可以得到哪些结论？
3. 什么是折合管长？什么是临界折合管长？
4. 什么是摩擦壅塞？亚声速气流摩擦壅塞会出现什么情况？超声速气流摩擦壅塞有什么特征？
5. 什么是沿程损失？什么是局部损失？它们有何不同？
6. 什么是附面层的厚度？什么是附面层的位移厚度？什么是附面层动量损失的厚度？
7. 为什么会发生附面层的分离？

习题

1. 空气以 $\lambda_1 = 0.4$ 流入长径比 $\dfrac{L}{D}$ 为 100 的管道，平均摩擦系数为 0.003 75，求出口的速度系数。
2. 空气绝热流过内径为 0.15 m 的圆管。若管内空气流的平均摩擦系数为 0.003 8，计算空气马赫数从 0.6 增加到 0.95 所需要的管道长度。
3. 空气沿直圆管流动时，在管道进口处气流的总压为 0.294 MPa，总温 293 K，管道直径 10 cm，管道长 50 m，求空气质量流量为 2 kg/s 时，在管道出口截面空气的总压为多少，熵变化了多少？（设平均摩擦系数为 0.005）
4. 空气流过一截面积为 10 cm^2 的等截面直圆管，流动为定常绝热的，已知进口马赫数为 0.4，进口静压为 0.1 MPa，进口静温为 15℃，圆管平均摩擦系数为 0.015，求

   (1) 圆管出口达到临界状态时的管长 L_{max} 及出口静压、静温；

(2) 若管长增加到 $1.5L_{max}$，流量变化了多少？

5. 空气在直径为 0.1 m 的绝热管内流动，质量流量为 1 kg/s，总温为 295 K，管道平均摩擦系数为 0.002，管道进口处气流的静压为 0.014 MPa，求：

(1) 计算进口处的马赫数、速度和总压；

(2) 计算无激波时对应的最大管长和相应的出口静压；

(3) 为了在进口处形成一道正激波，管道长度应加长到多少？出口静压应该多大？

(4) 比较在(2)、(3)及管内存在正激波三种情况下熵变 Δs 的差异。

6. 空气经拉瓦尔喷管流入摩擦管，如图 7.26 所示，已知拉瓦尔喷管出口处气流马赫数为 1.45，摩擦管平均摩擦系数 0.005。(拉瓦尔喷管内假设为定熵绝能流动)

(1) 试证明在直管内必产生正激波；

(2) 求此时摩擦管内熵的损失。

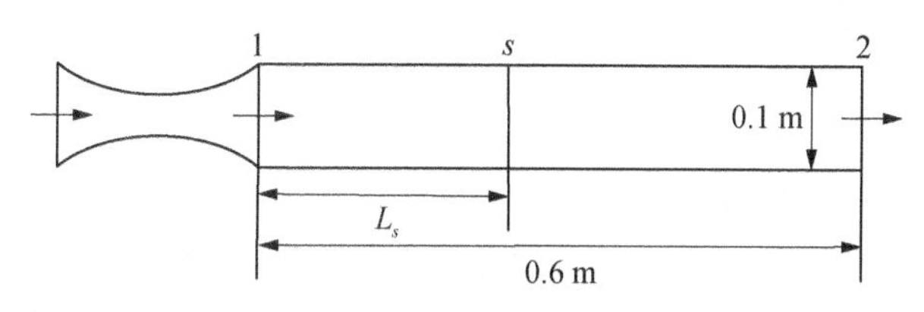

图 7.26 测试装置

7. 测量超声速气流摩擦系数的装置如图 7.27 所示。拉瓦尔喷管内为定熵流动，后接直圆管，测得喷管进口气流总压 $p_0^* = 6.88 \times 10^6$ Pa，总温 $T_0^* = 316$ K，距圆管进口 1.75 倍直径的 a 处气流静压为 $p_a = 2.43 \times 10^5$ Pa，距圆管进口 29.6 倍直径的 b 处气流压力为 $p_b = 4.95 \times 10^5$ Pa，喷管出口及圆管直径 $D = 12.7$ mm，喉部直径 $D_t = 6.1$ mm，求直管 $a-b$ 间的平均摩擦系数 $\bar{f}$。

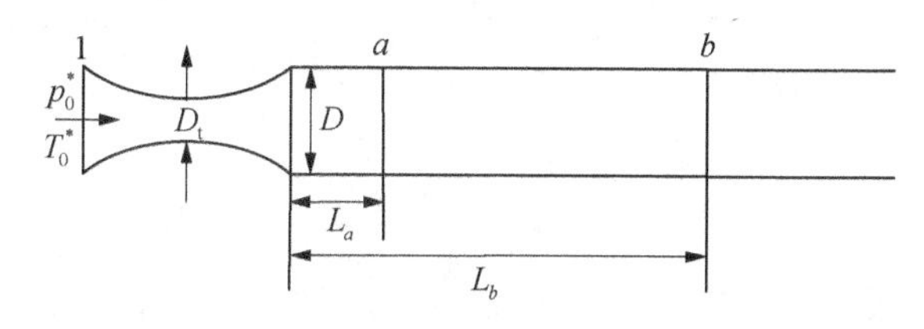

图 7.27 测试装置

8. 已知水从直径 10 cm 的圆管中流过，其平均速度为 0.5 m/s，水的运动黏性系数为 0.01 cm^2/s，管长 50 m，试确定管中水的流动状态，并求沿程损失。若使之变为层流(或湍流)，管径和流速应如何变化？

9. 在一边长为 3 cm 的正方形管道内液压油以平均速度 1.5 m/s 流过，已知液压油的运动黏性系数为 0.1 cm^2/s，密度为 85 kg/m^3，管长 5 m，求沿程损失为多少？

10. 图 7.28 为飞机燃油系统，已知发动机燃油泵的流量为 1 200 kg/h，管长 5 m，管径 15 mm，发动机燃油泵进口处的需用压强为 0.13 MPa，航空煤油的运动黏性系数为 0.045 cm^2/s，密度为 820 kg/m^3，管路中局部损失系数为弯头(三个) $\xi = 1.2$，油滤 $\xi =$

2.0，开关$\xi = 1.5$，油量传感器$\xi = 1.6$，试确定增压泵出口处所需压强。

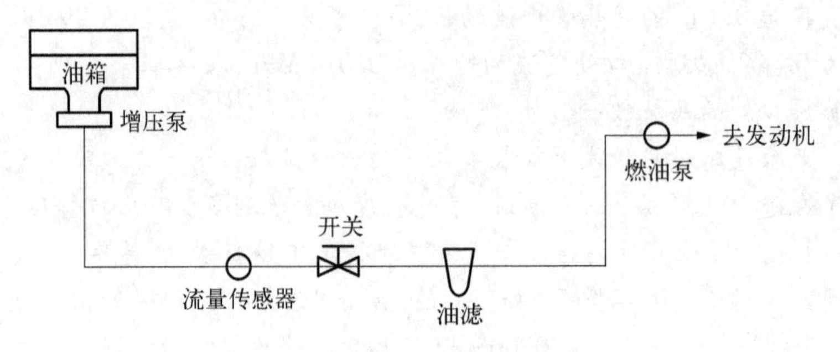

图 7.28　飞机燃油系统

参考文献

何立明,赵罡,程邦勤,2009. 气体动力学[M]. 北京: 国防工业出版社.

李幼兰,2017. 空气动力学和维护技术基础(ME、AV)[M]. 北京: 清华大学出版社.

理查德·布洛克利,史维,2016. 流体动力学与空气热力学[M]. 吴小胜,雷娟棉,黄晓鹏,等译. 北京: 北京理工大学出版社.

刘永学,2019. 空气动力学[M]. 北京: 航空工业出版社.

尼古拉斯·昆普斯蒂,安德鲁·海斯,2018. 喷气推进[M]. 陈迎春,滕金芳,王鹏,等译. 上海: 上海交通大学出版社.

王保国,刘淑艳,黄伟光,2005. 气体动力学[M]. 北京: 北京理工大学出版社.

王保国,刘淑艳,刘艳明,等,2009. 空气动力学基础[M]. 北京: 国防工业出版社.

王新月,2006. 气体动力学基础[M]. 西安: 西北工业大学出版社.

吴子牛,白晨媛,李娟,等,2018. 空气动力学[M]. 北京: 北京航空航天大学出版社.

小约翰·D. 安德森,2017. 现代可压缩流: 以历史的视角(第3版)[M]. 邓磊,高永卫,李晓东,译. 北京: 航空工业出版社.

徐敏,2015. 空气与气体动力学基础[M]. 西安: 西北工业大学出版社.

邹正平,王松涛,刘星火,等,2018. 航空燃气轮机涡轮气体动力学: 流动机理及气动设计(英文版)[M]. 上海: 上海交通大学出版社.

R. D. 弗莱克,2021. 喷气推进基础及应用[M]. 周文祥,姜成平,高亚辉,译. 北京: 科学出版社.

附录一
国际标准大气(ISA)

H/m	H/ft	T/K	$p/10^5$ Pa	ρ/(kg/m^3)	a/(m/s)	μ/(10^{-5} Pa·s)
0.0	0.0	288.15	1.013 25	1.225 0	340.3	1.789
500.0	1 640.4	284.90	0.954 61	1.167 3	338.4	1.774
1 000.0	3 280.8	281.65	0.898 75	1.111 6	336.4	1.758
1 500.0	4 921.3	278.40	0.845 56	1.058 1	334.5	1.742
2 000.0	6 561.7	275.15	0.794 95	1.006 5	332.5	1.726
2 500.0	8 202.1	271.90	0.746 83	0.956 9	330.6	1.710
3 000.0	9 842.5	268.65	0.701 09	0.909 1	328.6	1.694
3 500.0	11 482.9	265.40	0.657 64	0.863 2	326.6	1.678
4 000.0	13 123.4	262.15	0.616 40	0.819 1	324.6	1.661
4 500.0	14 763.8	258.90	0.577 28	0.776 8	322.6	1.645
5 000.0	16 404.2	255.65	0.540 20	0.736 1	320.5	1.628
5 500.0	18 044.6	252.40	0.505 07	0.697 1	318.5	1.612
6 000.0	19 685.0	249.15	0.471 81	0.659 7	316.4	1.595
6 500.0	21 325.5	245.90	0.440 35	0.623 8	314.4	1.578
7 000.0	22 965.9	242.65	0.410 61	0.589 5	312.3	1.561
7 500.0	24 606.3	239.40	0.382 51	0.556 6	310.2	1.544
8 000.0	26 246.7	236.15	0.356 00	0.525 2	308.1	1.527
8 500.0	27 887.1	232.90	0.330 99	0.495 1	305.9	1.510
9 000.0	29 527.6	229.65	0.307 42	0.466 3	303.8	1.493
9 500.0	31 168.0	226.40	0.285 24	0.438 9	301.6	1.475
10 000.0	32 808.4	223.15	0.264 36	0.412 7	299.5	1.458
10 500.0	34 448.8	219.90	0.244 74	0.387 7	297.3	1.440
11 000.0	36 089.2	216.65	0.226 32	0.363 9	295.1	1.422
11 500.0	37 729.7	216.65	0.209 16	0.336 3	295.1	1.422
12 000.0	39 370.1	216.65	0.193 30	0.310 8	295.1	1.422
12 500.0	41 010.5	216.65	0.178 65	0.287 3	295.1	1.422
13 000.0	42 650.9	216.65	0.165 10	0.265 5	295.1	1.422
13 500.0	44 291.3	216.65	0.152 59	0.245 4	295.1	1.422
14 000.0	45 931.8	216.65	0.141 02	0.226 8	295.1	1.422
14 500.0	47 572.2	216.65	0.130 33	0.209 6	295.1	1.422
15 000.0	49 212.6	216.65	0.120 45	0.193 7	295.1	1.422
15 500.0	50 853.0	216.65	0.111 31	0.179 0	295.1	1.422
16 000.0	52 493.4	216.65	0.102 87	0.165 4	295.1	1.422
16 500.0	54 133.9	216.65	0.095 07	0.152 9	295.1	1.422
17 000.0	55 774.3	216.65	0.087 87	0.141 3	295.1	1.422

续　表

H/m	H/ft	T/K	$p/10^5$ Pa	ρ/(kg/m^3)	a/(m/s)	$\mu/(10^{-5}$ Pa·s)
17 500. 0	57 414. 7	216. 65	0. 081 21	0. 130 6	295. 1	1. 422
18 000. 0	59 055. 1	216. 65	0. 075 05	0. 120 7	295. 1	1. 422
18 500. 0	60 695. 5	216. 65	0. 069 36	0. 111 5	295. 1	1. 422
19 000. 0	62 336. 0	216. 65	0. 064 10	0. 103 1	295. 1	1. 422
19 500. 0	63 976. 4	216. 65	0. 059 24	0. 095 3	295. 1	1. 422
20 000. 0	65 616. 8	216. 65	0. 054 75	0. 088 0	295. 1	1. 422

附录二 气体动力学函数表(空气)

$\gamma = 1.40$

λ	$\tau(\lambda)$	$\pi(\lambda)$	$\varepsilon(\lambda)$	$q(\lambda)$	$y(\lambda)$	$z(\lambda)$	$f(\lambda)$	$\gamma(\lambda)$	Ma
0.00	1.000 0	1.000 0	1.000 0	0.000 0	0.000 0	∞	1.000 0	0.000 0	0.000 0
0.01	1.000 0	0.999 9	0.999 9	0.015 8	0.015 8	100.01	1.000 0	0.999 9	0.009 1
0.02	0.999 9	0.999 8	0.999 8	0.031 5	0.031 6	50.020	1.000 2	0.999 6	0.018 3
0.03	0.999 8	0.999 5	0.999 7	0.047 3	0.047 3	33.363	1.000 6	0.998 9	0.027 4
0.04	0.999 7	0.999 0	0.999 3	0.063 1	0.063 1	25.040	1.000 9	0.998 1	0.036 5
0.05	0.999 6	0.998 6	0.999 0	0.078 8	0.078 9	20.050	1.001 5	0.997 1	0.045 7
0.06	0.999 4	0.997 9	0.998 5	0.094 5	0.097 4	16.727	1.002 1	0.995 8	0.054 8
0.07	0.999 2	0.997 1	0.997 9	0.110 2	0.110 5	14.356	1.002 8	0.994 3	0.063 9
0.08	0.998 9	0.996 3	0.997 4	0.125 9	0.126 3	12.580	1.003 8	0.992 5	0.073 1
0.09	0.998 7	0.995 3	0.996 7	0.141 5	0.142 2	11.201	1.004 7	0.990 6	0.082 2
0.10	0.998 3	0.994 2	0.995 9	0.157 1	0.158 0	10.100	1.005 8	0.988 5	0.091 4
0.11	0.998 0	0.992 9	0.994 9	0.172 6	0.173 9	9.200 9	1.007 0	0.986 0	0.100 5
0.12	0.997 6	0.991 6	0.994 0	0.188 2	0.189 7	8.453 3	1.008 3	0.983 4	0.109 7
0.13	0.997 2	0.990 1	0.992 9	0.203 6	0.205 6	7.822 3	1.010 0	0.980 6	0.118 8
0.14	0.996 7	0.998 6	0.991 8	0.219 0	0.221 6	7.282 9	1.011 3	0.977 6	0.128 0
0.15	0.996 3	0.987 0	0.990 7	0.234 4	0.237 5	6.816 7	1.012 9	0.974 4	0.137 2
0.16	0.995 7	0.985 1	0.989 3	0.249 7	0.253 5	6.410 0	1.014 7	0.970 9	0.146 4
0.17	0.995 2	0.983 2	0.988 0	0.264 9	0.269 5	6.052 4	1.016 5	0.967 3	0.155 6
0.18	0.994 6	0.981 2	0.986 6	0.280 1	0.285 5	5.735 6	1.018 5	0.963 4	0.164 8
0.19	0.994 0	0.979 1	0.985 0	0.295 2	0.301 5	5.453 2	1.020 6	0.959 4	0.174 0
0.20	0.993 3	0.976 8	0.953 4	0.310 3	0.317 6	5.200 0	1.022 7	0.955 1	0.183 2
0.21	0.992 7	0.974 5	0.981 7	0.325 2	0.333 7	4.971 9	1.025 0	0.950 7	0.192 4
0.22	0.991 9	0.972 0	0.979 9	0.340 1	0.349 9	4.765 5	1.027 4	0.946 1	0.201 6
0.23	0.991 2	0.969 5	0.978 1	0.354 9	0.366 0	4.577 8	1.029 8	0.941 4	0.210 9
0.24	0.990 4	0.966 8	0.976 2	0.369 6	0.382 3	4.406 7	1.031 5	0.937 3	0.220 1
0.25	0.989 6	0.964 0	0.974 2	0.384 2	0.398 5	4.250 0	1.035 0	0.931 4	0.229 4
0.26	0.988 7	0.961 1	0.972 1	0.398 7	0.414 8	4.106 2	1.037 8	0.926 1	0.238 7
0.27	0.987 9	0.958 1	0.969 9	0.413 1	0.431 1	3.973 7	1.040 6	0.920 7	0.248 0
0.28	0.986 9	0.955 0	0.969 9	0.427 4	0.447 5	3.851 4	1.043 5	0.915 2	0.257 3
0.29	0.986 0	0.951 8	0.965 3	0.441 6	0.464 0	3.738 3	1.046 5	0.909 5	0.266 6
0.30	0.985 0	0.948 5	0.983 0	0.455 7	0.480 4	3.633 3	1.049 6	0.903 7	0.275 9
0.31	0.984 0	0.945 1	0.960 5	0.469 7	0.497 0	3.535 8	1.052 8	0.897 7	0.285 3

续 表

λ	$\tau(\lambda)$	$\pi(\lambda)$	$\varepsilon(\lambda)$	$q(\lambda)$	$y(\lambda)$	$z(\lambda)$	$f(\lambda)$	$\gamma(\lambda)$	Ma
0.32	0.982 9	0.941 5	0.957 9	0.483 5	0.513 5	3.445 0	1.055 9	0.891 7	0.294 6
0.33	0.981 9	0.937 9	0.955 2	0.497 3	0.530 2	3.360 3	1.059 3	0.885 4	0.304 0
0.34	0.980 7	0.934 2	0.952 5	0.510 9	0.546 9	3.281 2	1.062 6	0.879 1	0.313 4
0.35	0.979 6	0.930 3	0.949 7	0.524 2	0.563 6	3.207 1	1.066 1	0.872 7	0.322 8
0.36	0.978 4	0.926 5	0.946 9	0.537 7	0.580 4	3.137 8	1.069 6	0.866 2	0.332 2
0.37	0.977 2	0.922 4	0.943 9	0.550 9	0.597 3	3.072 7	1.073 2	0.859 5	0.341 7
0.38	0.975 9	0.928 3	0.940 9	0.564 0	0.614 2	3.011 6	1.076 8	0.852 8	0.351 1
0.39	0.974 7	0.914 1	0.937 8	0.576 9	0.631 2	2.954 1	1.080 5	0.846 0	0.360 6
0.40	0.973 3	0.909 7	0.934 6	0.589 7	0.648 2	2.900 0	1.084 2	0.839 1	0.370 1
0.41	0.972 0	0.905 3	0.931 4	0.602 4	0.665 4	2.849 0	1.088 0	0.832 1	0.379 6
0.42	0.970 6	0.900 8	0.928 1	0.614 9	0.682 6	2.801 0	1.091 8	0.825 1	0.389 2
0.43	0.969 2	0.896 2	0.924 7	0.627 2	0.699 8	2.755 6	1.095 7	0.817 9	0.398 7
0.44	0.967 7	0.891 5	0.921 2	0.639 4	0.717 2	2.712 7	1.099 6	0.810 8	0.408 3
0.45	0.966 3	0.886 8	0.917 8	0.651 5	0.734 6	2.672 2	1.103 6	0.803 5	0.417 9
0.46	0.964 7	0.881 6	0.914 2	0.663 3	0.752 1	2.633 9	1.107 6	0.796 3	0.427 5
0.47	0.963 2	0.877 0	0.910 5	0.675 0	0.769 7	2.597 7	1.111 6	0.788 9	0.437 2
0.48	0.961 6	0.871 9	0.906 7	0.686 5	0.787 4	2.563 3	1.115 6	0.791 6	0.446 8
0.49	0.960 0	0.866 8	0.902 9	0.697 9	0.805 2	2.530 8	1.119 7	0.774 1	0.456 5
0.50	0.958 3	0.861 6	0.899 1	0.709 1	0.823 0	2.500 0	1.123 9	0.766 6	0.466 3
0.51	0.956 7	0.856 3	0.895 1	0.720 1	0.840 9	2.470 8	1.127 9	0.759 2	0.476 0
0.52	0.954 9	0.850 9	0.691 1	0.730 9	0.859 0	2.443 1	1.132 0	0.751 7	0.485 8
0.53	0.953 2	0.844 5	0.887 1	0.741 6	0.877 1	2.416 8	1.136 2	0.744 2	0.495 6
0.54	0.951 4	0.840 0	0.882 9	0.752 0	0.895 3	2.391 9	1.140 3	0.736 6	0.505 4
0.55	0.949 6	0.834 4	0.878 7	0.762 3	0.913 6	2.368 2	1.144 5	0.729 0	0.515 2
0.56	0.947 7	0.828 7	0.874 4	0.772 4	0.932 1	2.345 7	1.148 6	0.721 5	0.525 1
0.57	0.945 9	0.823 0	0.870 1	0.782 3	0.950 6	2.324 4	1.152 8	0.713 9	0.535 0
0.58	0.943 9	0.817 2	0.865 7	0.792 0	0.969 2	2.304 1	1.156 9	0.706 4	0.545 0
0.59	0.942 0	0.811 2	0.868 2	0.801 5	0.988 0	2.284 9	1.161 0	0.698 7	0.554 9
0.60	0.940 0	0.805 3	0.856 7	0.810 9	1.006 9	2.266 7	1.165 1	0.691 2	0.564 9
0.61	0.938 0	0.799 2	0.852 1	0.819 8	1.025 8	2.249 3	1.169 1	0.683 6	0.575 0
0.62	0.935 9	0.793 2	0.847 5	0.828 8	1.044 9	2.232 9	1.173 3	0.676 0	0.585 0
0.63	0.933 9	0.787 0	0.842 8	0.837 5	1.064 1	2.217 3	1.177 2	0.668 5	0.595 1
0.64	0.931 7	0.780 8	0.838 0	0.845 9	1.084 2	2.202 5	1.181 2	0.661 0	0.605 3
0.65	0.979 6	0.774 5	0.833 2	0.854 3	1.103 0	2.188 5	1.185 2	0.653 5	0.615 4
0.66	0.927 4	0.768 1	0.828 3	0.862 3	1.122 6	2.175 2	1.189 1	0.646 0	0.625 6
0.67	0.925 2	0.761 7	0.823 3	0.870 1	1.142 3	2.162 5	1.192 9	0.638 6	0.635 9
0.68	0.922 9	0.755 3	0.818 3	0.877 8	1.162 2	2.150 6	1.196 7	0.631 1	0.646 1
0.69	0.920 7	0.748 8	0.813 3	0.885 2	1.182 2	2.139 3	1.200 5	0.623 7	0.656 5
0.70	0.918 3	0.742 2	0.808 2	0.892 4	1.202 4	2.128 6	1.204 2	0.616 3	0.666 8
0.71	0.916 0	0.735 6	0.803 0	0.899 3	1.222 7	2.118 5	1.207 8	0.609 0	0.677 2
0.72	0.913 6	0.728 9	0.797 8	0.906 1	1.243 1	2.108 9	1.211 4	0.601 7	0.687 6
0.73	0.911 2	0.722 1	0.792 5	0.912 6	1.263 7	2.099 9	1.214 8	0.594 4	0.698 1
0.74	0.908 7	0.715 4	0.787 2	0.918 9	1.284 5	2.091 4	1.218 3	0.587 2	0.708 6

续 表

λ	$\tau(\lambda)$	$\pi(\lambda)$	$\varepsilon(\lambda)$	$q(\lambda)$	$y(\lambda)$	$z(\lambda)$	$f(\lambda)$	$\gamma(\lambda)$	Ma
0.75	0.906 3	0.708 6	0.781 9	0.925 0	1.305 4	2.083 3	1.221 6	0.580 0	0.719 2
0.76	0.903 7	0.701 7	0.776 4	0.930 8	1.326 5	2.075 8	1.224 9	0.572 9	0.729 8
0.77	0.901 2	0.694 8	0.771 0	0.936 4	1.347 8	2.068 7	1.228 0	0.565 8	0.740 4
0.78	0.898 6	0.687 8	0.765 5	0.941 8	1.369 2	2.062 1	1.231 1	0.558 7	0.751 1
0.79	0.896 0	0.680 9	0.759 9	0.946 9	1.390 8	2.055 8	1.234 1	0.551 7	0.761 9
0.80	0.893 3	0.673 8	0.754 3	0.951 8	1.412 6	2.050 0	1.237 0	0.544 7	0.772 7
0.81	0.890 7	0.666 8	0.748 6	0.956 5	1.434 6	2.044 6	1.239 8	0.537 8	0.783 5
0.82	0.887 9	0.659 7	0.742 9	0.961 0	1.456 7	2.039 5	1.242 5	0.530 9	0.794 4
0.83	0.885 2	0.652 6	0.737 2	0.965 2	1.479 0	2.034 8	1.245 1	0.524 1	0.805 3
0.84	0.882 4	0.645 4	0.731 4	0.969 1	1.501 6	2.030 5	1.247 5	0.517 4	0.816 3
0.85	0.879 6	0.638 2	0.725 6	0.972 9	1.524 3	2.026 5	1.249 8	0.510 7	0.827 4
0.86	0.876 7	0.631 0	0.719 7	0.976 4	1.547 3	2.022 8	1.252 0	0.504 0	0.838 4
0.87	0.873 9	0.623 8	0.713 8	0.979 6	1.570 4	2.019 4	1.254 1	0.497 4	0.849 6
0.88	0.870 9	0.616 5	0.707 9	0.982 6	1.593 8	2.016 4	1.256 0	0.490 8	0.860 8
0.89	0.868 0	0.609 2	0.701 9	0.985 4	1.614 7	2.013 6	1.257 9	0.484 3	0.872 1
0.90	0.865 0	0.601 9	0.695 9	0.984 9	1.641 2	2.011 1	1.259 5	0.477 9	0.883 4
0.91	0.862 0	0.594 6	0.689 8	0.990 2	1.665 2	2.008 9	1.261 1	0.471 5	0.894 7
0.92	0.858 9	0.587 3	0.683 8	0.992 3	1.689 5	2.007 0	1.262 5	0.465 2	0.906 2
0.93	0.855 9	0.580 0	0.677 6	0.994 1	1.714 0	2.005 3	1.263 7	0.458 9	0.917 7
0.94	0.852 7	0.572 6	0.671 5	0.995 7	1.738 8	2.003 8	1.264 8	0.452 7	0.929 2
0.95	0.849 6	0.565 3	0.665 3	0.997 0	1.763 8	2.002 6	1.265 8	0.446 6	0.940 9
0.96	0.846 4	0.557 9	0.659 1	0.998 1	1.789 1	2.001 7	1.266 6	0.440 5	0.952 6
0.97	0.843 2	0.550 5	0.652 8	0.998 9	1.814 6	2.000 9	1.267 1	0.434 4	0.964 3
0.98	0.839 9	0.543 1	0.646 6	0.999 3	1.840 4	2.000 4	1.267 6	0.428 5	0.976 1
0.99	0.836 7	0.535 7	0.640 3	0.999 9	1.866 5	2.000 1	1.267 8	0.422 5	0.988 0
1.00	0.833 3	0.528 3	0.634 0	1.000 0	1.892 9	2.000 0	1.267 9	0.416 7	1.000 0
1.01	0.830 0	0.520 9	0.627 6	0.999 9	1.919 5	2.000 1	1.267 8	0.410 9	1.012 0
1.02	0.826 6	0.513 5	0.621 2	0.999 5	1.946 4	2.000 4	1.267 5	0.405 1	1.024 1
1.03	0.823 2	0.506 1	0.614 8	0.998 9	1.973 7	2.000 9	1.267 1	0.399 4	1.036 3
1.04	0.819 7	0.498 9	0.608 4	0.998 0	2.001 3	2.001 5	1.266 4	0.393 8	1.048 6
1.05	0.816 3	0.491 3	0.601 9	0.996 9	2.029 1	2.002 4	1.265 5	0.388 2	1.060 9
1.06	0.812 7	0.484 0	0.595 5	0.995 7	2.057 3	2.003 4	1.264 6	0.382 7	1.073 3
1.07	0.809 2	0.476 6	0.589 0	0.994 1	2.085 8	2.004 6	1.263 3	0.377 3	1.085 8
1.08	0.805 6	0.469 3	0.582 6	0.992 4	2.114 7	2.005 9	1.262 0	0.371 9	1.098 4
1.09	0.802 0	0.461 9	0.576 0	0.990 3	2.143 9	2.007 4	1.260 2	0.366 5	1.111 1
1.10	0.798 3	0.454 6	0.569 4	0.988 0	2.173 4	2.009 1	1.258 4	0.361 6	1.123 9
1.11	0.794 7	0.447 3	0.562 9	0.985 6	2.203 4	2.010 9	1.256 4	0.356 0	1.136 7
1.12	0.790 9	0.440 0	0.556 4	0.982 9	2.233 7	2.012 9	1.254 3	0.350 8	1.149 6
1.13	0.787 2	0.432 8	0.549 8	0.980 0	2.264 3	2.015 0	1.251 9	0.345 7	1.162 7
1.14	0.783 4	0.425 5	0.543 2	0.976 8	2.295 4	2.017 2	1.249 1	0.340 7	1.175 8
1.15	0.779 6	0.418 4	0.536 6	0.973 5	2.326 9	2.019 6	1.246 3	0.335 7	1.189 0
1.16	0.775 7	0.411 1	0.530 0	0.969 8	2.358 8	2.022 1	1.243 2	0.330 7	1.202 3
1.17	0.771 9	0.404 0	0.523 4	0.965 9	2.391 1	2.024 7	1.239 8	0.325 8	1.215 7
1.18	0.767 9	0.396 9	0.516 8	0.962 0	2.423 8	2.027 5	1.236 4	0.321 0	1.229 2

续　表

λ	$\tau(\lambda)$	$\pi(\lambda)$	$\varepsilon(\lambda)$	$q(\lambda)$	$y(\lambda)$	$z(\lambda)$	$f(\lambda)$	$\gamma(\lambda)$	Ma
1.19	0.764 0	0.389 8	0.510 2	0.957 7	2.457 0	2.030 3	1.232 6	0.316 2	1.242 8
1.20	0.760 0	0.382 7	0.503 5	0.953 1	2.490 6	2.033 3	1.228 6	0.311 5	1.256 6
1.21	0.756 0	0.375 3	0.496 9	0.948 4	2.524 7	2.036 4	1.224 4	0.306 8	1.270 4
1.22	0.751 9	0.368 7	0.490 3	0.943 5	2.559 3	2.039 7	1.220 0	0.302 2	1.284 3
1.23	0.747 8	0.361 7	0.483 7	0.938 4	2.594 4	2.043 0	1.215 4	0.297 6	1.298 4
1.24	0.743 7	0.354 8	0.477 0	0.933 1	2.630 0	2.046 5	1.210 5	0.293 1	1.312 6
1.25	0.739 6	0.347 9	0.470 4	0.927 5	2.666 0	2.050 0	1.205 4	0.288 6	1.326 9
1.26	0.735 4	0.341 1	0.463 8	0.921 7	2.702 6	2.053 7	1.200 0	0.284 2	1.341 3
1.27	0.731 2	0.334 3	0.457 2	0.915 9	2.739 8	2.057 4	1.194 6	0.279 8	1.355 8
1.28	0.726 9	0.327 5	0.450 5	0.909 6	2.777 5	2.061 3	1.188 7	0.275 5	1.370 5
1.29	0.722 7	0.320 8	0.443 9	0.903 3	2.815 8	2.065 2	1.182 6	0.271 3	1.385 3
1.30	0.718 3	0.314 2	0.437 4	0.896 9	2.854 7	2.069 2	1.176 5	0.267 0	1.400 2
1.31	0.714 0	0.307 5	0.430 7	0.890 1	2.894 1	2.073 4	1.169 9	0.262 9	1.415 3
1.32	0.709 6	0.301 0	0.424 1	0.883 1	2.934 3	2.077 6	1.163 2	0.257 4	1.430 5
1.33	0.705 2	0.294 5	0.417 6	0.876 1	2.975 0	2.081 9	1.156 2	0.254 7	1.445 8
1.34	0.700 7	0.288 0	0.411 0	0.868 8	3.016 4	2.086 3	1.149 0	0.250 7	1.461 3
1.35	0.696 2	0.281 6	0.404 5	0.861 4	3.058 6	2.090 7	1.141 7	0.246 7	1.476 9
1.36	0.691 7	0.275 3	0.398 0	0.853 8	3.101 3	2.095 3	1.134 1	0.242 7	1.492 7
1.37	0.687 2	0.269 0	0.391 4	0.845 9	3.144 8	2.099 9	1.126 1	0.238 9	1.508 7
1.38	0.682 6	0.262 8	0.385 0	0.838 0	3.188 9	2.104 6	1.118 0	0.235 0	1.524 8
1.39	0.678 0	0.256 6	0.378 5	0.829 9	3.234 0	2.109 4	1.109 8	0.231 2	1.541 0
1.40	0.673 3	0.250 5	0.372 0	0.821 6	3.279 8	2.114 3	1.101 2	0.227 5	1.557 5
1.41	0.668 7	0.244 5	0.365 6	0.813 1	3.326 3	2.119 2	1.092 4	0.223 8	1.574 1
1.42	0.663 9	0.238 5	0.359 2	0.804 6	3.373 7	2.124 2	1.083 5	0.220 1	1.590 9
1.43	0.659 2	0.232 6	0.352 8	0.795 8	3.421 9	2.129 3	1.074 2	0.216 5	1.607 8
1.44	0.654 4	0.226 7	0.346 4	0.786 9	3.471 0	2.134 4	1.064 8	0.212 9	1.625 0
1.45	0.649 6	0.220 9	0.340 1	0.777 8	3.521 1	2.139 7	1.055 1	0.209 4	1.642 3
1.46	0.644 7	0.215 2	0.333 8	0.768 7	3.572 0	2.144 9	1.045 3	0.205 9	1.659 9
1.47	0.639 8	0.209 5	0.327 5	0.759 3	3.624 0	2.150 3	1.035 1	0.202 4	1.677 6
1.48	0.634 9	0.204 0	0.321 2	0.749 9	3.676 8	2.155 7	1.024 9	0.199 0	1.695 5
1.49	0.630 0	0.198 5	0.315 0	0.740 4	3.730 8	2.161 1	1.014 4	0.195 6	1.713 7
1.50	0.625 0	0.193 0	0.308 8	0.730 7	3.785 8	2.166 7	1.003 7	0.192 3	1.732 1
1.51	0.620 0	0.187 6	0.302 7	0.720 9	3.841 8	2.172 3	0.992 7	0.189 0	1.750 6
1.52	0.614 9	0.182 4	0.296 5	0.711 0	3.899 0	2.177 9	0.981 6	0.185 8	1.769 5
1.53	0.609 9	0.177 1	0.290 4	0.700 9	3.957 4	2.183 6	0.970 3	0.182 5	1.788 5
1.54	0.604 7	0.172 0	0.284 4	0.690 9	4.017 2	2.189 4	0.959 0	0.179 4	1.807 8
1.55	0.599 6	0.166 9	0.278 4	0.680 7	4.077 8	2.195 2	0.947 2	0.176 2	1.827 3
1.56	0.594 4	0.161 9	0.272 4	0.670 3	4.139 8	2.201 0	0.935 3	0.173 1	1.847 1
1.57	0.589 2	0.157 0	0.266 5	0.659 9	4.203 4	2.206 9	0.923 3	0.170 0	1.867 2
1.58	0.583 9	0.152 2	0.260 6	0.649 4	4.268 0	2.212 9	0.911 1	0.167 0	1.887 5
1.59	0.578 6	0.147 4	0.254 7	0.638 9	4.334 5	2.218 9	0.898 8	0.164 0	1.908 1
1.60	0.573 3	0.142 7	0.248 9	0.628 2	4.402 0	2.225 0	0.886 1	0.161 1	1.929 0
1.61	0.568 0	0.138 1	0.243 1	0.617 5	4.471 3	2.231 1	0.873 4	0.158 1	1.950 1
1.62	0.562 6	0.133 6	0.237 4	0.606 7	4.542 2	2.237 3	0.860 4	0.155 2	1.971 6

续 表

λ	$\tau(\lambda)$	$\pi(\lambda)$	$\varepsilon(\lambda)$	$q(\lambda)$	$y(\lambda)$	$z(\lambda)$	$f(\lambda)$	$\gamma(\lambda)$	Ma
1.63	0.557 2	0.129 1	0.231 7	0.595 8	4.614 4	2.243 5	0.847 4	0.152 4	1.993 4
1.64	0.551 7	0.124 8	0.226 1	0.585 0	4.688 7	2.249 8	0.834 3	0.149 5	2.015 5
1.65	0.546 3	0.120 5	0.220 5	0.574 0	4.764 7	2.256 1	0.821 0	0.146 7	2.038 0
1.66	0.540 7	0.116 3	0.215 0	0.563 0	4.842 4	2.262 4	0.807 5	0.144 0	2.060 8
1.67	0.535 2	0.112 1	0.209 5	0.552 0	4.922 1	2.268 8	0.793 9	0.141 3	2.083 9
1.68	0.529 6	0.108 1	0.204 1	0.540 9	5.003 7	2.275 2	0.780 2	0.138 6	2.107 4
1.69	0.524 0	0.104 1	0.198 8	0.529 8	5.087 7	2.281 7	0.766 4	0.135 9	2.131 3
1.70	0.518 3	0.100 3	0.193 4	0.518 7	5.173 5	2.288 2	0.752 4	0.133 3	2.155 5
1.71	0.512 6	0.096 5	0.188 1	0.507 5	5.316 7	2.294 8	0.738 3	0.130 6	2.180 2
1.72	0.506 9	0.092 8	0.183 0	0.496 5	5.352 0	2.301 4	0.724 3	0.128 1	2.205 3
1.73	0.501 2	0.089 1	0.177 8	0.485 2	5.444 9	2.308 0	0.710 0	0.125 5	2.230 8
1.74	0.495 4	0.085 6	0.172 7	0.474 1	5.540 3	2.314 7	0.695 7	0.123 0	2.256 7
1.75	0.489 6	0.082 1	0.167 7	0.463 0	5.638 3	2.321 4	0.681 3	0.120 5	2.283 1
1.76	0.483 7	0.078 7	0.162 8	0.452 0	5.739 0	2.328 2	0.666 9	0.118 1	2.310 0
1.77	0.477 9	0.075 4	0.157 8	0.440 7	5.842 7	2.335 0	0.652 3	0.115 6	2.337 4
1.78	0.471 9	0.072 2	0.153 0	0.429 6	5.949 5	2.341 8	0.637 8	0.113 2	2.365 3
1.79	0.466 0	0.069 1	0.148 2	0.418 5	6.059 3	2.348 7	0.623 2	0.110 8	2.393 7
1.80	0.460 0	0.066 0	0.143 5	0.407 5	6.172 3	2.355 6	0.608 5	0.108 5	2.422 7
1.81	0.454 0	0.063 0	0.138 9	0.396 5	6.289 3	2.362 5	0.593 8	0.106 2	2.452 3
1.82	0.447 9	0.060 2	0.134 3	0.385 5	6.409 1	2.369 5	0.579 1	0.103 9	2.482 4
1.83	0.441 8	0.057 3	0.129 8	0.374 6	6.533 5	2.376 4	0.564 4	0.101 6	2.513 2
1.84	0.435 7	0.054 6	0.125 3	0.363 8	6.660 7	2.383 5	0.549 7	0.099 4	2.544 6
1.85	0.429 6	0.052 0	0.121 0	0.353 0	6.793 4	2.390 5	0.534 9	0.097 1	2.576 7
1.86	0.423 4	0.049 4	0.116 7	0.342 3	6.929 8	2.397 6	0.520 2	0.094 9	2.609 4
1.87	0.417 2	0.046 9	0.112 4	0.331 6	7.070 7	2.404 8	0.505 5	0.092 8	2.642 9
1.88	0.410 9	0.044 5	0.108 3	0.321 1	7.216 2	2.411 9	0.490 9	0.090 6	2.677 2
1.89	0.404 7	0.042 2	0.104 2	0.310 5	7.367 3	2.419 1	0.476 2	0.088 5	2.712 3
1.90	0.398 3	0.039 9	0.100 2	0.300 2	7.524 3	2.426 3	0.461 7	0.086 4	2.748 1
1.91	0.392 0	0.037 7	0.096 2	0.289 8	7.685 8	2.433 6	0.447 2	0.084 3	2.784 9
1.92	0.385 6	0.035 6	0.092 3	0.279 7	7.854 0	2.440 8	0.432 7	0.082 3	2.822 6
1.93	0.379 2	0.033 6	0.088 5	0.269 5	8.028 9	2.448 1	0.418 3	0.080 3	2.861 2
1.94	0.372 7	0.031 6	0.084 8	0.259 6	8.209 8	2.455 5	0.404 1	0.078 2	2.900 8
1.95	0.366 2	0.029 7	0.081 2	0.249 7	8.398 5	2.462 8	0.389 9	0.076 3	2.941 4
1.96	0.359 7	0.027 9	0.077 6	0.240 0	8.594 3	2.470 2	0.375 8	0.074 3	2.983 2
1.97	0.353 2	0.026 2	0.074 1	0.230 4	8.798 4	2.477 6	0.361 8	0.072 4	3.026 0
1.98	0.346 6	0.024 5	0.070 7	0.220 9	9.011 2	2.485 1	0.348 0	0.070 4	3.070 2
1.99	0.340 0	0.022 9	0.067 4	0.211 6	9.232 9	2.492 5	0.334 3	0.068 5	3.115 5
2.00	0.333 3	0.021 4	0.064 2	0.202 4	9.464 0	2.500 0	0.320 3	0.066 8	3.162 3
2.01	0.326 7	0.019 9	0.061 0	0.193 4	9.706 0	2.507 5	0.307 4	0.064 8	3.210 4
2.02	0.319 9	0.018 5	0.057 9	0.184 5	9.961 0	2.515 0	0.294 2	0.063 0	3.260 1
2.03	0.313 2	0.017 2	0.054 9	0.175 8	10.224	2.522 6	0.281 1	0.061 2	3.311 4
2.04	0.306 4	0.015 9	0.052 0	0.167 2	10.502	2.530 2	0.268 3	0.059 4	3.364 3
2.05	0.299 6	0.014 7	0.049 1	0.158 8	10.794	2.537 8	0.255 6	0.057 6	3.419 0

续 表

λ	$\tau(\lambda)$	$\pi(\lambda)$	$\varepsilon(\lambda)$	$q(\lambda)$	$y(\lambda)$	$z(\lambda)$	$f(\lambda)$	$\gamma(\lambda)$	Ma
2.06	0.292 7	0.013 6	0.046 4	0.150 7	11.102	2.545 4	0.243 1	0.055 8	3.475 7
2.07	0.285 9	0.012 5	0.043 7	0.142 7	11.422	2.553 1	0.230 9	0.054 1	3.534 4
2.08	0.278 9	0.011 5	0.041 1	0.134 8	11.762	2.560 8	0.218 9	0.052 4	3.595 2
2.09	0.272 0	0.010 5	0.038 6	0.127 2	12.121	2.568 5	0.207 0	0.040 7	3.658 3
2.10	0.265 0	0.009 6	0.036 1	0.119 8	12.500	2.576 2	0.195 6	0.049 0	3.724 0
2.11	0.258 0	0.008 7	0.033 8	0.112 5	12.901	2.583 9	0.184 3	0.047 3	3.792 2
2.12	0.250 9	0.007 9	0.031 5	0.105 5	13.326	2.591 7	0.173 3	0.045 7	3.863 4
2.13	0.243 9	0.007 2	0.029 4	0.098 6	13.778	2.599 5	0.162 6	0.044 0	3.937 6
2.14	0.236 7	0.006 5	0.027 3	0.092 1	14.259	2.607 3	0.152 2	0.042 4	4.015 1
2.15	0.229 6	0.005 8	0.025 3	0.085 7	14.772	2.615 1	0.142 0	0.040 8	4.096 2
2.16	0.222 4	0.005 2	0.023 3	0.079 5	15.319	2.623 0	0.132 2	0.039 3	4.181 1
2.17	0.215 2	0.004 6	0.021 5	0.075 3	15.906	2.630 8	0.122 6	0.037 7	4.270 4
2.18	0.207 9	0.004 1	0.019 7	0.067 8	16.573	2.638 7	0.113 4	0.036 1	4.364 2
2.19	0.200 6	0.003 6	0.018 0	0.062 3	17.218	2.646 6	0.104 5	0.034 6	4.463 1
2.20	0.193 3	0.003 2	0.016 4	0.057 0	17.949	2.654 5	0.096 0	0.033 1	4.567 5
2.21	0.186 0	0.002 8	0.014 9	0.052 0	18.742	2.662 5	0.087 8	0.031 6	4.678 0
2.22	0.178 6	0.002 4	0.013 7	0.047 2	19.607	2.670 5	0.079 9	0.030 1	4.795 4
2.23	0.171 2	0.002 1	0.012 1	0.042 7	20.548	2.678 4	0.072 4	0.028 7	4.920 2
2.24	0.163 7	0.001 8	0.011 6	0.038 3	21.581	2.686 4	0.069 5	0.025 5	5.053 5
2.25	0.156 3	0.001 5	0.009 7	0.034 3	22.722	2.694 4	0.058 5	0.025 8	5.196 2
2.26	0.148 7	0.001 3	0.008 1	0.030 4	23.968	2.702 5	0.049 6	0.025 6	5.349 5
2.27	0.141 2	0.001 1	0.007 5	0.026 8	25.361	2.710 5	0.046 1	0.022 9	5.515 0
2.28	0.133 6	0.000 9	0.006 5	0.023 4	26.893	2.718 6	0.040 4	0.021 6	5.694 3
2.29	0.126 0	0.000 7	0.005 6	0.020 4	28.669	2.726 7	0.035 2	0.020 2	5.889 6
2.30	0.118 3	0.000 6	0.004 8	0.017 5	30.658	2.734 8	0.030 2	0.018 9	6.103 6
2.31	0.110 6	0.000 5	0.004 1	0.014 8	32.937	2.742 9	0.025 8	0.017 5	6.339 4
2.32	0.102 9	0.000 4	0.004 0	0.012 4	35.551	2.751 0	0.021 7	0.016 1	6.601 1
2.33	0.095 2	0.000 3	0.002 8	0.010 3	38.606	2.759 2	0.018 0	0.014 8	6.894 2
2.34	0.087 4	0.000 2	0.002 3	0.008 3	42.233	2.767 4	0.014 6	0.013 5	7.225 5
2.35	0.079 6	0.000 1	0.001 7	0.006 3	46.593	2.775 5	0.011 1	0.012 2	7.604 4
2.37	0.063 8	0.000 1	0.001 0	0.003 8	58.569	2.791 9	0.006 8	0.009 6	8.562 0
2.39	0.048 0	0.000 0	0.000 5	0.001 9	78.613	2.808 4	0.003 4	0.007 1	9.960 1
2.41	0.032 0	0.000 0	0.000 2	0.000 7	118.94	2.824 9	0.001 2	0.004 7	12.302
2.44	0.007 7	0.000 0	0.000 0	0.000 0	449.16	2.849 8	0.000 0	0.001 1	25.329

附录三

气体动力学函数表(燃气)

$\gamma = 1.33$

λ	$\tau(\lambda)$	$\pi(\lambda)$	$\varepsilon(\lambda)$	$q(\lambda)$	$y(\lambda)$	$z(\lambda)$	$f(\lambda)$	$\gamma(\lambda)$	Ma
0.00	1.000 0	1.000 0	1.000 0	0.000 0	0.000 0	∞	1.000 0	1.000 0	0.000 0
0.01	1.000 0	0.999 9	1.000 0	0.015 9	0.015 9	100.01	1.000 1	0.999 9	0.009 3
0.02	0.999 9	0.999 8	0.999 8	0.031 8	0.031 8	50.020	1.000 2	0.999 5	0.018 5
0.03	0.999 9	0.999 5	0.999 6	0.047 6	0.047 7	33.363	1.000 5	0.999 0	0.027 8
0.04	0.999 8	0.999 1	0.999 3	0.063 5	0.063 6	25.040	1.000 9	0.998 2	0.037 1
0.05	0.999 6	0.998 6	0.998 9	0.079 3	0.079 5	20.050	1.001 4	0.997 2	0.046 3
0.06	0.999 5	0.997 9	0.998 5	0.095 2	0.095 4	16.727	1.002 0	0.995 9	0.055 6
0.07	0.999 3	0.997 2	0.997 9	0.111 0	0.111 3	14.356	1.002 8	0.994 4	0.064 9
0.08	0.999 1	0.996 4	0.997 3	0.126 7	0.127 2	12.580	1.003 6	0.992 7	0.074 2
0.09	0.998 9	0.995 4	0.996 5	0.142 5	0.143 1	11.201	1.004 6	0.990 8	0.083 4
0.10	0.998 6	0.994 3	0.995 7	0.158 2	0.159 1	10.100	1.005 7	0.988 7	0.092 7
0.11	0.998 3	0.993 1	0.994 8	0.173 8	0.175 0	9.200 9	1.006 9	0.986 4	0.102 0
0.12	0.998 0	0.991 8	0.993 8	0.189 4	0.191 0	8.453 3	1.008 1	0.983 8	0.111 3
0.13	0.997 6	0.990 4	0.992 8	0.205 0	0.207 0	7.822 3	1.009 5	0.981 0	0.120 6
0.14	0.997 2	0.988 9	0.991 6	0.220 5	0.223 0	7.282 9	1.011 0	0.978 1	0.129 9
0.15	0.996 8	0.987 2	0.990 4	0.236 0	0.239 0	6.816 7	1.012 7	0.974 9	0.139 2
0.16	0.996 4	0.985 5	0.989 1	0.251 4	0.255 1	6.410 0	1.014 4	0.971 5	0.148 5
0.17	0.995 9	0.983 6	0.987 6	0.266 7	0.271 2	6.052 4	1.016 2	0.967 9	0.157 8
0.18	0.995 4	0.981 6	0.986 2	0.282 0	0.287 2	5.735 6	1.018 1	0.964 2	0.167 2
0.19	0.994 9	0.979 6	0.984 6	0.297 2	0.303 4	5.453 2	1.020 1	0.960 2	0.176 5
0.20	0.994 3	0.977 4	0.982 9	0.312 3	0.319 5	5.200 0	1.022 2	0.956 1	0.185 8
0.21	0.993 8	0.975 1	0.981 2	0.327 3	0.335 7	4.971 9	1.024 5	0.951 8	0.195 2
0.22	0.993 1	0.972 7	0.979 4	0.342 3	0.351 9	4.765 5	1.026 8	0.947 3	0.204 5
0.23	0.992 5	0.970 1	0.977 5	0.357 1	0.368 1	4.577 8	1.029 2	0.942 6	0.213 9
0.24	0.991 8	0.967 5	0.975 5	0.371 9	0.384 4	4.406 7	1.031 7	0.937 8	0.223 3
0.25	0.991 1	0.964 8	0.973 4	0.386 6	0.400 7	4.250 0	1.034 3	0.932 8	0.232 7
0.26	0.990 4	0.962 0	0.971 3	0.401 1	0.417 0	4.106 2	1.036 9	0.927 7	0.242 0
0.27	0.989 7	0.959 0	0.969 0	0.415 6	0.433 4	3.973 7	1.039 7	0.922 4	0.251 5
0.28	0.988 9	0.956 0	0.966 7	0.430 0	0.449 8	3.851 4	1.042 5	0.917 0	0.260 9
0.29	0.988 1	0.952 9	0.964 3	0.444 2	0.466 2	3.738 3	1.045 4	0.911 4	0.270 3
0.30	0.987 3	0.949 6	0.961 9	0.458 4	0.482 7	3.633 3	1.048 4	0.905 7	0.279 7
0.31	0.986 4	0.946 3	0.959 3	0.472 4	0.499 2	3.535 8	1.051 5	0.899 9	0.289 2

续　表

λ	$\tau(\lambda)$	$\pi(\lambda)$	$\varepsilon(\lambda)$	$q(\lambda)$	$y(\lambda)$	$z(\lambda)$	$f(\lambda)$	$\gamma(\lambda)$	Ma
0.32	0.985 5	0.942 8	0.956 7	0.486 3	0.515 8	3.445 0	1.054 7	0.894 0	0.298 6
0.33	0.984 6	0.939 3	0.954 0	0.500 1	0.532 4	3.360 3	1.057 9	0.887 9	0.308 1
0.34	0.983 6	0.935 6	0.951 2	0.513 7	0.549 1	3.281 2	1.061 2	0.881 7	0.317 6
0.35	0.982 7	0.931 9	0.948 3	0.527 3	0.565 8	3.207 1	1.064 5	0.875 4	0.327 1
0.36	0.981 6	0.928 1	0.945 4	0.540 6	0.582 6	3.137 8	1.067 9	0.869 0	0.336 6
0.37	0.980 6	0.924 1	0.942 4	0.553 9	0.599 4	3.072 7	1.071 4	0.862 5	0.346 2
0.38	0.979 5	0.920 1	0.939 3	0.567 0	0.616 2	3.011 6	1.074 9	0.856 0	0.355 7
0.39	0.978 5	0.916 0	0.936 1	0.580 0	0.633 2	2.954 1	1.078 5	0.849 3	0.365 3
0.40	0.977 3	0.911 8	0.932 9	0.592 8	0.650 1	2.900 0	1.082 2	0.842 5	0.374 9
0.41	0.976 2	0.907 5	0.929 6	0.605 4	0.667 2	2.849 0	1.085 8	0.835 7	0.384 5
0.42	0.975 0	0.903 1	0.926 2	0.617 9	0.684 3	2.801 0	1.089 6	0.828 8	0.394 1
0.43	0.973 8	0.898 6	0.922 7	0.630 3	0.701 4	2.755 6	1.093 3	0.821 9	0.403 7
0.44	0.972 6	0.894 0	0.919 2	0.642 5	0.718 6	2.712 7	1.097 2	0.814 8	0.413 4
0.45	0.971 3	0.889 3	0.915 6	0.654 5	0.735 9	2.672 2	1.101 0	0.807 8	0.423 0
0.46	0.970 0	0.884 6	0.911 9	0.666 3	0.753 3	2.633 9	1.104 9	0.800 6	0.432 7
0.47	0.968 7	0.879 8	0.908 2	0.678 0	0.770 7	2.597 7	1.108 8	0.793 4	0.442 4
0.48	0.967 4	0.874 8	0.904 4	0.689 6	0.788 2	2.563 3	1.112 7	0.786 2	0.452 2
0.49	0.966 0	0.869 8	0.900 5	0.700 9	0.805 8	2.530 8	1.116 7	0.779 0	0.461 9
0.50	0.964 6	0.864 8	0.896 5	0.712 1	0.823 4	2.500 0	1.120 6	0.771 7	0.471 7
0.51	0.963 2	0.859 6	0.892 5	0.723 0	0.841 1	2.470 8	1.124 6	0.764 4	0.481 5
0.52	0.961 7	0.854 4	0.888 4	0.733 8	0.858 9	2.443 1	1.128 6	0.757 0	0.491 3
0.53	0.960 2	0.849 1	0.884 2	0.744 4	0.876 8	2.416 8	1.132 6	0.749 6	0.501 1
0.54	0.958 7	0.843 7	0.880 0	0.754 9	0.894 7	2.391 9	1.136 6	0.742 3	0.511 0
0.55	0.957 2	0.838 2	0.875 7	0.765 1	0.912 8	2.368 2	1.140 6	0.734 9	0.520 8
0.56	0.955 6	0.832 7	0.871 4	0.775 1	0.930 9	2.345 7	1.144 6	0.727 5	0.530 8
0.57	0.954 0	0.827 1	0.867 0	0.785 0	0.949 1	2.324 4	1.148 6	0.720 0	0.540 7
0.58	0.952 4	0.821 4	0.862 5	0.794 6	0.967 4	2.304 1	1.152 6	0.712 6	0.550 6
0.59	0.950 7	0.815 7	0.858 0	0.804 1	0.985 8	2.284 9	1.156 6	0.705 2	0.560 6
0.60	0.949 0	0.809 8	0.853 4	0.813 3	1.004 3	2.266 7	1.160 6	0.697 8	0.570 6
0.61	0.947 3	0.804 0	0.848 7	0.822 4	1.022 9	2.249 3	1.164 5	0.690 4	0.580 7
0.62	0.945 6	0.798 0	0.844 0	0.831 2	1.041 6	2.232 9	1.168 4	0.683 0	0.590 7
0.63	0.943 8	0.792 0	0.839 2	0.839 8	1.060 4	2.217 3	1.172 3	0.675 6	0.600 8
0.64	0.942 0	0.786 0	0.834 4	0.848 2	1.079 2	2.202 5	1.176 1	0.668 3	0.610 9
0.65	0.940 2	0.779 8	0.829 5	0.856 4	1.098 2	2.188 5	1.179 9	0.660 9	0.621 1
0.66	0.938 3	0.773 6	0.824 5	0.864 4	1.117 3	2.175 2	1.183 7	0.653 6	0.631 3
0.67	0.936 4	0.767 4	0.819 5	0.872 2	1.136 6	2.162 5	1.187 4	0.646 3	0.641 5
0.68	0.934 5	0.761 1	0.814 4	0.879 7	1.155 9	2.150 6	1.191 0	0.639 0	0.651 7
0.69	0.932 6	0.754 8	0.809 3	0.887 1	1.175 3	2.139 3	1.194 6	0.631 8	0.662 0
0.70	0.930 6	0.748 4	0.804 2	0.894 2	1.194 9	2.128 6	1.198 2	0.624 6	0.672 3
0.71	0.928 6	0.741 9	0.798 9	0.901 1	1.214 5	2.118 5	1.201 7	0.617 4	0.682 6
0.72	0.926 6	0.735 4	0.793 7	0.907 7	1.234 3	2.108 9	1.205 1	0.610 2	0.693 0
0.73	0.924 5	0.728 9	0.788 4	0.914 2	1.254 3	2.099 9	1.208 5	0.603 1	0.703 4
0.74	0.922 4	0.722 3	0.783 0	0.920 4	1.274 3	2.091 4	1.211 8	0.596 0	0.713 8

续 表

λ	$\tau(\lambda)$	$\pi(\lambda)$	$\varepsilon(\lambda)$	$q(\lambda)$	$y(\lambda)$	$z(\lambda)$	$f(\lambda)$	$\gamma(\lambda)$	Ma
0.75	0.920 3	0.715 6	0.777 6	0.926 4	1.294 5	2.083 3	1.215 0	0.589 0	0.724 3
0.76	0.918 2	0.708 9	0.772 1	0.932 1	1.314 8	2.075 8	1.218 1	0.582 0	0.734 8
0.77	0.916 0	0.702 2	0.766 6	0.937 7	1.335 3	2.068 7	1.221 1	0.575 1	0.745 4
0.78	0.913 8	0.695 5	0.761 0	0.943 0	1.355 9	2.062 1	1.224 1	0.568 2	0.756 0
0.79	0.911 6	0.688 7	0.755 5	0.948 0	1.376 6	2.055 8	1.226 9	0.561 3	0.766 6
0.80	0.909 4	0.681 8	0.749 8	0.952 9	1.397 5	2.050 0	1.229 7	0.554 5	0.777 2
0.81	0.907 1	0.675 0	0.744 1	0.957 5	1.418 5	2.044 6	1.232 3	0.547 7	0.788 0
0.82	0.904 8	0.668 1	0.738 4	0.961 8	1.439 7	2.039 5	1.234 9	0.541 0	0.798 7
0.83	0.902 4	0.661 2	0.732 6	0.966 0	1.461 0	2.034 8	1.237 4	0.534 3	0.809 5
0.84	0.900 1	0.654 2	0.726 8	0.969 8	1.482 5	2.030 5	1.239 7	0.527 7	0.820 3
0.85	0.897 7	0.647 2	0.721 0	0.973 5	1.504 1	2.026 5	1.241 9	0.521 1	0.831 2
0.86	0.895 2	0.640 2	0.715 1	0.976 9	1.526 0	2.022 8	1.244 0	0.514 6	0.842 1
0.87	0.892 8	0.633 2	0.709 2	0.980 1	1.547 9	2.019 4	1.246 0	0.508 2	0.853 1
0.88	0.890 3	0.626 1	0.703 3	0.983 1	1.570 1	2.016 4	1.247 8	0.501 8	0.864 1
0.89	0.887 8	0.619 0	0.697 3	0.985 8	1.592 4	2.013 6	1.249 6	0.495 4	0.875 1
0.90	0.885 3	0.612 0	0.691 3	0.988 2	1.614 9	2.011 1	1.251 2	0.489 1	0.886 2
0.91	0.882 7	0.604 8	0.685 2	0.990 5	1.637 6	2.008 9	1.252 6	0.482 9	0.897 4
0.92	0.880 1	0.597 7	0.679 1	0.992 5	1.660 5	2.007 0	1.253 9	0.476 7	0.908 6
0.93	0.877 5	0.590 6	0.673 0	0.994 3	1.683 5	2.005 3	1.255 1	0.470 5	0.919 8
0.94	0.874 9	0.583 4	0.666 9	0.995 8	1.706 8	2.003 8	1.256 1	0.464 5	0.931 1
0.95	0.872 2	0.576 3	0.660 7	0.997 1	1.730 2	2.002 6	1.257 0	0.458 4	0.942 4
0.96	0.869 5	0.569 1	0.654 5	0.998 1	1.753 9	2.001 7	1.257 7	0.452 5	0.953 9
0.97	0.866 7	0.561 9	0.648 3	0.998 9	1.777 7	2.000 9	1.258 3	0.446 6	0.965 3
0.98	0.864 0	0.554 7	0.642 1	0.999 5	1.801 8	2.000 4	1.258 7	0.440 7	0.976 8
0.99	0.861 2	0.547 6	0.635 8	0.999 9	1.826 1	2.000 1	1.259 0	0.434 9	0.988 4
1.00	0.858 4	0.540 4	0.629 5	1.000 0	1.850 6	2.000 0	1.259 0	0.429 2	1.000 0
1.01	0.855 5	0.533 2	0.623 2	0.999 9	1.875 3	2.000 1	1.259 0	0.423 5	1.011 7
1.02	0.852 6	0.526 0	0.616 9	0.999 5	1.900 3	2.000 4	1.258 7	0.417 9	1.023 4
1.03	0.849 7	0.518 8	0.610 5	0.999 0	1.925 5	2.000 9	1.258 3	0.412 3	1.035 2
1.04	0.846 8	0.511 6	0.604 2	0.998 1	1.950 9	2.001 5	1.257 7	0.406 8	1.047 1
1.05	0.843 9	0.504 5	0.597 8	0.997 1	1.976 6	2.002 4	1.256 9	0.401 4	1.059 0
1.06	0.840 9	0.497 3	0.591 4	0.995 8	2.002 5	2.003 4	1.255 9	0.396 0	1.071 0
1.07	0.837 8	0.490 2	0.585 0	0.994 3	2.028 6	2.004 6	1.254 8	0.390 6	1.083 0
1.08	0.834 8	0.483 0	0.578 6	0.992 6	2.055 1	2.005 9	1.253 5	0.385 3	1.095 1
1.09	0.831 7	0.475 9	0.572 2	0.990 7	2.081 8	2.007 4	1.251 9	0.380 1	1.107 3
1.10	0.828 6	0.468 8	0.565 7	0.988 5	2.108 7	2.009 1	1.250 2	0.374 9	1.119 6
1.11	0.825 5	0.461 7	0.559 3	0.986 1	2.136 0	2.010 9	1.248 3	0.369 8	1.131 9
1.12	0.822 3	0.454 6	0.552 8	0.983 5	2.163 5	2.012 9	1.246 3	0.364 8	1.144 3
1.13	0.819 2	0.447 5	0.546 3	0.980 7	2.191 3	2.015 0	1.244 0	0.359 8	1.156 7
1.14	0.815 9	0.440 5	0.539 9	0.977 7	2.219 4	2.017 2	1.241 5	0.354 8	1.169 3
1.15	0.812 7	0.433 5	0.533 4	0.974 4	2.247 8	2.019 6	1.238 8	0.349 9	1.181 9
1.16	0.809 4	0.426 5	0.526 9	0.970 9	2.276 5	2.022 1	1.235 9	0.345 1	1.194 6
1.17	0.806 1	0.419 5	0.520 4	0.967 2	2.305 5	2.024 7	1.232 9	0.340 3	1.207 3
1.18	0.802 8	0.412 6	0.513 9	0.963 4	2.334 9	2.027 5	1.229 6	0.335 6	1.220 2

续 表

λ	τ(λ)	π(λ)	ε(λ)	q(λ)	y(λ)	z(λ)	f(λ)	γ(λ)	Ma
1.19	0.7994	0.4057	0.5075	0.9593	2.3646	2.0303	1.2261	0.3309	1.2331
1.20	0.7961	0.3988	0.5010	0.9550	2.3946	2.0333	1.2224	0.3263	1.2461
1.21	0.7926	0.3920	0.4945	0.9505	2.4249	2.0364	1.2185	0.3217	1.2592
1.22	0.7892	0.3851	0.4880	0.9458	2.4556	2.0397	1.2144	0.3172	1.2723
1.23	0.7857	0.3784	0.4815	0.9409	2.4867	2.0430	1.2101	0.3127	1.2856
1.24	0.7822	0.3716	0.4751	0.9358	2.5181	2.0465	1.2056	0.3083	1.2989
1.25	0.7787	0.3649	0.4686	0.9305	2.5499	2.0500	1.2008	0.3039	1.3124
1.26	0.7751	0.3582	0.4622	0.9250	2.5821	2.0537	1.1959	0.2996	1.3259
1.27	0.7716	0.3516	0.4557	0.9194	2.6147	2.0574	1.1908	0.2953	1.3395
1.28	0.7680	0.3450	0.4493	0.9135	2.6477	2.0613	1.1854	0.2911	1.3533
1.29	0.7643	0.3385	0.4429	0.9075	2.6811	2.0652	1.1798	0.2869	1.3671
1.30	0.7606	0.3320	0.4365	0.9013	2.7149	2.0692	1.1741	0.2828	1.3810
1.31	0.7569	0.3255	0.4301	0.8949	2.7491	2.0734	1.1681	0.2787	1.3950
1.32	0.7532	0.3191	0.4237	0.8884	2.7838	2.0776	1.1619	0.2747	1.4091
1.33	0.7495	0.3128	0.4173	0.8817	2.8189	2.0819	1.1555	0.2707	1.4233
1.34	0.7457	0.3065	0.4110	0.8748	2.8545	2.0863	1.1489	0.2667	1.4377
1.35	0.7419	0.3002	0.4046	0.8677	2.8906	2.0907	1.1421	0.2628	1.4521
1.36	0.7380	0.2940	0.3983	0.8605	2.9272	2.0953	1.1351	0.2590	1.4667
1.37	0.7342	0.2878	0.3920	0.8532	2.9642	2.0999	1.1279	0.2552	1.4814
1.38	0.7303	0.2817	0.3858	0.8457	3.0018	2.1046	1.1204	0.2514	1.4961
1.39	0.7264	0.2757	0.3795	0.8380	3.0399	2.1094	1.1128	0.2477	1.5110
1.40	0.7224	0.2697	0.3733	0.8302	3.0785	2.1143	1.1050	0.2441	1.5261
1.41	0.7184	0.2637	0.3671	0.8222	3.1176	2.1192	1.0969	0.2404	1.5412
1.42	0.7144	0.2579	0.3609	0.8141	3.1574	2.1242	1.0887	0.2368	1.5565
1.43	0.7104	0.2520	0.3548	0.8059	3.1977	2.1293	1.0803	0.2333	1.5719
1.44	0.7063	0.2463	0.3487	0.7976	3.2386	2.1344	1.0717	0.2298	1.5875
1.45	0.7022	0.2406	0.3426	0.7891	3.2801	2.1397	1.0629	0.2263	1.6031
1.46	0.6981	0.2349	0.3365	0.7805	3.3222	2.1449	1.0539	0.2229	1.6189
1.47	0.6939	0.2294	0.3305	0.7718	3.3649	2.1503	1.0447	0.2195	1.6349
1.48	0.6898	0.2238	0.3245	0.7629	3.4083	2.1557	1.0353	0.2162	1.6510
1.49	0.6856	0.2184	0.3186	0.7540	3.4524	2.1611	1.0258	0.2129	1.6672
1.50	0.6813	0.2130	0.3126	0.7449	3.4972	2.1667	1.0160	0.2096	1.6836
1.51	0.6771	0.2077	0.3067	0.7357	3.5427	2.1723	1.0061	0.2064	1.7002
1.52	0.6728	0.2024	0.3009	0.7265	3.5889	2.1779	0.9960	0.2032	1.7169
1.53	0.6685	0.1972	0.2951	0.7171	3.6358	2.1836	0.9858	0.2001	1.7338
1.54	0.6641	0.1921	0.2893	0.7077	3.6836	2.1894	0.9754	0.1970	1.7508
1.55	0.6597	0.1871	0.2835	0.6981	3.7321	2.1952	0.9648	0.1939	1.7680
1.56	0.6553	0.1821	0.2779	0.6885	3.7814	2.2010	0.9540	0.1909	1.7854
1.57	0.6509	0.1772	0.2722	0.6788	3.8316	2.2069	0.9431	0.1879	1.8029
1.58	0.6464	0.1723	0.2666	0.6691	3.8826	2.2129	0.9321	0.1849	1.8207
1.59	0.6419	0.1676	0.2610	0.6592	3.9345	2.2189	0.9209	0.1820	1.8386
1.60	0.6374	0.1629	0.2555	0.6493	3.9873	2.2250	0.9095	0.1791	1.8567
1.61	0.6329	0.1582	0.2500	0.6394	4.0410	2.2311	0.8980	0.1762	1.8750

续 表

λ	$\tau(\lambda)$	$\pi(\lambda)$	$\varepsilon(\lambda)$	$q(\lambda)$	$y(\lambda)$	$z(\lambda)$	$f(\lambda)$	$\gamma(\lambda)$	Ma
1.62	0.6283	0.1537	0.2446	0.6294	4.0957	2.2373	0.8864	0.1734	1.8935
1.63	0.6237	0.1492	0.2392	0.6193	4.1514	2.2435	0.8746	0.1706	1.9122
1.64	0.6191	0.1448	0.2338	0.6092	4.2082	2.2498	0.8628	0.1678	1.9311
1.65	0.6144	0.1404	0.2285	0.5990	4.2659	2.2561	0.8507	0.1651	1.9503
1.66	0.6097	0.1361	0.2233	0.5888	4.3248	2.2624	0.8386	0.1624	1.9696
1.67	0.6050	0.1320	0.2181	0.5786	4.3847	2.2688	0.8264	0.1597	1.9892
1.68	0.6003	0.1278	0.2130	0.5683	4.4459	2.2752	0.8140	0.1570	2.0090
1.69	0.5955	0.1238	0.2079	0.5580	4.5082	2.2817	0.8016	0.1544	2.0290
1.70	0.5907	0.1198	0.2028	0.5477	4.5717	2.2882	0.7890	0.1518	2.0493
1.71	0.5859	0.1159	0.1979	0.5374	4.6365	2.2948	0.7764	0.1493	2.0698
1.72	0.5810	0.1121	0.1929	0.5271	4.7026	2.3014	0.7637	0.1468	2.0906
1.73	0.5761	0.1083	0.1880	0.5168	4.7701	2.3080	0.7509	0.1443	2.1117
1.74	0.5712	0.1047	0.1832	0.5064	4.8389	2.3147	0.7380	0.1418	2.1330
1.75	0.5663	0.1011	0.1785	0.4961	4.9092	2.3214	0.7250	0.1394	2.1546
1.76	0.5613	0.0975	0.1738	0.4858	4.9810	2.3282	0.7120	0.1370	2.1765
1.77	0.5563	0.0941	0.1691	0.4755	5.0543	2.3350	0.6989	0.1346	2.1987
1.78	0.5513	0.0907	0.1645	0.4652	5.1292	2.3418	0.6858	0.1322	2.2212
1.79	0.5462	0.0874	0.1600	0.4549	5.2058	2.3487	0.6726	0.1299	2.2439
1.80	0.5411	0.0842	0.1555	0.4447	5.2841	2.3556	0.6594	0.1276	2.2671
1.81	0.5360	0.0810	0.1511	0.4345	5.3641	2.3625	0.6462	0.1253	2.2905
1.82	0.5309	0.0779	0.1468	0.4243	5.4460	2.3695	0.6329	0.1231	2.3143
1.83	0.5257	0.0749	0.1425	0.4142	5.5298	2.3764	0.6196	0.1209	2.3384
1.84	0.5205	0.0720	0.1382	0.4041	5.6155	2.3835	0.6063	0.1187	2.3629
1.85	0.5153	0.0691	0.1341	0.3940	5.7033	2.3905	0.5930	0.1165	2.3878
1.86	0.5100	0.0663	0.1300	0.3840	5.7932	2.3976	0.5797	0.1144	2.4130
1.87	0.5047	0.0636	0.1259	0.3741	5.8853	2.4048	0.5664	0.1122	2.4386
1.88	0.4994	0.0609	0.1220	0.3643	5.9797	2.4119	0.5531	0.1101	2.4647
1.89	0.4941	0.0583	0.1181	0.3545	6.0765	2.4191	0.5398	0.1081	2.4911
1.90	0.4887	0.0558	0.1142	0.3447	6.1757	2.4263	0.5265	0.1060	2.5180
1.91	0.4833	0.0534	0.1104	0.3351	6.2775	2.4336	0.5133	0.1040	2.5454
1.92	0.4779	0.0510	0.1067	0.3255	6.3820	2.4408	0.5002	0.1020	2.5732
1.93	0.4724	0.0487	0.1031	0.3160	6.4893	2.4481	0.4870	0.1000	2.6015
1.94	0.4670	0.0465	0.0995	0.3066	6.5995	2.4555	0.4740	0.0980	2.6303
1.95	0.4614	0.0443	0.0960	0.2973	6.7127	2.4628	0.4610	0.0961	2.6596
1.96	0.4559	0.0422	0.0925	0.2881	6.8291	2.4702	0.4480	0.0942	2.6894
1.97	0.4503	0.0401	0.0892	0.2790	6.9488	2.4776	0.4351	0.0923	2.7198
1.98	0.4448	0.0382	0.0858	0.2700	7.0719	2.4851	0.4224	0.0904	2.7507
1.99	0.4391	0.0363	0.0826	0.2611	7.1986	2.4925	0.4097	0.0885	2.7822
2.00	0.4335	0.0344	0.0794	0.2523	7.3291	2.5000	0.3971	0.0867	2.8144
2.01	0.4278	0.0326	0.0763	0.2436	7.4635	2.5075	0.3846	0.0849	2.8472
2.02	0.4221	0.0309	0.0733	0.2351	7.6021	2.5150	0.3722	0.0831	2.8806
2.03	0.4164	0.0293	0.0703	0.2266	7.7450	2.5226	0.3599	0.0813	2.9147
2.04	0.4106	0.0277	0.0674	0.2183	7.8924	2.5302	0.3478	0.0795	2.9496

续　表

λ	$\tau(\lambda)$	$\pi(\lambda)$	$\varepsilon(\lambda)$	$q(\lambda)$	$y(\lambda)$	$z(\lambda)$	$f(\lambda)$	$\gamma(\lambda)$	Ma
2.05	0.404 8	0.026 1	0.064 5	0.210 2	8.044 6	2.537 8	0.335 8	0.077 8	2.985 2
2.06	0.399 0	0.024 6	0.061 8	0.202 1	8.201 8	2.545 4	0.323 9	0.076 1	3.021 5
2.07	0.393 1	0.023 2	0.059 1	0.194 2	8.364 2	2.553 1	0.312 1	0.074 4	3.058 7
2.08	0.387 2	0.021 9	0.056 4	0.186 4	8.532 2	2.560 8	0.300 5	0.072 7	3.096 7
2.09	0.381 3	0.020 5	0.053 9	0.178 8	8.706 0	2.568 5	0.289 1	0.071 0	3.135 6
2.10	0.375 4	0.019 3	0.051 4	0.171 3	8.885 9	2.576 2	0.277 9	0.069 4	3.175 4
2.11	0.369 4	0.018 1	0.048 9	0.164 0	9.072 3	2.583 9	0.266 8	0.067 8	3.216 2
2.12	0.363 5	0.016 9	0.046 6	0.156 8	9.265 6	2.591 7	0.255 8	0.066 2	3.258 0
2.13	0.357 4	0.015 8	0.044 3	0.149 8	9.466 1	2.599 5	0.245 1	0.064 6	3.300 8
2.14	0.351 4	0.014 8	0.042 0	0.142 9	9.674 2	2.607 3	0.234 5	0.063 0	3.344 7
2.15	0.345 3	0.013 8	0.039 9	0.136 2	9.890 4	2.615 1	0.224 2	0.061 4	3.389 8
2.16	0.339 2	0.012 8	0.037 8	0.129 6	10.115	2.623 0	0.214 0	0.059 9	3.436 0
2.17	0.333 1	0.011 9	0.035 7	0.123 2	10.349	2.630 8	0.204 0	0.058 3	3.483 6
2.18	0.326 9	0.011 0	0.033 8	0.117 0	10.593	2.638 7	0.194 3	0.056 8	3.532 4
2.19	0.320 7	0.010 2	0.031 9	0.110 9	10.847	2.646 6	0.184 7	0.055 3	3.582 7
2.20	0.314 5	0.009 4	0.030 0	0.105 0	11.112	2.654 5	0.175 4	0.053 9	3.634 5
2.21	0.308 3	0.008 7	0.028 3	0.099 2	11.388	2.662 5	0.166 3	0.052 4	3.687 8
2.22	0.302 0	0.008 0	0.026 6	0.093 7	11.678	2.670 5	0.157 4	0.050 9	3.742 8
2.23	0.295 7	0.007 4	0.024 9	0.088 3	11.980	2.678 4	0.148 8	0.049 5	3.799 5
2.24	0.289 4	0.006 8	0.023 3	0.083 0	12.297	2.686 4	0.140 4	0.048 1	3.858 1
2.25	0.283 0	0.006 2	0.021 8	0.078 0	12.630	2.694 4	0.132 2	0.046 7	3.918 6
2.26	0.276 6	0.005 6	0.020 4	0.073 1	12.979	2.702 5	0.124 3	0.045 3	3.981 2
2.27	0.270 2	0.005 1	0.019 0	0.068 4	13.346	2.710 5	0.116 6	0.043 9	4.046 0
2.28	0.263 7	0.004 6	0.017 6	0.063 8	13.732	2.718 6	0.109 2	0.042 6	4.113 2
2.29	0.257 3	0.004 2	0.016 3	0.059 4	14.139	2.726 7	0.102 0	0.041 2	4.182 8
2.30	0.250 8	0.003 8	0.015 1	0.055 3	14.569	2.734 8	0.095 1	0.039 9	4.255 2
2.31	0.244 2	0.003 4	0.014 0	0.051 2	15.024	2.742 9	0.088 5	0.038 5	4.330 5
2.32	0.237 7	0.003 1	0.012 9	0.047 4	15.505	2.751 0	0.082 1	0.037 2	4.408 8
2.33	0.231 1	0.002 7	0.011 8	0.043 7	16.016	2.759 2	0.075 9	0.035 9	4.490 4
2.34	0.224 5	0.002 4	0.010 8	0.040 2	16.558	2.767 4	0.070 0	0.034 7	4.575 7
2.35	0.217 8	0.002 2	0.009 9	0.036 8	17.136	2.775 5	0.064 4	0.033 4	4.664 7
2.37	0.204 5	0.001 7	0.008 1	0.030 7	18.412	2.791 9	0.053 9	0.030 9	4.855 8
2.39	0.191 0	0.001 3	0.006 6	0.025 2	19.878	2.808 4	0.044 5	0.028 5	5.066 7
2.41	0.177 4	0.000 9	0.005 3	0.020 3	21.581	2.824 9	0.036 1	0.026 1	5.301 3
2.44	0.156 8	0.000 6	0.003 6	0.014 1	24.721	2.849 8	0.025 3	0.022 5	5.709 1

附录四
普朗特-迈耶函数表

$\gamma = 1.40$

ν	μ	Ma	λ	ν	μ	Ma	λ
0°00′	90.000°	1.000	1.000	13.0°	40.585°	1.537	1.388
0°10′	77.033°	1.026	1.022	13.5°	40.053°	1.554	1.398
0°20′	74.250°	1.039	1.032	14.0°	39.537°	1.571	1.408
0°30′	72.100°	1.051	1.042	14.5°	39.035°	1.588	1.418
0°40′	70.250°	1.062	1.051	15.0°	38.547°	1.605	1.428
0°50′	68.733°	1.073	1.060	15.5°	38.073°	1.622	1.438
1°00′	67.574°	1.082	1.067	16.0°	37.585°	1.639	1.448
1.5°	64.451°	1.108	1.088	16.5°	37.053°	1.656	1.458
2.0°	61.997°	1.133	1.107	17.0°	36.537°	1.673	1.467
2.5°	59.950°	1.155	1.124	17.5°	36.035°	1.690	1.477
3.0°	58.181°	1.177	1.141	18.0°	35.874°	1.707	1.486
3.5°	56.614°	1.198	1.157	18.5°	35.465°	1.724	1.496
4.0°	55.205°	1.218	1.172	19.0°	35.065°	1.741	1.505
4.5°	53.920°	1.237	1.186	19.5°	34.674°	1.758	1.514
5.0°	52.738°	1.257	1.200	20.0°	34.290°	1.775	1.523
5.5°	51.142°	1.275	1.213	20.5°	33.915°	1.792	1.532
6.0°	50.619°	1.294	1.227	21.0°	33.548°	1.810	1.541
6.5°	49.658°	1.312	1.240	21.5°	33.188°	1.827	1.550
7.0°	48.753°	1.330	1.252	22.0°	32.834°	1.844	1.558
7.5°	47.895°	1.348	1.265	22.5°	32.488°	1.862	1.567
8.0°	47.082°	1.366	1.277	23.0°	32.148°	1.879	1.576
8.5°	46.307°	1.383	1.288	23.5°	31.814°	1.897	1.585
9.0°	45.566°	1.400	1.300	24.0°	31.486°	1.915	1.593
9.5°	44.857°	1.418	1.312	24.5°	31.164°	1.932	1.601
10.0°	44.177°	1.435	1.323	25.0°	30.847°	1.950	1.610
10.5°	43.523°	1.452	1.334	25.5°	30.536°	1.968	1.618
11.0°	42.894°	1.469	1.345	26.0°	30.229°	1.986	1.627
11.5°	42.287°	1.486	1.356	26.5°	29.928°	2.004	1.635
12.0°	41.701°	1.503	1.366	27.0°	29.632°	2.023	1.643
12.5°	41.134°	1.520	1.377	27.5°	29.340°	2.041	1.651

续 表

ν	μ	Ma	λ	ν	μ	Ma	λ
28.0°	29.052°	2.059	1.659	48.0°	20.096°	2.911	1.943
28.5°	28.769°	2.078	1.667	48.5°	19.916°	2.936	1.949
29.0°	28.491°	2.096	1.675	49.0°	19.738°	2.961	1.955
29.5°	28.216°	2.115	1.683	49.5°	19.562°	2.987	1.961
30.0°	27.945°	2.134	1.691	50.0°	19.387°	3.013	1.967
30.5°	27.678°	2.153	1.699	50.5°	19.213°	3.039	1.973
31.0°	27.415°	2.172	1.707	51.0°	19.041°	3.065	1.979
31.5°	27.155°	2.191	1.714	51.5°	18.870°	3.092	1.985
32.0°	26.899°	2.210	1.722	52.0°	18.701°	3.119	1.991
32.5°	26.645°	2.230	1.730	52.5°	18.532°	3.146	1.997
33.0°	26.397°	2.249	1.737	53.0°	18.366°	3.174	2.002
33.5°	26.151°	2.269	1.745	53.5°	18.200°	3.202	2.008
34.0°	25.908°	2.289	1.752	54.0°	18.036°	3.230	2.014
34.5°	25.668°	2.309	1.760	54.5°	17.873°	3.258	2.020
35.0°	25.430°	2.329	1.767	55.0°	17.711°	3.287	2.025
35.5°	25.196°	2.349	1.774	55.5°	17.551°	3.316	2.031
36.0°	24.965°	2.369	1.781	56.0°	17.391°	3.346	2.037
36.5°	24.736°	2.390	1.789	56.5°	17.233°	3.376	2.042
37.0°	24.510°	2.411	1.796	57.0°	17.076°	3.406	2.048
37.5°	24.287°	2.431	1.803	57.5°	16.920°	3.436	2.053
38.0°	24.066°	2.452	1.810	58.0°	16.765°	3.467	2.058
38.5°	23.847°	2.473	1.817	58.5°	16.611°	3.498	2.064
39.0°	23.631°	2.495	1.824	59.0°	16.458°	3.530	2.069
39.5°	23.418°	2.516	1.831	59.5°	16.306°	3.562	2.075
40.0°	23.206°	2.538	1.838	60.0°	16.155°	3.591	2.079
40.5°	22.997°	2.560	1.845	60.5°	16.005°	3.027	1.970
41.0°	22.790°	2.582	1.852	61.0°	15.856°	3.660	2.090
41.5°	22.585°	2.604	1.858	61.5°	15.709°	3.694	2.095
42.0°	22.382°	2.626	1.865	62.0°	15.562°	3.728	2.101
42.5°	22.182°	2.649	1.872	62.5°	15.415°	3.762	2.106
43.0°	21.983°	2.671	1.878	63.0°	15.270°	3.797	2.097
43.5°	21.786°	2.694	1.885	64.0°	14.983°	3.868	2.121
44.0°	21.591°	2.718	1.892	65.0°	14.698°	3.941	2.130
44.5°	21.398°	2.741	1.898	66.0°	14.417°	4.016	2.140
45.0°	21.207°	2.764	1.904	67.0°	14.140°	4.094	2.150
45.5°	21.017°	2.788	1.911	68.0°	13.865°	4.173	2.159
46.0°	20.830°	2.812	1.917	69.0°	13.593°	4.256	2.168
46.5°	20.644°	2.836	1.924	70.0°	13.325°	4.339	2.177
47.0°	20.459°	2.861	1.930	71.0°	13.059°	4.426	2.186
47.5°	20.227°	2.886	1.936	72.0°	12.800°	4.515	2.195

续 表

ν	μ	Ma	λ	ν	μ	Ma	λ
73.0°	12.535°	4.608	2.204	83.0°	10.056°	5.727	2.282
74.0°	12.277°	4.703	2.212	84.0°	9.819°	5.864	2.289
75.0°	12.021°	4.801	2.220	85.0°	9.584°	6.006	2.296
76.0°	11.768°	4.903	2.229	86.0°	9.350°	6.155	2.302
77.0°	11.517°	5.009	2.237	87.0°	9.119°	6.310	2.309
78.0°	11.268°	5.118	2.245	88.0°	8.888°	6.472	2.315
79.0°	11.022°	5.231	2.252	89.0°	8.660°	6.642	2.321
80.0°	10.777°	5.348	2.260	90.0°	8.433°	6.819	2.328
81.0°	10.535°	5.469	2.267	95.0°	7.317°	7.852	2.356
82.0°	10.294°	5.596	2.275	100.0°	6.233°	9.210	2.380

附录五
正激波表

$\gamma = 1.40$

λ_1	λ_2	Ma_1	Ma_2	T_2/T_1	p_2/p_1	V_1/V_2	p_2^*/p_1^*	p_2^*/p_1
1.00	1.000 0	1.000 0	1.000 0	1.000 0	1.000 0	1.000 0	1.000 0	1.892 9
1.01	0.990 1	1.012 0	0.988 2	1.008 0	1.028 3	1.020 1	1.000 0	1.919 8
1.02	0.980 4	1.024 1	0.976 6	1.016 0	1.057 0	1.040 4	1.000 0	1.947 4
1.03	0.970 9	1.036 3	0.965 3	1.024 0	1.086 3	1.060 9	0.999 9	1.975 8
1.04	0.961 5	1.048 6	0.954 4	1.031 9	1.116 1	1.081 6	0.999 9	2.004 9
1.05	0.952 4	1.060 9	0.943 6	1.039 9	1.146 5	1.102 5	0.999 7	2.034 7
1.06	0.943 4	1.073 3	0.933 2	1.047 9	1.177 4	1.123 6	0.999 6	2.065 3
1.07	0.934 6	1.085 8	0.923 0	1.055 9	1.208 9	1.144 9	0.999 3	2.096 7
1.08	0.925 9	1.098 4	0.913 0	1.063 9	1.241 0	1.166 4	0.999 0	2.128 8
1.09	0.917 4	1.111 1	0.903 2	1.072 0	1.273 6	1.188 1	0.998 6	2.161 7
1.10	0.909 1	1.123 9	0.893 7	1.080 1	1.306 9	1.210 0	0.998 0	2.195 4
1.11	0.900 9	1.136 7	0.884 4	1.088 2	1.340 8	1.232 1	0.997 4	2.229 8
1.12	0.892 9	1.149 6	0.875 3	1.096 3	1.375 3	1.254 4	0.996 7	2.265 1
1.13	0.885 0	1.162 7	0.866 4	1.104 5	1.410 4	1.276 9	0.995 9	2.301 1
1.14	0.877 2	1.175 8	0.857 6	1.112 8	1.446 2	1.299 6	0.994 9	2.338 0
1.15	0.869 6	1.189 0	0.849 1	1.121 1	1.482 6	1.322 5	0.993 8	2.375 7
1.16	0.862 1	1.202 3	0.840 7	1.129 4	1.519 8	1.345 6	0.992 6	2.414 2
1.17	0.854 7	1.215 7	0.832 6	1.137 8	1.557 6	1.368 9	0.991 2	2.453 6
1.18	0.847 5	1.229 2	0.824 5	1.146 3	1.596 1	1.392 4	0.989 7	2.493 8
1.19	0.840 3	1.242 8	0.816 7	1.154 9	1.635 4	1.416 1	0.988 0	2.534 9
1.20	0.833 3	1.256 6	0.809 0	1.163 5	1.675 4	1.440 0	0.986 2	2.576 9
1.21	0.826 4	1.270 4	0.801 4	1.172 2	1.716 2	1.464 1	0.984 2	2.619 8
1.22	0.819 7	1.284 3	0.794 0	1.181 0	1.757 8	1.488 4	0.982 0	2.663 7
1.23	0.813 0	1.298 4	0.786 8	1.189 9	1.800 1	1.512 9	0.979 7	2.708 4
1.24	0.806 5	1.312 6	0.779 7	1.198 8	1.843 3	1.537 6	0.977 1	2.754 2
1.25	0.800 0	1.326 9	0.772 7	1.207 9	1.887 3	1.562 5	0.974 4	2.800 9
1.26	0.793 7	1.341 3	0.765 8	1.217 1	1.932 2	1.587 6	0.971 6	2.848 6
1.27	0.787 4	1.355 8	0.759 1	1.226 3	1.977 9	1.612 9	0.968 5	2.897 4
1.28	0.781 3	1.370 5	0.752 5	1.235 7	2.024 6	1.638 4	0.965 2	2.947 2
1.29	0.775 2	1.385 3	0.746 0	1.245 2	2.072 1	1.664 1	0.961 8	2.998 0
1.30	0.769 2	1.400 2	0.739 6	1.254 8	2.120 6	1.690 0	0.958 1	3.049 9
1.31	0.763 4	1.415 3	0.733 4	1.264 6	2.170 1	1.716 1	0.954 3	3.103 0

续 表

λ_1	λ_2	Ma_1	Ma_2	T_2/T_1	p_2/p_1	V_1/V_2	p_2^*/p_1^*	p_2^*/p_1
1.32	0.757 6	1.430 5	0.727 2	1.274 4	2.220 6	1.742 4	0.950 3	3.157 2
1.33	0.751 9	1.445 8	0.721 2	1.284 5	2.272 1	1.768 9	0.946 0	3.212 5
1.34	0.746 3	1.461 3	0.715 2	1.294 6	2.324 6	1.795 6	0.941 6	3.269 1
1.35	0.740 7	1.476 9	0.709 4	1.304 9	2.378 2	1.822 5	0.936 9	3.326 8
1.36	0.735 3	1.492 7	0.703 7	1.315 4	2.432 9	1.849 6	0.932 1	3.385 8
1.37	0.729 9	1.508 7	0.698 0	1.326 0	2.488 8	1.876 9	0.927 0	3.446 1
1.38	0.724 6	1.524 8	0.692 5	1.336 8	2.545 8	1.904 4	0.921 7	3.507 8
1.39	0.719 4	1.541 0	0.687 0	1.347 7	2.603 9	1.932 1	0.916 3	3.570 7
1.40	0.714 3	1.557 5	0.681 7	1.358 9	2.663 4	1.960 0	0.910 6	3.635 1
1.41	0.709 2	1.574 1	0.676 4	1.370 2	2.724 0	1.988 1	0.904 7	3.700 9
1.42	0.704 2	1.590 9	0.671 2	1.381 7	2.786 0	2.016 4	0.898 6	3.768 1
1.43	0.699 3	1.607 8	0.666 1	1.393 4	2.849 3	2.044 9	0.892 3	3.836 8
1.44	0.694 4	1.625 0	0.661 1	1.405 3	2.914 0	2.073 6	0.885 7	3.907 1
1.45	0.689 7	1.642 3	0.656 1	1.417 4	2.980 1	2.102 5	0.879 0	3.979 0
1.46	0.684 9	1.659 9	0.651 2	1.429 8	3.047 7	2.131 6	0.872 1	4.052 5
1.47	0.680 3	1.677 6	0.646 4	1.442 3	3.116 7	2.160 9	0.864 9	4.127 7
1.48	0.675 7	1.695 5	0.641 7	1.455 1	3.187 3	2.190 4	0.857 6	4.204 6
1.49	0.671 1	1.713 7	0.637 0	1.468 2	3.259 5	2.220 1	0.850 0	4.283 2
1.50	0.666 7	1.732 1	0.632 5	1.481 5	3.333 3	2.250 0	0.842 3	4.363 8
1.51	0.662 3	1.750 6	0.627 9	1.495 0	3.408 9	2.280 1	0.834 3	4.446 2
1.52	0.657 9	1.769 5	0.623 5	1.508 9	3.486 1	2.310 4	0.826 1	4.530 5
1.53	0.653 6	1.788 5	0.619 1	1.523 0	3.565 2	2.340 9	0.817 8	4.616 9
1.54	0.649 4	1.807 8	0.614 8	1.537 4	3.646 1	2.371 6	0.809 2	4.705 4
1.55	0.645 2	1.827 3	0.610 5	1.552 1	3.729 0	2.402 5	0.800 5	4.795 9
1.56	0.641 0	1.847 1	0.606 3	1.567 2	3.813 8	2.433 6	0.791 5	4.888 7
1.57	0.636 9	1.867 2	0.602 2	1.582 5	3.900 7	2.464 9	0.782 4	4.983 8
1.58	0.632 9	1.887 5	0.598 1	1.598 2	3.989 7	2.496 4	0.773 1	5.081 3
1.59	0.628 9	1.908 1	0.594 0	1.614 2	4.080 9	2.528 1	0.763 6	5.181 1
1.60	0.625 0	1.929 0	0.590 1	1.630 6	4.174 4	2.560 0	0.754 0	5.283 5
1.61	0.621 1	1.950 1	0.586 2	1.647 4	4.270 3	2.592 1	0.744 1	5.388 6
1.62	0.617 3	1.971 6	0.582 3	1.664 6	4.368 5	2.624 4	0.734 1	5.496 3
1.63	0.613 5	1.993 4	0.578 5	1.682 2	4.469 3	2.656 9	0.723 9	5.606 8
1.64	0.609 8	2.015 5	0.574 7	1.700 2	4.572 7	2.689 6	0.713 6	5.720 2
1.65	0.606 1	2.038 0	0.571 0	1.718 6	4.678 9	2.722 5	0.703 1	5.836 7
1.66	0.602 4	2.060 8	0.567 3	1.737 5	4.787 8	2.755 6	0.692 5	5.956 2
1.67	0.598 8	2.083 9	0.563 7	1.756 9	4.899 7	2.788 9	0.681 7	6.079 0
1.68	0.595 2	2.107 4	0.560 2	1.776 7	5.014 6	2.822 4	0.670 8	6.205 2
1.69	0.591 7	2.131 3	0.556 6	1.797 1	5.132 7	2.856 1	0.659 7	6.334 9
1.70	0.588 2	2.155 5	0.553 2	1.818 0	5.254 0	2.890 0	0.648 5	6.468 2
1.71	0.584 8	2.180 2	0.549 7	1.839 5	5.378 8	2.924 1	0.637 2	6.605 2
1.72	0.581 4	2.205 3	0.546 4	1.861 5	5.507 1	2.958 4	0.625 7	6.746 3
1.73	0.578 0	2.230 8	0.543 0	1.884 2	5.639 1	2.992 9	0.614 2	6.891 4
1.74	0.574 7	2.256 7	0.539 7	1.907 5	5.775 0	3.027 6	0.602 5	7.040 8

续 表

λ_1	λ_2	Ma_1	Ma_2	T_2/T_1	p_2/p_1	V_1/V_2	p_2^*/p_1^*	p_2^*/p_1
1.75	0.571 4	2.283 1	0.536 4	1.931 4	5.914 9	3.062 5	0.590 7	7.194 6
1.76	0.568 2	2.310 0	0.533 2	1.956 0	6.059 0	3.097 6	0.578 9	7.353 1
1.77	0.565 0	2.337 4	0.530 0	1.981 4	6.207 5	3.132 9	0.566 9	7.516 4
1.78	0.561 8	2.365 3	0.526 9	2.007 5	6.360 5	3.168 4	0.554 9	7.684 7
1.79	0.558 7	2.393 7	0.523 8	2.034 4	6.518 3	3.204 1	0.542 8	7.858 4
1.80	0.555 6	2.422 7	0.520 7	2.062 1	6.681 2	3.240 0	0.530 6	8.037 6
1.81	0.552 5	2.452 3	0.517 7	2.090 7	6.849 2	3.276 1	0.518 4	8.222 6
1.82	0.549 5	2.482 4	0.514 7	2.120 1	7.022 8	3.312 4	0.506 1	8.413 6
1.83	0.546 4	2.513 2	0.511 7	2.150 6	7.202 1	3.348 9	0.493 8	8.611 0
1.84	0.543 5	2.544 6	0.508 8	2.182 0	7.387 4	3.385 6	0.481 4	8.815 0
1.85	0.540 5	2.576 7	0.505 9	2.214 5	7.579 0	3.422 5	0.469 0	9.026 1
1.86	0.537 6	2.609 4	0.503 1	2.248 1	7.777 4	3.459 6	0.456 6	9.244 5
1.87	0.534 8	2.642 9	0.500 2	2.282 8	7.982 7	3.496 9	0.444 1	9.470 6
1.88	0.531 9	2.677 2	0.497 4	2.318 7	8.195 3	3.534 4	0.431 7	9.704 9
1.89	0.529 1	2.712 3	0.494 7	2.356 0	8.415 8	3.572 1	0.419 3	9.947 7
1.90	0.526 3	2.748 1	0.491 9	2.394 6	8.644 4	3.610 0	0.406 9	10.200
1.91	0.523 6	2.784 9	0.489 2	2.434 6	8.881 6	3.648 1	0.394 5	10.461
1.92	0.520 8	2.822 6	0.486 6	2.476 1	9.127 9	3.686 4	0.382 1	10.732
1.93	0.518 1	2.861 2	0.483 9	2.519 2	9.383 9	3.724 9	0.369 8	11.015
1.94	0.515 5	2.900 8	0.481 3	2.564 1	9.650 2	3.763 6	0.357 5	11.308
1.95	0.512 8	2.941 4	0.478 7	2.610 7	9.927 2	3.802 5	0.345 3	11.613
1.96	0.510 2	2.983 2	0.476 2	2.659 2	10.216	3.841 6	0.333 1	11.931
1.97	0.507 6	3.026 0	0.473 7	2.709 8	10.516	3.880 9	0.321 1	12.263
1.98	0.505 1	3.070 2	0.471 2	2.762 5	10.830	3.920 4	0.309 1	12.609
1.99	0.502 5	3.115 5	0.468 7	2.817 5	11.158	3.960 1	0.297 2	12.970
2.00	0.500 0	3.162 3	0.466 3	2.875 0	11.500	4.000 0	0.285 4	13.347
2.01	0.497 5	3.210 4	0.463 8	2.935 1	11.858	4.040 1	0.273 7	13.742
2.02	0.495 0	3.260 1	0.461 4	2.998 0	12.233	4.080 4	0.262 2	14.155
2.03	0.492 6	3.311 4	0.459 1	3.063 9	12.626	4.120 9	0.250 8	14.589
2.04	0.490 2	3.364 3	0.456 7	3.133 0	13.038	4.161 6	0.239 5	15.043
2.05	0.487 8	3.419 0	0.454 4	3.205 6	13.471	4.202 5	0.228 4	15.521
2.06	0.485 4	3.475 7	0.452 1	3.281 9	13.927	4.243 6	0.217 5	16.024
2.07	0.483 1	3.534 4	0.449 8	3.362 3	14.407	4.284 9	0.206 7	16.553
2.08	0.480 8	3.595 2	0.447 6	3.447 0	14.913	4.326 4	0.196 1	17.111
2.09	0.478 5	3.658 3	0.445 4	3.536 4	15.447	4.368 1	0.185 7	17.701
2.10	0.476 2	3.724 0	0.443 2	3.631 0	16.013	4.410 0	0.175 5	18.324
2.11	0.473 9	3.792 2	0.441 0	3.731 1	16.611	4.452 1	0.165 6	18.984
2.12	0.471 7	3.863 4	0.438 8	3.837 3	17.247	4.494 4	0.155 8	19.685
2.13	0.469 5	3.937 6	0.436 7	3.950 2	17.922	4.536 9	0.146 3	20.430
2.14	0.467 3	4.015 1	0.434 6	4.070 4	18.641	4.579 6	0.137 0	21.224
2.15	0.465 1	4.096 2	0.432 5	4.198 7	19.408	4.622 5	0.128 0	22.070
2.16	0.463 0	4.181 1	0.430 4	4.335 8	20.229	4.665 6	0.119 2	22.976
2.17	0.460 8	4.270 4	0.428 3	4.482 7	21.109	4.708 9	0.110 7	23.946
2.18	0.458 7	4.364 2	0.426 3	4.640 6	22.054	4.752 4	0.102 4	24.989

续表

λ_1	λ_2	Ma_1	Ma_2	T_2/T_1	p_2/p_1	V_1/V_2	p_2^*/p_1^*	p_2^*/p_1
2.19	0.4566	4.4631	0.4243	4.8106	23.072	4.7961	0.0945	26.113
2.20	0.4545	4.5675	0.4223	4.9943	24.172	4.8400	0.0868	27.327
2.21	0.4525	4.6780	0.4203	5.1933	25.365	4.8841	0.0795	28.642
2.22	0.4505	4.7954	0.4183	5.4098	26.661	4.9284	0.0724	30.073
2.23	0.4484	4.9202	0.4164	5.6459	28.077	4.9729	0.0657	31.634
2.24	0.4464	5.0535	0.4145	5.9046	29.627	5.0176	0.0592	33.345
2.25	0.4444	5.1962	0.4126	6.1893	31.333	5.0625	0.0531	35.228
2.26	0.4425	5.3495	0.4107	6.5040	33.220	5.1076	0.0473	37.310
2.27	0.4405	5.5150	0.4088	6.8539	35.317	5.1529	0.0419	39.625
2.28	0.4386	5.6943	0.4070	7.2451	37.663	5.1984	0.0368	42.213
2.29	0.4367	5.8896	0.4051	7.6853	40.302	5.2441	0.0320	45.126
2.30	0.4348	6.1036	0.4033	8.1845	43.296	5.2900	0.0276	48.429
2.31	0.4329	6.3394	0.4015	8.7552	46.719	5.3361	0.0235	52.207
2.32	0.4310	6.6011	0.3997	9.4142	50.671	5.3824	0.0198	56.568
2.33	0.4292	6.8942	0.3979	10.184	55.285	5.4289	0.0164	61.660
2.34	0.4274	7.2255	0.3962	11.093	60.743	5.4756	0.0134	67.683

附录六
斜激波表

$\gamma = 1.40$

Ma_1	δ	弱激波			强激波		
		β	p_2/p_1	Ma_2	β	p_2/p_1	Ma_2
1.05	0.0	72.25	1.000	1.050	90.00	1.120	0.953
	(0.56)	79.94	1.080	0.984	79.94	1.080	0.984
1.10	0.0	65.38	1.000	1.100	90.00	1.245	0.912
	1.0	69.81	1.077	1.039	83.58	1.227	0.925
	(1.52)	76.30	1.166	0.971	76.30	1.166	0.971
1.15	0.0	60.41	1.000	1.150	90.00	1.376	0.875
	1.0	63.16	1.062	1.102	85.99	1.369	0.880
	2.0	67.01	1.141	1.043	81.18	1.340	0.901
	(2.67)	73.82	1.256	0.960	73.82	1.256	0.960
1.20	0.0	56.44	1.000	1.200	90.00	1.513	0.842
	1.0	58.55	1.056	1.158	87.04	1.509	0.845
	2.0	61.05	1.120	1.111	83.86	1.494	0.855
	3.0	64.34	1.198	1.056	80.03	1.463	0.876
	(3.94)	71.98	1.353	0.950	71.98	1.353	0.950
1.25	0.0	53.13	1.000	1.250	90.00	1.656	0.813
	1.0	54.88	1.053	1.211	87.66	1.653	0.815
	2.0	56.85	1.111	1.170	85.21	1.644	0.821
	3.0	59.13	1.176	1.124	82.55	1.626	0.832
	4.0	61.99	1.254	1.072	79.39	1.594	0.853
	5.0	66.50	1.366	0.999	74.64	1.528	0.895
	(5.29)	70.54	1.454	0.942	70.54	1.454	0.942
1.30	0.0	50.29	1.000	1.300	90.00	1.805	0.786
	1.0	51.81	1.051	1.263	88.06	1.803	0.787
	2.0	53.48	1.107	1.224	86.06	1.796	0.792
	3.0	55.32	1.167	1.184	83.96	1.783	0.800
	4.0	57.42	1.233	1.140	81.65	1.763	0.812
	5.0	59.96	1.311	1.090	78.97	1.733	0.831
	6.0	63.46	1.411	1.027	75.37	1.679	0.864
	(6.66)	69.40	1.561	0.936	69.40	1.561	0.936
1.35	0.0	47.80	1.000	1.350	90.00	1.960	0.762
	1.0	49.17	1.051	1.314	88.34	1.958	0.763

续 表

Ma_1	δ	弱激波			强激波		
		β	p_2/p_1	Ma_2	β	p_2/p_1	Ma_2
1.35	2.0	50.64	1.104	1.277	86.65	1.952	0.766
	3.0	52.22	1.162	1.239	84.89	1.943	0.772
	4.0	53.97	1.224	1.199	83.03	1.928	0.781
	5.0	55.93	1.292	1.157	81.00	1.908	0.793
	6.0	58.23	1.370	1.109	78.66	1.877	0.811
	7.0	61.18	1.466	1.052	75.72	1.830	0.839
	8.0	66.92	1.633	0.954	70.03	1.711	0.909
	(8.05)	68.47	1.673	0.931	68.47	1.673	0.931
1.40	0.0	45.59	1.000	1.400	90.00	2.120	0.740
	1.0	46.84	1.050	1.365	88.55	2.119	0.741
	2.0	48.17	1.103	1.330	87.08	2.114	0.743
	3.0	49.59	1.159	1.293	85.57	2.106	0.748
	4.0	51.12	1.219	1.255	83.99	2.095	0.755
	5.0	52.78	1.283	1.216	82.32	2.079	0.764
	6.0	54.63	1.354	1.174	80.49	2.058	0.776
	7.0	56.76	1.433	1.128	78.42	2.028	0.793
	8.0	59.37	1.526	1.074	75.90	1.984	0.818
	9.0	63.19	1.655	1.003	72.19	1.906	0.863
	(9.43)	67.72	1.791	0.927	67.72	1.791	0.927
1.45	0.0	43.60	1.000	1.450	90.00	2.286	0.720
	1.0	44.78	1.050	1.416	88.71	2.285	0.720
	2.0	46.00	1.103	1.381	87.41	2.281	0.723
	3.0	47.30	1.158	1.345	86.08	2.275	0.726
	4.0	48.68	1.217	1.309	84.70	2.265	0.732
	5.0	50.16	1.279	1.272	83.27	2.253	0.739
	6.0	51.76	1.346	1.233	81.74	2.236	0.749
	7.0	53.52	1.419	1.191	80.07	2.213	0.761
	8.0	55.52	1.500	1.146	78.02	2.184	0.778
	9.0	57.89	1.593	1.095	75.98	2.142	0.801
	10.0	61.05	1.711	1.032	73.00	2.076	0.837
	(10.79)	67.10	1.915	0.942	67.10	1.915	0.924
1.50	0.0	41.81	1.000	1.500	90.00	2.458	0.701
	1.0	42.91	1.050	1.466	88.84	2.457	0.702
	2.0	44.07	1.103	1.432	87.67	2.454	0.704
	3.0	45.27	1.158	1.397	86.48	2.448	0.707
	4.0	46.54	1.217	1.362	85.26	2.440	0.711
	5.0	47.89	1.278	1.325	83.99	2.430	0.717
	6.0	49.33	1.343	1.288	82.66	2.416	0.725
	7.0	50.88	1.413	1.250	81.25	2.398	0.735
	8.0	52.57	1.489	1.208	79.71	2.375	0.748
	9.0	54.47	1.572	1.164	78.00	2.345	0.764

续　表

Ma_1	δ	弱激波			强激波		
		β	p_2/p_1	Ma_2	β	p_2/p_1	Ma_2
1.50	10.0	56.68	1.666	1.114	76.00	2.305	0.785
	11.0	59.47	1.781	1.056	73.44	2.245	0.817
	12.0	64.36	1.967	0.961	68.79	2.115	0.885
	(12.11)	66.59	2.044	0.921	66.59	2.044	0.921
1.55	0.0	40.18	1.000	1.550	90.00	2.636	0.684
	1.0	41.23	1.051	1.516	88.95	2.635	0.685
	2.0	42.32	1.104	1.482	87.88	2.632	0.686
	3.0	43.45	1.159	1.448	86.80	2.628	0.689
	4.0	44.64	1.217	1.413	85.70	2.621	0.693
	5.0	45.89	1.278	1.378	84.57	2.611	0.698
	6.0	47.22	1.343	1.341	83.39	2.599	0.705
	7.0	48.62	1.411	1.304	82.15	2.584	0.713
	8.0	50.13	1.485	1.265	80.83	2.565	0.723
	9.0	51.78	1.563	1.224	79.40	2.541	0.736
	10.0	53.60	1.649	1.180	77.81	2.511	0.752
	11.0	55.69	1.746	1.132	75.97	2.471	0.772
	12.0	58.24	1.860	1.076	73.69	2.415	0.801
	13.0	61.98	2.018	0.999	70.24	2.316	0.852
	(13.40)	66.17	2.179	0.920	66.17	2.179	0.920
1.60	0.0	38.68	1.000	1.600	90.00	2.820	0.668
	1.0	39.69	1.051	1.566	89.03	2.819	0.669
	2.0	40.73	1.105	1.532	88.06	2.817	0.670
	3.0	41.81	1.160	1.498	87.07	2.812	0.673
	4.0	42.93	1.219	1.464	86.06	2.806	0.676
	5.0	44.11	1.280	1.429	85.03	2.798	0.681
	6.0	45.35	1.345	1.393	83.97	2.787	0.686
	7.0	46.65	1.413	1.357	82.86	2.774	0.693
	8.0	48.03	1.484	1.320	81.69	2.758	0.702
	9.0	49.51	1.561	1.281	80.45	2.738	0.712
	10.0	51.12	1.643	1.240	79.10	2.713	0.725
	11.0	52.89	1.733	1.196	77.61	2.683	0.741
	12.0	54.89	1.832	1.148	75.90	2.643	0.761
	13.0	57.28	1.948	1.094	73.82	2.588	0.789
	14.0	60.54	2.097	1.023	70.90	2.500	0.832
	(14.65)	65.83	2.319	0.919	65.83	2.319	0.919
1.65	0.0	37.31	1.000	1.650	90.00	3.010	0.654
	1.0	38.27	1.052	1.616	89.11	3.009	0.654
	2.0	39.27	1.106	1.582	88.20	3.006	0.656
	3.0	40.30	1.162	1.548	87.29	3.003	0.658
	4.0	41.38	1.221	1.514	86.37	2.997	0.661
	5.0	42.50	1.283	1.480	85.42	2.989	0.665
	6.0	43.67	1.348	1.444	84.45	2.980	0.670
	7.0	44.89	1.415	1.409	83.44	2.968	0.676
	8.0	46.18	1.487	1.372	82.39	2.954	0.683

续 表

Ma_1	δ	弱激波			强激波		
		β	p_2/p_1	Ma_2	β	p_2/p_1	Ma_2
1.65	9.0	47.55	1.563	1.334	81.29	2.937	0.692
	10.0	49.01	1.643	1.295	80.11	2.916	0.703
	11.0	50.58	1.729	1.254	78.83	2.890	0.716
	12.0	52.31	1.822	1.210	77.41	2.859	0.732
	13.0	54.26	1.926	1.163	75.80	2.819	0.752
	14.0	56.54	2.044	1.109	73.87	2.764	0.778
	15.0	59.52	2.192	1.042	71.25	2.681	0.818
	(15.86)	65.55	2.465	0.918	65.55	2.465	0.918
1.70	0.0	36.03	1.000	1.700	90.00	3.205	0.641
	1.0	36.97	1.053	1.666	89.17	3.204	0.641
	2.0	37.93	1.107	1.632	88.33	3.202	0.642
	3.0	38.93	1.164	1.598	87.48	3.199	0.644
	4.0	39.96	1.224	1.564	86.62	3.193	0.647
	5.0	41.03	1.286	1.529	85.75	3.186	0.650
	6.0	42.15	1.351	1.495	84.85	3.178	0.655
	7.0	43.31	1.420	1.459	83.93	3.167	0.660
	8.0	44.53	1.491	1.423	82.97	3.154	0.667
	9.0	45.81	1.567	1.386	81.97	3.139	0.675
	10.0	47.17	1.647	1.348	80.91	3.121	0.684
	11.0	48.61	1.731	1.309	79.78	3.099	0.695
	12.0	50.17	1.822	1.267	78.56	3.072	0.708
	13.0	51.87	1.920	1.223	77.21	3.040	0.724
	14.0	53.77	2.027	1.176	75.67	2.999	0.744
	15.0	55.99	2.150	1.122	73.84	2.944	0.770
	16.0	58.80	2.300	1.057	71.43	2.863	0.808
	17.0	64.63	2.586	0.932	66.00	2.647	0.905
	(17.01)	65.32	2.617	0.918	65.32	2.617	0.918
1.75	0.0	34.85	1.000	1.750	90.00	3.406	0.628
	1.0	35.75	1.053	1.716	89.22	3.406	0.628
	2.0	36.69	1.109	1.682	88.44	3.404	0.630
	3.0	37.65	1.167	1.648	87.64	3.400	0.631
	4.0	38.65	1.227	1.613	86.84	3.395	0.634
	5.0	39.69	1.290	1.579	86.03	3.389	0.637
	6.0	40.76	1.356	1.544	85.19	3.381	0.641
	7.0	41.87	1.425	1.509	84.34	3.371	0.646
	8.0	43.04	1.497	1.473	83.45	3.360	0.652
	9.0	44.25	1.573	1.437	82.53	3.346	0.659
	10.0	45.53	1.653	1.400	81.57	3.329	0.667
	11.0	46.88	1.737	1.361	80.56	3.310	0.677
	12.0	48.32	1.826	1.321	79.47	3.287	0.688
	13.0	49.87	1.922	1.279	78.29	3.259	0.701
	14.0	51.55	2.025	1.235	76.99	3.225	0.718
	15.0	53.42	2.137	1.187	75.51	3.183	0.738
	16.0	55.59	2.265	1.133	73.76	3.127	0.764

续 表

Ma_1	δ	弱激波			强激波		
		β	p_2/p_1	Ma_2	β	p_2/p_1	Ma_2
1.75	17.0	58.30	2.420	1.068	71.48	3.046	0.800
	18.0	62.95	2.667	0.965	67.27	2.873	0.877
	(18.12)	65.13	2.775	0.919	65.13	2.775	0.919
1.80	0.0	33.75	1.000	1.800	90.00	3.613	0.617
	1.0	34.63	1.054	1.766	89.27	3.613	0.617
	2.0	35.54	1.110	1.731	88.53	3.611	0.618
	3.0	36.48	1.169	1.697	87.78	3.608	0.619
	4.0	37.44	1.231	1.663	87.03	3.603	0.622
	5.0	38.45	1.295	1.628	86.27	3.597	0.625
	6.0	39.48	1.361	1.593	85.49	3.590	0.628
	7.0	40.56	1.431	1.558	84.69	3.581	0.633
	8.0	41.67	1.504	1.523	83.87	3.570	0.638
	9.0	42.84	1.581	1.486	83.02	3.557	0.644
	10.0	44.06	1.661	1.499	82.13	3.542	0.652
	11.0	45.34	1.746	1.412	81.20	3.525	0.660
	12.0	46.69	1.835	1.373	80.22	3.504	0.670
	13.0	48.12	1.929	1.332	79.16	3.480	0.682
	14.0	49.66	2.030	1.290	78.02	3.451	0.696
	15.0	51.34	2.138	1.245	76.76	3.415	0.712
	16.0	53.20	2.257	1.196	75.33	3.371	0.733
	17.0	55.34	2.391	1.142	73.63	3.313	0.759
	18.0	58.00	2.552	1.077	71.43	3.230	0.796
	19.0	62.31	2.797	0.977	67.58	3.064	0.867
	(19.18)	64.99	2.938	0.920	64.99	2.938	0.920
1.85	0.0	32.72	1.000	1.850	90.00	3.826	0.606
	1.0	33.58	1.055	1.815	89.31	3.826	0.606
	2.0	34.47	1.112	1.781	88.61	3.824	0.607
	3.0	35.38	1.172	1.746	87.91	3.821	0.608
	4.0	36.32	1.234	1.711	87.20	3.817	0.611
	5.0	37.30	1.299	1.677	86.48	3.811	0.613
	6.0	38.30	1.367	1.642	85.74	3.804	0.617
	7.0	39.35	1.438	1.607	84.99	3.796	0.621
	8.0	40.43	1.512	1.571	84.23	3.786	0.626
	9.0	41.55	1.590	1.535	83.43	3.774	0.631
	10.0	42.72	1.671	1.498	82.61	3.760	0.638
	11.0	43.94	1.756	1.461	81.75	3.744	0.646
	12.0	45.22	1.845	1.422	80.85	3.725	0.655
	13.0	46.58	1.940	1.383	79.89	3.703	0.665
	14.0	48.02	2.040	1.342	78.86	3.677	0.677
	15.0	49.56	2.146	1.298	77.75	3.646	0.692
	16.0	51.23	2.261	1.252	76.51	3.609	0.709
	17.0	53.09	2.386	1.203	75.11	3.563	0.729
	18.0	55.23	2.528	1.148	73.44	3.502	0.756

续 表

Ma_1	δ	弱激波			强激波		
		β	p_2/p_1	Ma_2	β	p_2/p_1	Ma_2
1.85	19.0	57.87	2.697	1.008 2	71.29	3.415	0.793
	20.0	62.10	2.952	0.982	67.55	3.244	0.865
	(20.20)	64.87	3.106	0.920	64.87	3.106	0.920
1.90	0.0	31.76	1.000	1.900	90.00	4.045	0.596
	1.0	32.60	1.056	1.865	89.34	4.044	0.596
	2.0	33.47	1.114	1.830	88.68	4.043	0.597
	3.0	34.36	1.175	1.795	88.01	4.040	0.598
	4.0	35.28	1.238	1.760	87.34	4.036	0.600
	5.0	36.23	1.304	1.725	86.66	4.031	0.603
	6.0	37.21	1.374	1.690	85.97	4.024	0.606
	7.0	38.22	1.446	1.655	85.26	4.016	0.610
	8.0	39.27	1.521	1.616	84.54	4.007	0.614
	9.0	40.36	1.600	1.583	83.79	3.996	0.620
	10.0	41.49	1.682	1.546	83.02	3.983	0.626
	11.0	42.67	1.768	1.509	82.22	3.968	0.633
	12.0	43.90	1.858	1.471	81.39	3.950	0.641
	13.0	45.19	1.953	1.432	80.50	3.930	0.650
	14.0	46.55	2.053	1.391	79.57	3.907	0.661
	15.0	48.00	2.159	1.349	78.56	3.879	0.674
	16.0	49.55	2.272	1.305	77.47	3.847	0.688
	17.0	51.23	2.393	1.258	76.25	3.807	0.706
	18.0	53.10	2.526	1.208	74.86	3.758	0.727
	19.0	55.24	2.676	1.151	73.21	3.694	0.755
	20.0	57.90	2.856	1.084	71.06	3.601	0.794
	21.0	62.25	3.132	0.979	67.23	3.414	0.869
	(21.17)	64.79	3.280	0.922	64.79	3.280	0.922
1.95	0.0	30.85	1.000	1.950	90.00	4.270	0.586
	1.0	31.68	1.057	1.914	89.37	4.269	0.586
	2.0	32.53	1.116	1.879	88.74	4.267	0.587
	3.0	33.40	1.178	1.844	88.11	4.265	0.589
	4.0	34.31	1.242	1.809	87.47	4.261	0.590
	5.0	35.23	1.310	1.773	86.82	4.256	0.593
	6.0	36.19	1.380	1.738	86.17	4.250	0.596
	7.0	37.18	1.454	1.703	85.50	4.242	0.599
	8.0	38.21	1.530	1.667	84.81	4.233	0.604
	9.0	39.26	1.610	1.630	84.11	4.223	0.609
	10.0	40.36	1.694	1.594	83.38	4.211	0.614
	11.0	41.50	1.781	1.557	82.63	4.197	0.621
	12.0	42.69	1.873	1.519	81.85	4.180	0.628
	13.0	43.93	1.969	1.480	81.03	4.162	0.637
	14.0	45.23	2.069	1.440	80.17	4.140	0.647
	15.0	46.60	2.175	1.398	79.25	4.115	0.658
	16.0	48.06	2.288	1.355	78.26	4.086	0.671
	17.0	49.62	2.408	1.310	77.17	4.051	0.686

续表

Ma_1	δ	弱激波			强激波		
		β	p_2/p_1	Ma_2	β	p_2/p_1	Ma_2
1.95	18.0	51.32	2.537	1.262	75.97	4.009	0.705
	19.0	53.21	2.678	1.210	74.59	3.956	0.727
	20.0	55.38	2.838	1.152	72.93	3.887	0.756
	21.0	58.10	3.031	1.082	70.75	3.787	0.796
	22.0	62.86	3.346	0.966	66.53	3.566	0.883
	(22.09)	64.72	3.460	0.923	64.72	3.460	0.923
2.00	0.0	30.00	1.000	2.000	90.00	4.500	0.577
	1.0	30.81	1.058	1.964	89.40	4.500	0.578
	2.0	31.65	1.118	1.928	88.80	4.498	0.578
	3.0	32.51	1.181	1.892	88.20	4.495	0.580
	4.0	33.39	1.247	1.857	87.59	4.492	0.581
	5.0	34.30	1.315	1.821	86.97	4.487	0.584
	6.0	35.24	1.387	1.786	86.34	4.481	0.586
	7.0	36.21	1.462	1.750	85.71	4.474	0.590
	8.0	37.21	1.540	1.714	85.05	4.465	0.594
	9.0	38.25	1.622	1.677	84.39	4.455	0.598
	10.0	39.32	1.707	1.641	83.70	4.444	0.604
	11.0	40.42	1.796	1.603	82.99	4.431	0.610
	12.0	41.58	1.888	1.565	82.26	4.415	0.617
	13.0	42.78	1.986	1.526	81.49	4.398	0.625
	14.0	44.03	2.088	1.487	80.69	4.378	0.634
	15.0	45.35	2.195	1.446	79.83	4.355	0.644
	16.0	46.73	2.308	1.403	78.92	4.328	0.656
	18.0	49.79	2.555	1.313	76.86	4.259	0.685
	19.0	51.51	2.692	1.264	75.66	4.214	0.704
	20.0	53.42	2.843	1.210	74.27	4.157	0.728
	21.0	55.65	3.014	1.150	72.59	4.082	0.758
	22.0	58.46	3.223	1.076	70.33	3.971	0.802
	(22.97)	64.67	3.646	0.924	64.67	3.646	0.924
2.10	0.0	28.44	1.000	2.100	90.00	4.978	0.561
	2.0	30.03	1.122	2.026	88.90	4.976	0.562
	4.0	31.72	1.256	1.953	87.78	4.971	0.565
	6.0	33.51	1.402	1.880	86.64	4.961	0.569
	8.0	35.41	1.561	1.807	85.47	4.946	0.576
	10.0	37.43	1.734	1.733	84.24	4.927	0.585
	12.0	39.59	1.923	1.656	82.94	4.901	0.596
	14.0	41.91	2.129	1.578	81.54	4.867	0.611
	16.0	44.43	2.355	1.495	80.00	4.823	0.630
	18.0	47.21	2.604	1.408	78.26	4.765	0.654
	20.0	50.37	2.885	1.312	76.19	4.685	0.687
	22.0	54.17	3.215	1.202	73.52	4.564	0.735
	24.0	59.77	3.674	1.049	69.11	4.324	0.824
	(24.61)	64.62	4.033	0.927	64.62	4.033	0.927

续 表

Ma_1	δ	弱激波			强激波		
		β	p_2/p_1	Ma_2	β	p_2/p_1	Ma_2
2.20	0.0	27.04	1.000	2.200	90.00	5.480	0.547
	2.0	28.59	1.126	2.124	88.98	5.478	0.548
	4.0	30.24	1.266	2.048	87.94	5.473	0.550
	6.0	31.98	1.417	1.974	86.89	5.463	0.554
	8.0	33.83	1.584	1.899	85.80	5.450	0.560
	10.0	35.79	1.765	1.823	84.67	5.431	0.569
	12.0	37.87	1.961	1.745	83.49	5.407	0.579
	14.0	40.10	2.176	1.666	82.22	5.377	0.592
	16.0	42.49	2.410	1.583	80.84	5.337	0.609
	18.0	45.09	2.666	1.496	79.31	5.286	0.630
	20.0	47.98	2.950	1.403	77.55	5.218	0.657
	22.0	51.28	3.271	1.301	75.42	5.122	0.694
	24.0	55.36	3.656	1.180	72.56	4.973	0.749
	26.0	62.70	4.292	0.979	66.48	4.581	0.885
	(26.10)	64.62	4.443	0.931	64.62	4.443	0.931
2.30	0.0	25.77	1.000	2.300	90.00	6.005	0.534
	2.0	27.30	1.132	2.221	89.04	6.003	0.535
	4.0	28.91	1.276	2.143	88.07	5.998	0.537
	6.0	30.61	1.433	2.067	87.09	5.989	0.541
	8.0	32.42	1.607	1.989	86.08	5.976	0.547
	10.0	34.33	1.796	1.912	85.03	5.959	0.554
	12.0	36.35	2.002	1.833	83.93	5.936	0.564
	14.0	38.51	2.226	1.751	82.77	5.907	0.576
	16.0	40.82	2.471	1.667	81.51	5.870	0.591
	18.0	43.30	2.736	1.580	80.14	5.824	0.609
	20.0	46.01	3.028	1.488	78.59	5.763	0.633
	22.0	49.03	3.352	1.389	76.77	5.682	0.663
	24.0	52.54	3.722	1.279	74.51	5.565	0.706
	26.0	57.08	4.182	1.142	71.27	5.369	0.774
	(27.45)	64.65	4.874	0.934	64.65	4.874	0.934
2.40	0.0	24.63	1.001	2.400	90.00	6.553	0.523
	2.0	26.12	1.136	2.318	89.10	6.552	0.524
	4.0	27.70	1.285	2.238	88.19	6.547	0.526
	6.0	29.38	1.451	2.159	87.26	6.538	0.530
	8.0	31.15	1.631	2.079	86.31	6.525	0.535
	10.0	33.02	1.829	1.999	85.33	6.509	0.542
	12.0	35.01	2.045	1.918	84.30	6.487	0.550
	14.0	37.11	2.280	1.835	83.22	6.460	0.561
	16.0	39.35	2.535	1.750	82.06	6.425	0.575
	18.0	41.75	2.813	1.661	80.80	6.382	0.592
	20.0	44.34	3.116	1.569	79.40	6.326	0.613
	22.0	47.18	3.449	1.471	77.81	6.254	0.640
	24.0	50.37	3.819	1.364	75.89	6.154	0.675
	26.0	54.19	4.253	1.242	73.40	6.005	0.726

续　表

Ma_1	δ	弱激波			强激波		
		β	p_2/p_1	Ma_2	β	p_2/p_1	Ma_2
2.40	28.0	59.66	4.839	1.078	69.29	5.713	0.820
	(28.68)	64.71	5.327	0.937	64.71	5.327	0.937
2.50	0.0	23.58	1.000	2.500	90.00	7.125	0.513
	2.0	25.05	1.141	2.415	89.14	7.123	0.514
	4.0	26.61	1.296	2.333	88.28	7.118	0.516
	6.0	28.26	1.468	2.251	87.40	7.110	0.519
	8.0	30.01	1.657	2.168	86.51	7.098	0.524
	10.0	31.85	1.864	2.086	85.58	7.082	0.530
	12.0	33.80	2.090	2.002	84.61	7.061	0.539
	14.0	35.87	2.337	1.917	83.60	7.034	0.549
	16.0	38.06	2.605	1.829	82.52	7.001	0.562
	18.0	40.39	2.895	1.739	81.36	6.960	0.577
	20.0	42.89	3.211	1.646	80.07	6.908	0.596
	22.0	45.60	3.556	1.548	78.63	6.842	0.620
	24.0	48.60	3.936	1.443	76.94	6.753	0.651
	26.0	52.04	4.366	1.327	74.86	6.628	0.693
	28.0	56.34	4.885	1.189	71.95	6.425	0.757
	(29.80)	64.78	5.801	0.940	64.78	5.801	0.940
2.60	0.0	22.62	1.000	2.600	90.00	7.720	0.504
	2.0	24.07	1.145	2.512	89.19	7.718	0.504
	4.0	25.61	1.307	2.427	88.36	7.714	0.506
	6.0	27.24	1.486	2.342	87.53	7.705	0.510
	8.0	28.97	1.684	2.257	86.67	7.693	0.514
	10.0	30.79	1.900	2.171	85.79	7.677	0.520
	12.0	32.72	2.138	2.085	84.88	7.657	0.528
	14.0	34.75	2.396	1.997	83.92	7.632	0.538
	16.0	36.90	2.677	1.908	82.91	7.600	0.550
	18.0	39.19	2.982	1.815	81.82	7.560	0.564
	20.0	41.62	3.312	1.720	80.63	7.511	0.582
	22.0	44.24	3.672	1.621	79.30	7.448	0.604
	24.0	47.10	4.065	1.516	77.78	7.367	0.631
	26.0	50.31	4.503	1.402	75.96	7.256	0.667
	28.0	54.09	5.007	1.274	73.59	7.091	0.719
	30.0	59.35	5.670	1.106	69.78	6.778	0.811
	(30.81)	64.87	6.298	0.943	64.97	6.308	0.943
2.70	0.0	21.74	1.000	2.700	90.00	8.338	0.496
	2.0	23.17	1.150	2.609	89.22	8.337	0.496
	4.0	24.70	1.318	2.520	88.43	8.332	0.498
	6.0	26.31	1.504	2.432	87.63	8.324	0.501
	8.0	28.02	1.710	2.344	86.82	8.312	0.506
	10.0	29.82	1.936	2.256	85.98	8.297	0.511
	12.0	31.73	2.186	2.167	85.11	8.277	0.519
	14.0	33.74	2.457	2.076	84.20	8.251	0.528
	16.0	35.86	2.752	1.984	83.24	8.220	0.539

续 表

Ma_1	δ	弱激波			强激波		
		β	p_2/p_1	Ma_2	β	p_2/p_1	Ma_2
2.70	18.0	38.11	3.073	1.889	82.21	8.182	0.553
	20.0	40.50	3.421	1.791	81.10	8.135	0.569
	22.0	43.05	3.797	1.690	79.86	8.075	0.589
	24.0	45.81	4.206	1.585	78.47	7.999	0.614
	26.0	48.85	4.656	1.472	76.83	7.897	0.647
	28.0	52.34	5.164	1.349	74.79	7.753	0.691
	30.0	56.69	5.773	1.202	71.92	7.519	0.759
	(31.74)	64.96	6.815	0.946	64.96	6.815	0.946
2.80	0.0	20.93	1.000	2.800	90.00	8.980	0.488
	2.0	22.35	1.156	2.705	89.25	8.978	0.489
	4.0	23.85	1.329	2.614	88.49	8.974	0.491
	6.0	25.46	1.524	2.522	87.73	8.966	0.493
	8.0	27.15	1.738	2.431	86.95	8.954	0.498
	10.0	28.94	1.975	2.340	86.14	8.939	0.503
	12.0	30.83	2.236	2.248	85.31	8.919	0.510
	14.0	32.82	2.520	2.154	84.44	8.894	0.519
	16.0	34.92	2.830	2.059	83.53	8.864	0.530
	18.0	37.14	3.168	1.961	82.55	8.826	0.543
	20.0	39.49	3.532	1.861	81.50	8.780	0.558
	22.0	41.99	3.927	1.758	80.34	8.722	0.577
	24.0	44.68	4.356	1.650	79.05	8.650	0.600
	26.0	47.61	4.823	1.538	77.55	8.555	0.629
	28.0	50.89	5.340	1.416	75.73	8.424	0.668
	30.0	54.79	5.939	1.278	73.33	8.227	0.724
	(32.59)	65.05	7.352	0.949	65.05	7.352	0.949
2.90	0.0	20.17	1.000	2.900	90.00	9.645	0.481
	2.0	21.58	1.161	2.802	89.28	9.643	0.482
	4.0	23.08	1.341	2.706	88.55	9.639	0.484
	6.0	24.67	1.543	2.611	87.81	9.631	0.486
	8.0	26.35	1.766	2.517	87.06	9.619	0.491
	10.0	28.13	2.014	2.423	86.29	9.604	0.496
	12.0	30.01	2.288	2.327	85.49	9.584	0.503
	14.0	31.99	2.587	2.230	84.65	9.560	0.511
	16.0	34.07	2.913	2.132	83.78	9.530	0.521
	18.0	36.27	3.267	2.031	82.85	9.493	0.533
	20.0	38.59	3.651	1.928	81.85	9.448	0.548
	22.0	41.05	4.065	1.823	80.74	9.391	0.566
	24.0	43.67	4.511	1.714	79.54	9.322	0.588
	26.0	46.52	4.999	1.600	78.14	9.231	0.615
	28.0	49.66	5.534	1.479	76.49	9.110	0.650
	30.0	53.28	6.137	1.345	74.39	8.935	0.699
	32.0	57.93	6.879	1.183	71.29	8.635	0.777
	(33.36)	65.15	7.912	0.951	65.15	7.912	0.951

续 表

Ma_1	δ	弱激波			强激波		
		β	p_2/p_1	Ma_2	β	p_2/p_1	Ma_2
3.00	0.0	19.47	1.000	3.000	90.00	10.33	0.475
	2.0	20.87	1.166	2.898	89.30	10.33	0.476
	4.0	22.36	1.353	2.798	88.60	10.33	0.477
	6.0	23.94	1.562	2.701	87.88	10.32	0.480
	8.0	25.61	1.795	2.603	87.16	10.31	0.484
	10.0	27.38	2.054	2.505	86.41	10.29	0.489
	12.0	29.25	2.340	2.406	85.64	10.27	0.496
	14.0	31.22	2.654	2.306	84.84	10.25	0.504
	16.0	33.29	2.997	2.204	84.00	10.22	0.514
	16.0	33.29	2.997	2.204	84.00	10.22	0.514
	18.0	35.47	3.369	2.100	83.11	10.18	0.525
	20.0	37.76	3.771	1.994	82.15	10.14	0.539
	22.0	40.19	4.206	1.886	81.11	10.08	0.556
	24.0	42.78	4.677	1.774	79.96	10.01	0.577
	26.0	45.55	5.184	1.659	78.65	9.927	0.602
	28.0	48.59	5.740	1.537	77.13	9.812	0.634
	30.0	52.02	6.357	1.406	75.24	9.652	0.678
	32.0	56.18	7.081	1.254	72.65	9.400	0.743
	34.0	63.67	8.268	1.003	66.75	8.697	0.908
	(34.07)	65.24	8.492	0.954	65.24	8.492	0.954
3.10	0.0	18.82	1.000	3.100	90.00	11.05	0.470
	2.0	20.21	1.171	2.994	89.32	11.04	0.470
	4.0	21.68	1.363	2.891	88.64	11.04	0.472
	6.0	23.26	1.582	2.789	87.95	11.03	0.474
	8.0	24.93	1.825	2.688	87.24	11.02	0.478
	10.0	26.69	2.095	2.586	88.52	11.04	0.472
	12.0	28.55	2.394	2.484	85.78	10.98	0.489
	14.0	30.51	2.723	2.380	85.00	10.96	0.497
	16.0	32.57	3.082	2.275	84.19	10.93	0.507
	18.0	34.74	3.474	2.167	83.33	10.89	0.518
	20.0	37.12	3.917	2.053	82.42	10.85	0.531
	22.0	39.42	4.354	1.947	81.42	10.80	0.548
	24.0	41.97	4.847	1.833	80.33	10.73	0.567
	26.0	44.69	5.379	1.715	79.09	10.64	0.591
	28.0	47.65	5.957	1.593	77.67	10.53	0.621
	30.0	50.94	6.593	1.462	75.94	10.38	0.661
	32.0	54.80	7.320	1.316	73.66	10.16	0.717
	34.0	60.21	8.278	1.124	69.87	9.717	0.820
	(34.73)	65.34	9.093	0.956	65.34	9.093	0.956

附录七
等截面无摩擦换热管流数值表

$\gamma = 1.40$

Ma	T/T_{cr}	p/p_{cr}	$\frac{V}{V_{cr}}=\frac{\rho_{cr}}{\rho}$	p^*/p_{cr}^*	T^*/T_{cr}^*
0.000	0.000 00	2.400 00	0.000 00	1.267 88	0.000 00
0.050	0.014 30	2.391 63	0.005 98	1.265 67	0.011 92
0.100	0.056 02	2.366 86	0.023 67	1.259 15	0.046 78
0.150	0.121 81	2.326 71	0.052 35	1.248 63	0.101 96
0.200	0.206 61	2.272 73	0.090 91	1.234 60	0.173 55
0.250	0.304 40	2.206 90	0.137 93	1.217 67	0.256 84
0.300	0.408 87	2.131 44	0.191 83	1.198 55	0.346 86
0.350	0.514 13	2.048 66	0.250 96	1.177 95	0.438 94
0.400	0.615 15	1.960 78	0.313 73	1.156 58	0.529 03
0.450	0.708 04	1.869 89	0.378 65	1.135 08	0.613 93
0.500	0.790 12	1.777 78	0.444 44	1.114 05	0.691 36
0.550	0.859 87	1.685 99	0.510 01	1.093 97	0.759 91
0.600	0.916 70	1.595 74	0.574 47	1.075 25	0.818 92
0.650	0.960 81	1.508 01	0.637 13	1.058 21	0.868 33
0.700	0.992 90	1.423 49	0.697 51	1.043 10	0.908 50
0.750	1.014 03	1.342 66	0.755 24	1.030 10	0.940 09
0.800	1.025 48	1.265 82	0.810 13	1.019 34	0.963 95
0.850	1.028 54	1.193 14	0.862 04	1.010 91	0.980 97
0.900	1.024 52	1.124 65	0.910 97	1.004 86	0.992 07
0.950	1.014 63	1.060 30	0.956 93	1.001 22	0.998 14
1.000	1.000 00	1.000 00	1.000 00	1.000 00	1.000 00
1.050	0.981 61	0.943 58	1.040 30	1.001 22	0.998 38
1.100	0.960 31	0.890 87	1.077 95	1.004 86	0.993 92
1.150	0.936 85	0.841 66	1.113 10	1.010 93	0.987 21
1.200	0.911 85	0.795 76	1.145 89	1.019 42	0.978 72
1.250	0.885 81	0.752 94	1.176 47	1.030 33	0.968 86
1.300	0.859 17	0.713 01	1.204 99	1.043 66	0.957 98
1.350	0.832 27	0.675 77	1.231 59	1.059 43	0.946 37
1.400	0.805 39	0.641 03	1.256 41	1.077 65	0.934 25
1.450	0.778 74	0.608 60	1.279 57	1.098 35	0.921 84
1.500	0.752 50	0.578 31	1.301 20	1.121 55	0.909 28
1.550	0.726 80	0.550 02	1.321 42	1.147 29	0.896 69

续　表

Ma	T/T_{cr}	p/p_{cr}	$\frac{V}{V_{cr}}=\frac{\rho_{cr}}{\rho}$	p^*/p_{cr}^*	T^*/T_{cr}^*
1.600	0.701 74	0.523 56	1.340 31	1.175 61	0.884 19
1.650	0.677 38	0.498 80	1.358 00	1.206 57	0.871 84
1.700	0.653 77	0.475 62	1.374 55	1.240 24	0.859 71
1.750	0.630 95	0.453 90	1.390 07	1.276 66	0.847 84
1.800	0.608 94	0.433 53	1.404 62	1.315 92	0.836 28
1.850	0.587 74	0.414 40	1.418 29	1.358 11	0.825 04
1.900	0.567 34	0.396 43	1.431 12	1.403 30	0.814 14
1.950	0.547 74	0.379 54	1.443 19	1.451 59	0.803 58
2.000	0.528 93	0.363 64	1.454 55	1.503 10	0.793 39
2.050	0.510 87	0.348 66	1.465 24	1.557 91	0.783 55
2.100	0.493 56	0.334 54	1.475 33	1.616 16	0.774 06
2.150	0.476 96	0.321 22	1.484 84	1.677 96	0.764 93
2.200	0.461 06	0.308 64	1.493 83	1.743 45	0.756 13
2.250	0.445 82	0.296 75	1.502 32	1.812 75	0.747 68
2.300	0.431 22	0.285 51	1.510 35	1.886 02	0.739 54
2.350	0.417 23	0.274 87	1.517 95	1.963 40	0.731 73
2.400	0.403 84	0.264 78	1.525 15	2.045 05	0.724 21
2.450	0.391 00	0.255 22	1.531 98	2.131 14	0.716 99
2.500	0.378 70	0.246 15	1.538 46	2.221 83	0.710 06
2.550	0.366 91	0.237 54	1.544 61	2.317 30	0.703 40
2.600	0.355 61	0.229 36	1.550 46	2.417 74	0.697 00
2.650	0.344 78	0.221 58	1.556 02	2.523 34	0.690 84
2.700	0.334 39	0.214 17	1.561 31	2.634 29	0.684 94
2.750	0.324 42	0.207 12	1.566 34	2.750 80	0.679 26
2.800	0.314 86	0.200 40	1.571 14	2.873 08	0.673 80
2.850	0.305 68	0.193 99	1.575 72	3.001 36	0.668 55
2.900	0.296 87	0.187 88	1.580 08	3.135 85	0.663 50
2.950	0.288 41	0.182 05	1.584 25	3.276 80	0.658 65
3.000	0.280 28	0.176 47	1.588 24	3.424 45	0.653 98
3.100	0.264 95	0.166 04	1.595 68	3.740 84	0.645 16
3.200	0.250 78	0.156 49	1.602 50	4.087 12	0.636 99
3.300	0.237 66	0.147 73	1.608 77	4.465 49	0.629 40
3.400	0.225 49	0.139 66	1.614 53	4.878 30	0.622 36
3.500	0.214 19	0.132 23	1.619 83	5.328 04	0.615 80
3.600	0.203 69	0.125 37	1.624 74	5.817 30	0.609 70
3.700	0.193 90	0.119 01	1.629 28	6.348 84	0.604 01
3.800	0.184 78	0.113 12	1.633 48	6.925 57	0.598 70
3.900	0.176 27	0.107 65	1.637 39	7.550 50	0.593 73
4.000	0.168 31	0.102 56	1.641 03	8.226 85	0.589 09
4.100	0.160 86	0.097 82	1.644 41	8.957 94	0.584 73
4.200	0.153 88	0.093 40	1.647 57	9.747 29	0.580 65
4.300	0.147 34	0.089 27	1.650 52	10.598 54	0.576 82
4.400	0.141 19	0.085 40	1.653 29	11.515 54	0.573 22

续 表

Ma	T/T_{cr}	p/p_{cr}	$\frac{V}{V_{cr}}=\frac{\rho_{cr}}{\rho}$	p^*/p^*_{cr}	T^*/T^*_{cr}
4.500	0.135 40	0.081 77	1.655 88	12.502 26	0.569 82
4.600	0.129 96	0.078 37	1.658 31	13.562 88	0.566 63
4.700	0.124 83	0.075 17	1.660 59	14.701 74	0.563 62
4.800	0.120 00	0.072 17	1.662 74	15.923 37	0.560 78
4.900	0.115 43	0.069 34	1.664 76	17.232 45	0.558 09
5.000	0.111 11	0.066 67	1.666 67	18.633 90	0.555 56

附录八
摩擦管流数值表

$\gamma = 1.40$

Ma	T/T_{cr}	p/p_{cr}	$\frac{V}{V_{cr}} = \frac{\rho_{cr}}{\rho}$	p^*/p_{cr}^*	J/J_{cr}	$4\bar{f}\frac{L_{max}}{D}$
0.000	1.200 00	∞	0.000 00	∞	∞	∞
0.050	1.199 40	21.903 4	0.054 76	11.591 45	9.158 37	280.020 30
0.100	1.197 60	10.943 5	0.109 44	5.821 83	4.623 63	66.921 55
0.150	1.194 62	7.286 59	0.163 95	3.910 35	3.131 72	27.931 97
0.200	1.190 48	5.455 45	0.218 22	2.963 52	2.400 40	14.533 27
0.250	1.185 19	4.354 65	0.272 17	2.402 71	1.973 20	8.483 41
0.300	1.178 78	3.619 06	0.325 72	2.035 07	1.697 94	5.299 25
0.350	1.171 30	3.092 19	0.378 79	1.777 97	1.509 38	3.452 45
0.400	1.162 79	2.695 82	0.431 33	1.590 14	1.374 87	2.308 49
0.450	1.153 29	2.386 48	0.483 26	1.448 67	1.276 27	1.566 43
0.500	1.142 86	2.138 09	0.534 52	1.339 84	1.202 68	1.069 06
0.550	1.131 54	1.934 07	0.585 06	1.254 95	1.147 15	0.728 05
0.600	1.119 40	1.763 36	0.634 81	1.188 20	1.105 04	0.490 82
0.650	1.106 50	1.618 31	0.683 74	1.135 62	1.073 14	0.324 59
0.700	1.092 90	1.493 45	0.731 79	1.094 37	1.049 15	0.208 14
0.750	1.078 65	1.384 78	0.778 94	1.062 42	1.031 37	0.127 28
0.800	1.063 83	1.289 28	0.825 14	1.038 23	1.018 53	0.072 28
0.850	1.048 49	1.204 66	0.870 37	1.020 67	1.009 65	0.036 33
0.900	1.032 70	1.129 13	0.914 60	1.008 86	1.003 99	0.014 51
0.950	1.016 52	1.061 29	0.957 81	1.002 15	1.000 93	0.003 28
1.000	1.000 00	1.000 00	1.000 00	1.000 00	1.000 00	0.000 00
1.050	0.983 20	0.944 35	1.041 14	1.002 03	1.000 81	0.002 71
1.100	0.966 18	0.893 59	1.081 24	1.007 93	1.003 05	0.009 94
1.150	0.948 99	0.847 10	1.120 29	1.017 45	1.006 46	0.020 53
1.200	0.931 68	0.804 36	1.158 28	1.030 44	1.010 81	0.033 64
1.250	0.914 29	0.764 95	1.195 23	1.046 75	1.015 94	0.048 58
1.300	0.896 86	0.728 48	1.231 14	1.066 31	1.021 70	0.064 83
1.350	0.879 44	0.694 66	1.266 01	1.089 04	1.027 95	0.081 99
1.400	0.862 07	0.663 20	1.299 87	1.114 93	1.034 59	0.099 74
1.450	0.844 77	0.633 87	1.332 72	1.143 96	1.041 53	0.117 82
1.500	0.827 59	0.606 48	1.364 58	1.176 17	1.048 70	0.136 05
1.550	0.810 54	0.580 84	1.395 46	1.211 57	1.056 04	0.154 27

续 表

Ma	T/T_{cr}	p/p_{cr}	$\frac{V}{V_{cr}}=\frac{\rho_{cr}}{\rho}$	p^*/p_{cr}^*	J/J_{cr}	$4\bar{f}\frac{L_{max}}{D}$
1.600	0.793 65	0.556 79	1.425 39	1.250 24	1.063 48	0.172 36
1.650	0.776 95	0.534 21	1.454 39	1.292 22	1.070 98	0.190 23
1.700	0.760 46	0.512 97	1.482 47	1.337 61	1.078 51	0.207 80
1.750	0.744 19	0.492 95	1.509 66	1.386 49	1.086 03	0.225 04
1.800	0.728 16	0.474 07	1.535 98	1.438 98	1.093 51	0.241 89
1.850	0.712 38	0.456 23	1.561 45	1.495 20	1.100 94	0.258 32
1.900	0.696 86	0.439 36	1.586 09	1.555 26	1.108 29	0.274 33
1.950	0.681 62	0.423 39	1.609 93	1.619 31	1.115 54	0.289 89
2.000	0.666 67	0.408 25	1.632 99	1.687 50	1.122 68	0.305 00
2.050	0.652 00	0.393 88	1.655 30	1.759 99	1.129 71	0.319 65
2.100	0.637 62	0.380 24	1.676 87	1.836 94	1.136 61	0.333 85
2.150	0.623 54	0.367 28	1.697 74	1.918 54	1.143 38	0.347 60
2.200	0.609 76	0.354 94	1.717 91	2.004 98	1.150 01	0.360 91
2.250	0.596 27	0.343 19	1.737 42	2.096 44	1.156 49	0.373 78
2.300	0.583 09	0.332 00	1.756 29	2.193 13	1.162 84	0.386 23
2.350	0.570 21	0.321 33	1.774 53	2.295 28	1.169 03	0.398 26
2.400	0.557 62	0.311 14	1.792 18	2.403 10	1.175 08	0.409 89
2.450	0.545 33	0.301 41	1.809 24	2.516 83	1.180 98	0.421 12
2.500	0.533 33	0.292 12	1.825 74	2.636 72	1.186 73	0.431 98
2.550	0.521 63	0.283 23	1.841 70	2.763 01	1.192 34	0.442 46
2.600	0.510 20	0.274 73	1.857 14	2.895 98	1.197 80	0.452 59
2.650	0.499 06	0.266 58	1.872 08	3.035 88	1.203 12	0.462 37
2.700	0.488 20	0.258 78	1.886 53	3.183 01	1.208 30	0.471 82
2.750	0.477 61	0.251 31	1.900 51	3.337 66	1.213 34	0.480 95
2.800	0.467 29	0.244 14	1.914 04	3.500 12	1.218 25	0.489 76
2.850	0.457 23	0.237 26	1.927 14	3.670 72	1.223 02	0.498 28
2.900	0.447 43	0.230 66	1.939 81	3.849 77	1.227 66	0.506 52
2.950	0.437 88	0.224 31	1.952 08	4.037 61	1.232 18	0.514 47
3.000	0.428 57	0.218 22	1.963 96	4.234 57	1.236 57	0.522 16
3.100	0.410 68	0.206 72	1.986 61	4.657 31	1.244 99	0.536 78
3.200	0.393 70	0.196 08	2.007 86	5.120 96	1.252 95	0.550 44
3.300	0.377 60	0.186 21	2.027 81	5.628 65	1.260 48	0.563 23
3.400	0.362 32	0.177 04	2.046 56	6.183 70	1.267 59	0.575 21
3.500	0.347 83	0.168 51	2.064 19	6.789 62	1.274 32	0.586 43
3.600	0.334 08	0.160 55	2.080 77	7.450 12	1.280 68	0.596 95
3.700	0.321 03	0.153 13	2.096 39	8.169 07	1.286 70	0.606 84
3.800	0.308 64	0.146 20	2.111 11	8.950 59	1.292 40	0.616 12
3.900	0.296 88	0.139 71	2.124 99	9.798 98	1.297 79	0.624 85
4.000	0.285 71	0.133 63	2.138 09	10.718 76	1.302 90	0.633 06
4.100	0.275 10	0.127 93	2.150 46	11.714 66	1.307 74	0.640 80
4.200	0.265 02	0.122 57	2.162 15	12.791 65	1.312 33	0.648 10
4.300	0.255 43	0.117 53	2.173 21	13.954 91	1.316 68	0.654 99
4.400	0.246 31	0.112 79	2.183 68	15.209 88	1.320 81	0.661 49

续 表

Ma	T/T_{cr}	p/p_{cr}	$\frac{V}{V_{cr}}=\frac{\rho_{cr}}{\rho}$	p^*/p_{cr}^*	J/J_{cr}	$4\bar{f}\frac{L_{max}}{D}$
4.500	0.237 62	0.108 33	2.193 60	16.562 20	1.324 74	0.667 63
4.600	0.229 36	0.104 11	2.203 00	18.017 81	1.328 46	0.673 45
4.700	0.221 48	0.100 13	2.211 92	19.582 84	1.332 01	0.678 95
4.800	0.213 98	0.096 37	2.220 38	21.263 72	1.335 38	0.684 17
4.900	0.206 83	0.092 81	2.228 42	23.067 13	1.338 59	0.689 11
5.000	0.200 00	0.089 44	2.236 07	25.000 02	1.341 64	0.693 80